NCS 과정 진동·소음·윤활

설비진단이해

이성호 · 정주택 · 차흥식 공저

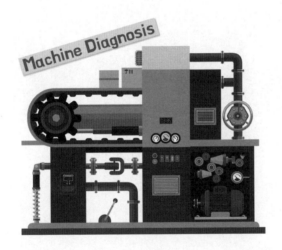

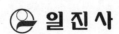 일진사

머리말

산업 현장의 최첨단에 따른 설비 기술의 고도화로 설비는 대형화, 자동화, 기계화, 고성능화, 초정밀화, 복잡화되어 가고 있으며, 이러한 경향에 맞추어 설비 관리를 얼마나 효과적으로 잘하느냐에 따라 생산성이 증대되거나 품질이 향상된다. 따라서 제품의 생산과 품질을 좌우하는 설비 관리의 중요성이 점점 커지고 있다.

일반적으로 설비 관리의 방법 중 예지 정비 방식을 사용하는데, 그 핵심은 진동·소음 진단 기술이다. 사람이 건강 검진을 받아 자신의 상태를 알고 관리하여 건강한 신체를 유지하듯이, 산업 현장의 생산 설비도 설비 진단을 통해 기계의 상태를 파악하여 최고의 성능을 발휘할 수 있도록 해야 한다. 또한 예방 정비의 일환으로 효율적인 윤활 관리가 필요한데, 이는 기계 설비의 고장을 없애고, 생산성 향상과 설비의 수명 연장은 물론 기계 설비의 완전한 운전을 도모한다. 이러한 윤활 관리 기술 분야에서는 생산 기계의 복잡·고도화에 따라 설비별 필요에 의한 윤활제가 요구되면서 다양한 윤활제가 개발되고 있다.

이 책은 진동 이론 및 측정과 진동 방지 기술, 소음 이론 및 측정과 소음 방지 기술, 회전 기계의 간이 진단과 정밀 진단에 대한 내용을 다루고 있으며, 윤활 관리 이론과 윤활제의 급유법, 윤활유의 취급법 등 현장 윤활 관리에 대하여 상세히 설명하였다. 특히 기계 설비의 효율적 관리를 위해 반드시 필요한 진동 및 소음 진단은 물론 윤활 관리에 대하여 현장성 있는 내용으로 산업 현장에서 유용하게 활용할 수 있도록 구성하였다.

이 교재를 통해 진동과 소음 및 윤활 관리를 이용한 설비 진단에 대하여 학습하고자 하는 학생이나 산업 현장에서 설비 관리나 기계 정비 업무에 종사하는 분들이 훌륭한 기술인으로서 역량을 향상시켜 설비 진단 분야 기술 발전에 이바지하기를 기원한다. 교재 내용 중 부족한 부분이나 일부 잘못된 점이 있으면, 독자 여러분의 조언과 진동·소음 및 윤활 분야에 식견이 있으신 분들의 지도편달을 바라며, 이 책을 출간하는 데 많은 도움을 주신 도서출판 **일진사** 직원 여러분께 깊은 감사를 드린다.

저자 씀

차 례

CHAPTER 1 설비 진단 및 설비 보전 방법의 개요

1. 설비 진단의 개요 ·· 9
2. 설비 보전 방법의 개요 ·· 14
3. 설비 진단 기법 ·· 22
■ 연습 문제 ·· 31

CHAPTER 2 진동 이론

1. 진동의 기초 ··· 32
2. 진동의 물리량 ··· 34
3. 기계 진동 ·· 40
■ 연습 문제 ·· 48

CHAPTER 3 진동 측정

1. 진동 측정의 개요 ··· 50
2. 진동 측정 시스템 ··· 52
3. 진동 측정용 센서 ··· 55
■ 연습 문제 ·· 70

CHAPTER 4 진동 신호 처리

1. 진동 신호 처리의 개요 ·· 72
2. 신호 처리 시스템 ··· 73
3. 디지털 신호 처리 ··· 76

4. FFT 분석기 ··· 79

5. 신호 분석 범위의 선택 ·· 88

6. 시간 영역 신호 분석 ·· 90

7. 주파수 영역 분석 ··· 93

■ 연습 문제 ·· 96

CHAPTER 5 진동 제어

1. 기계 진동 방지 대책 ·· 98

2. 방진 이론 ·· 101

3. 진동 방지법 ··· 104

■ 연습 문제 ·· 111

CHAPTER 6 회전 기계의 진단

1. 회전 기계 진단의 개요 ·· 113

2. 회전 기계의 간이 진단 ·· 116

3. 회전 기계의 정밀 진단 ·· 125

4. 베어링의 진단 ·· 145

5. 기어의 진단 ··· 152

■ 연습 문제 ·· 160

CHAPTER 7 소음 이론

1. 소음의 개요 ··· 162

2. 소음의 물리적 성질 ·· 167

3. 음(소음)의 발생과 특성 ··· 181

■ 연습 문제 ·· 185

CHAPTER 8 소음 측정

1. 소음 측정의 개요 ·· 188

2. 소음 측정 ··· 191

3. 소음 평가 ·· 200

■ 연습 문제 ·· 218

CHAPTER 9 소음 제어

1. 공장 소음과 진동의 발생원 ·· 219

2. 공장 소음 방지 대책 ·· 223

■ 연습 문제 ·· 245

CHAPTER 10 윤활 관리의 개요

1. 윤활의 개요 ··· 246

2. 윤활 관리의 목적과 방법 ·· 249

3. 윤활 오염 관리 및 시험 ··· 252

4. 윤활 관리의 조직 ··· 256

■ 연습 문제 ·· 258

CHAPTER 11 윤활유의 종류와 특성

1. 윤활제의 분류 ··· 259

2. 윤활제의 성질 ··· 269

3. 윤활유의 첨가제 ··· 274

■ 연습 문제 ·· 276

CHAPTER 12 윤활제의 급유법

1. 윤활 방식의 분류 ··· 278

2. 윤활유 급유법 ··· 279

3. 그리스 급유법 ··· 287

■ 연습 문제 ·· 291

CHAPTER 13 윤활 기술

1. 윤활 기술과 설비의 신뢰성 ······················· 292
2. 윤활계의 운전과 보전 ·························· 296
3. 윤활제의 열화 관리와 오염 관리 ·············· 298
4. 윤활제에 의한 설비 진단 기술 ················ 305
5. 그리스 시험 방법 ······························ 310
6. 윤활 설비의 고장과 원인 ······················ 316
■ 연습 문제 ···································· 319

CHAPTER 14 현장의 윤활 관리

1. 압축기의 윤활 관리 ···························· 320
2. 베어링의 윤활 관리 ···························· 324
3. 기어의 윤활 관리 ······························ 332
4. 유압 작동유 ·································· 337
5. 금속 가공 윤활유 ······························ 342
6. 그 밖의 설비 윤활유 ·························· 350
7. 현장 윤활 ····································· 352
■ 연습 문제 ···································· 358

부 록 연습 문제 정답 및 해설 ······················· 361

■ 찾아보기 ····································· 373
■ 참고 문헌 및 인터넷 사이트 ···················· 380

설비 진단 및 설비 보전 방법의 개요

1. 설비 진단의 개요

1-1 설비 진단 기술의 정의

최근 플랜트에 있어서의 장치나 기계는 점점 더 대형화, 고속화, 연속화, 다기능화되고 있다. 따라서 설비 이상이 생산이나 품질에 주는 영향은 추측하기 어려울 정도로 크게 되어 있고 설비를 유지하기 위한 보전 비용도 기업 경영에서는 큰 비중을 차지하고 있다.

이와 같이 중요한 설비 보전을 가장 효율적으로 정확히 얻기 위해서는 우선 그 대상이 되는 설비의 열화, 고장의 상태, 또한 열화의 원인인 스트레스 등을 정확하게 알 필요가 있다. 진동, 소음, 충격, AE, 온도, 기름의 오염도 등이 설비의 노화를 나타내는 파라미터이다. 설비의 상태를 정확히 알고 기술적 근거를 기초로 하여 다음과 같은 설비 관리의 중요 업무를 행해야 한다.

① 정비나 교환의 시기나 범위의 결정
② 수리 작업이나 교환 작업의 신뢰성 확보
③ 예비품 발주 시기의 결정
④ 개량 보전 방법의 결정

따라서, 설비 보전의 모든 활동을 고효율, 고정도로 실시하기 위해서는 설비의 열화나 고장, 성능이나 강도 등을 정량적으로 관측하여 그 장래를 예측하는 설비 진단 기술 (machine condition diagnosis technique, CDT)이 꼭 필요하다.

설비 진단 기술이란 설비의 상태, 즉 ① 설비에 걸리는 스트레스, ② 고장이나 열화, ③ 강도 및 성능 등을 정량적으로 파악하여 신뢰성이나 성능을 진단 예측하고 이상이 있으면 그 원인, 위치, 위험도 등을 식별 및 평가하여 그 수정 방법을 결정하는 기술이라고 말할 수 있다. 따라서 설비 진단 기술은 단순한 점검의 계기화나 고장 검출 기술이 아니라는 점에 주의해야 한다.

[그림 1-1]은 설비 진단 기술의 개념을 나타낸 것이다.

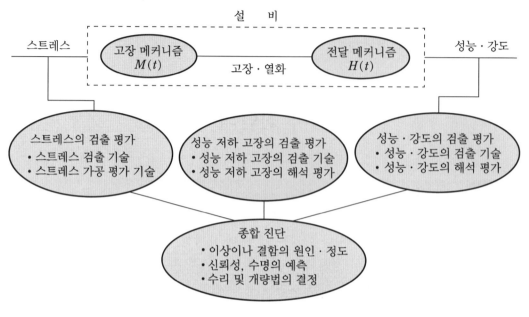

[그림 1-1] 설비 진단 기술의 개념

1-2 **설비 진단 기술의 구성**

(1) 설비 진단 기술의 기본 시스템

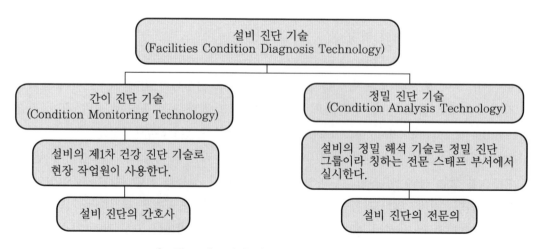

[그림 1-2] 설비 진단 기술의 기본 시스템

(2) 정밀 진단 기술의 기능

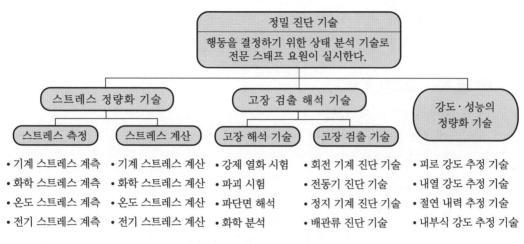

[그림 1-3] 정밀 진단 기술의 기능

1-3 설비 진단 기술의 필요성

(1) 설비 측면 데이터에 의한 신뢰성
① 설비의 대형화, 다양화에 따른 오감 점검 불가능
② 설비의 대형화, 다양화에 따른 고장 손실 증대
③ 설비의 신뢰성 설계를 위한 데이터의 필요성

(2) 조업면 클레임 방지
① 고장에 의한 제품 불량의 통제
② 고장에 의한 납기 지연, 클레임 방지
③ 생산 단위 대형화로 인한 고장 손실이 많아질 때

(3) 정비 계획면 고장의 미연 방지
① 과잉 정비 지양
② 인위적 고장 방지 및 전문 기술자 확보의 필요성
③ 설비 진단에 의한 재고 기간 단축
④ 고장의 미연 방지 및 확대 방지

(4) 설비 관리면 정량적 경향 관리

① 정량적인 점검이 불가능할 때
② 열화 상태의 부품 파악이 곤란할 때
③ 기술 축적과 설비 대책이 곤란할 때

(5) 점검면 우수 점검자 확보

① 대형·고속기계의 진단 곤란
② 데이터에 의한 기록 유지 곤란
③ 점검자의 기술 수준에 따른 격차
④ 점검 개소의 증대
⑤ 우수 점검자의 확보 미흡

(6) 에너지면 자원 절약

① 설비의 수명 연장(고장 조기 발견)
② 에너지 절약(가벼운 고장일 때 수리하여 고장 확대 방지)

(7) 환경 안전면 사고, 오염 방지

① 설비 고장에 의한 환경 오염 방지
② 설비 고장에 의한 재해 사고 방지

1-4 설비 진단 기술의 도입 효과

(1) 일반적인 효과

① 점검원이 경험적인 기능과 진단기기를 사용하면 보다 정량화할 수 있어 누구라도 능숙하게 되면 동일 레벨의 이상 판단이 가능해진다.
② 경향 관리를 실행함으로써, 설비(부위)의 수명을 예측하는 것이 가능하다.
③ 정밀 진단을 실행함에 따라 설비의 열화 부위, 열화 내용 정도를 알 수 있기 때문에 오버홀이 불필요해진다.
④ 중요 설비, 부위를 상시 감시함에 따라 돌발적인 중대 고장 방지를 도모하는 것이 가능해진다.

(2) 효과의 예시

설비 진단 기술의 도입과 CBM화의 확대에 따른 효과적인 보기로서 [그림 1-4]는 보수비의 저감 효과의 예시(회전 기계 대상)를 나타낸 것이다.

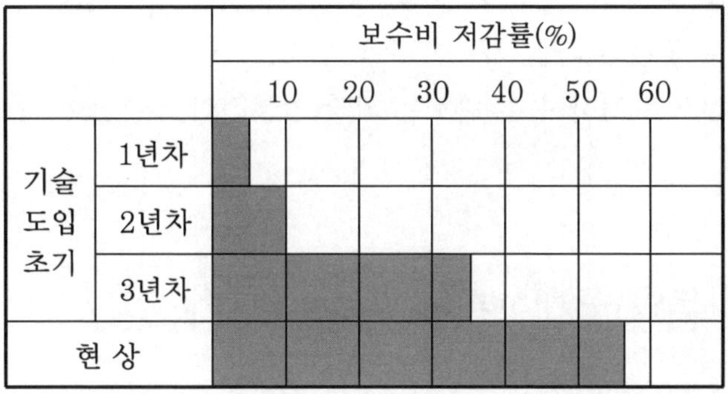

보수비 저감률(%)
10 20 30 40 50 60
기술 도입 초기
1년차
2년차
3년차
현 상

[그림 1-4] 회전 기계 보수비의 저감 효과 예

[그림 1-5]는 오버홀 주기의 연장 효과의 예시이다.

16
14
12
10
8
6
4
2
주기 (년)
CBM 전
CBM 후
모터
감속기
펌프 블로어
롤러

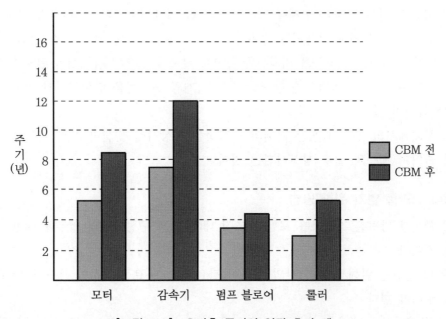

[그림 1-5] 오버홀 주기의 연장 효과 예

2. 설비 보전 방법의 개요

다양한 산업 분야에서 설비 보전을 위하여 많은 전략과 기법 그리고 요소 기술들이 사용되고 있다. 우리는 이러한 전략, 기법 및 요소 기술들을 자주 접하며, 현장에 적용하는 시도를 통하여 매우 좋은 효과를 거두어 오고 있다. 그러나 그동안 다양한 산업 분야 방문을 통하여 직접적으로 접하여 본 바로는 가장 기본적인 부분들이 많이 부족한 것이 사실이다.

2-1   설비 보전 수행(maintenance practice)

소음이 발생하고, 고온이며 진동이 높은 기계에 대하여 측정 작업을 준비할 때 어떤 방법으로 수행해야 하는지 혼란스러울 것이다. 물론 기존 습관대로 작업 지시서에 따라 업무를 수행하면 되겠지만, 투자한 노력에 대한 최상의 결과를 얻으려면 작업의 필요성과 작업 방법에 대한 충분한 이해가 필요하다.

(1) 기계 고장의 원인

기계 고장의 원인은 처음 기계를 제작하기 위한 설계에서부터 제작 과정, 설비 보전 및 운전상의 실수로 인해 발생되는 것이다. 기계의 제조, 설치, 설비 보전 방법 등이 기계의 수명에 궁극적으로 영향을 미치는데 앞으로 문제를 일으킬 잠재성을 인지한다고 해도 이러한 모든 단계를 완벽하게 관리할 수는 기계의 신뢰성을 향상시키기 위한 방법을 찾는 데 목적이 있다.

산업 사회에서의 우리 목표는 기계의 신뢰성을 향상시키고 설비 보전 비용과 에너지 소비를 줄이며 제품의 질을 향상시키는 것이다.

(2) 최대 효과를 얻기 위한 방법

가장 확실한 방법은 경영자를 포함한 조직 내의 모든 구성원들의 업무에 대한 자세가 바뀌는 것이다.

① 목표 달성을 위해서 동료 간의 협력이 필요하며, 동료들에게 그 내용에 대해 설명해 주어야 한다.

② 상위 관리자가 생각을 바꾸는 것과 교육을 실시하는 것으로, 동료들과 무엇을 해야 하는지 그리고 이익이 무엇인지 의견을 교환해야 한다.

2-2 일반적인 설비 보전(maintenance)

산업 현장에서의 설비 보전에 대한 개념은 단순히 공장을 문제 없이 가동시키는 것이 지배적이었다. 즉, 기계에 고장이 발생한 후 고장을 수리하거나 부품을 교체하여 왔으며, 기계의 신뢰성을 향상시키거나 결함을 예지하는 작업은 거의 수행되지 않았다. 일반적으로 기업에서 설비 보전 부서는 예산을 엄청나게 소비하는 부서로 인식되어 왔으며, 단지 회사 운영을 위해 필요한 부서로서만 인식되어 왔다. 하지만 근래에 들어와 설비 보전 부서는 설비 보전 개념의 변화에 따라 기계의 신뢰성을 향상시키기 위한 예산과 시간을 투자할만한 가치가 있는 부서로 인식되어 가고 있다. 즉 "정밀 보전"(precision maintenance) 또는 "선행 보전"(proactive maintenance)이라 부르는 설비 보전 방법으로 접근하여 엄청난 설비 보전 비용의 절감이라는 결과를 가져왔다.

1 사후 보전(breakdown maintenance)

사후 보전은 고장이 발생할 때까지 방치하는 것으로 고장이 발생하기 이전에 어떠한 조치도 취하지 않는 것을 말한다.

> **"고장이 나면 수리 및 보수를 한다."**

이 방식은 매우 많은 설비 보전 비용을 필요로 한다. 기계에 대한 2차 손상(베어링 결함 시 회전자 손상으로 이어진다), 생산 손실, 부품의 재고 관리 비용 그리고 계획에 없던 인건비 등을 발생시킨다.

사후 보전 방식을 채택한다면 관리가 어렵게 된다. 부품은 언제든지 고장을 일으킬 수 있으며 이는 생산과 안전에도 영향을 미친다. 비록 숙련자가 청각으로 고장을 감지하여 2차 손상을 방지한다 해도 수리 기간 동안 생산 손실을 가져온다.

(1) 사후 보전의 단점

다른 설비 보전 방법에 비해 고장 시기를 알 수 없고, 2차적 고장과 심각한 고장이 발생한다. 또한, 생산 손실이 발생되고, 고가의 수리비용이 소요되며, 관리가 불가능해진다.

① 대형 설비 사고의 위험 가능성이 존재한다.
② 돌발일 경우 수리 시간 예측이 어렵다.
③ 보전 요원의 기능 및 기술 향상이 어렵다.
④ 제품 불량률이 높고 같은 고장의 반복적 발생 빈도가 높다.

(2) 사후 보전의 장점

상태 감시와 예지 보전에 관련된 비용이 소요되지 않고, 기계에 대한 과잉 설비 보전이 발생되지 않는다.

(3) 사후 보전이 최적인 경우

① 기계 고장이 적고 영향도 적을 때
② 기계의 예비기가 준비되어 있을 때
③ 기계 고장이 생산에 영향을 미치지 않을 때
④ 대부분 전기장치일 때
⑤ 특정 종류의 제어계일 때
⑥ 돌발 고장형 기계일 때

2 예방 보전(preventive maintenance)

예방 보전은 계획 보전(planned maintenance), 주기 보전(calendar-based main-tenance), 역사적 보전(historical maintenance) 등 다양한 명칭으로 불린다.

"주기적으로 정하여진 시기에 수리 또는 보수를 한다."

이 이론은 기계의 수명은 유한하다는 것이며, 기계가 오래될수록 고장 발생 위험이 증가하는 것을 의미한다. 따라서 고장을 피하고 기계의 수명을 연장하기 위해서는 먼저 수리하는 것이다. 문제는 기계의 수명을 추정하는 것이다. 만약 수리를 장기간 동안 하지 않으면 기계는 고장을 일으킬 수 있고, 반대로 너무 일찍 수리를 하게 되면 인건비, 생산 손실, 부품 비용 등이 증가하여 비경제적이다. [그림 1-6] 그래프와 같이 시간에 대한 고장의 발생 가능성을 예상할 수 있는데, 상당 기간 동안 고장의 발생 가능성은 낮으나, 특정 기간부터 기계의 마모와 피로에 의한 고장의 발생 가능성이 증가함을 볼 수 있다.

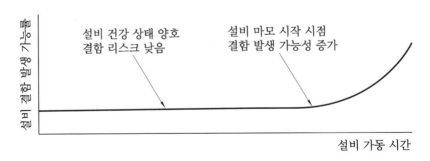

[그림 1-6] 설비 추정 수명 곡선

반면 "초기 고장률"은 어떠한가? 부품의 수명이 짧은 것, 설계 불량, 제작 불량에 의한 약점 등이 이 기간에 나타난다. 또 정기 보수(overhaul) 이후에 고장이 많이 발생하게 되는데, 그 원인에는 부적절한 윤활 급지(너무 많이 하거나 적게 할 경우), 부품의 조립 불량, 축정렬 불량 및 질량 불평형 등이 있다.

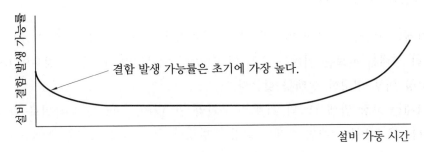

[그림 1-7] 설비 초기 고장 곡선

여기서 "추정 수명" 곡선에 "가능 수명"의 곡선을 반영하여 수정해야 한다. 즉 고장이 발생하는 지점은 추정한 지점보다 그 이전에 존재하므로 따라서 평평한 구간을 수정해야 한다.

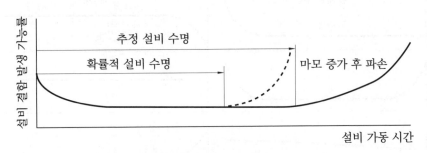

[그림 1-8] 설비 추정 수명 곡선

설비 보전 계획을 세우는 작업은 "가능 수명"에 따라야 하는데 그 시기를 예측할 수 없으며, 또한 기계가 마모 단계에 들어섰을 때 얼마나 빨리 고장을 일으키는지도 알 수 없다.

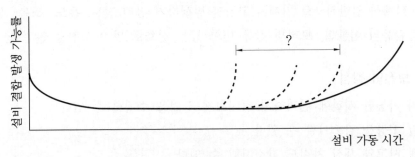

[그림 1-9] 설비 추정 가능 수명 곡선

그렇다면 어느 정도의 간격으로 설비 보전 작업을 수행해야 하는가? 정상적으로 운전되는 기계에도 설비 보전 작업을 수행할 수도 있고, 더 심한 경우는 그렇게 작업을 수행하더라도 예상과는 달리 고장이 발생하는 기계가 나타난다. 몇 년 전 미국 항공(United Airline)사에서 실제 고장이 발생하는 시기(주기)에 관해 연구한 자료에 따르면 두 가지 중요한 사실을 알 수 있다.

- 첫 번째는 고장률 곡선의 형태가 언제나 "욕조형(bath tub)"을 따르지 않는다. 사실 그러한 형태를 따르는 기계는 오직 약 6%만이 해당되며 대부분의 경우인 68%는 초기 고장 이후 평평한 형태를 갖는다.
- 두 번째는 고장 발생 11%만 기계 노후화와 관련되며, 89%는 무작위로 발생된다는 점이다. 그 의미는 2개월 후에도 고장이 발생할 수도 있고 22개월 후에도 발생할 수 있다는 것이다. 따라서 주기 보전(calendar-based maintenance)은 결함을 가지고 있는 것이다.

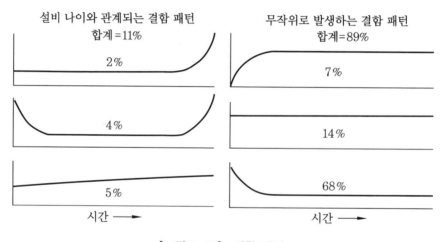

[그림 1-10] 결함 패턴

그러나 다행히 일반적으로 기계는 고장을 발생하기 전에 진동, 온도, 소음, 성능 등의 변화나 윤활유의 이물질, 모터의 전류 변화 등을 신호로 먼저 고장을 알린다.

(1) 예방 보전의 장점

① 관리 가능한 시간에 편리하게 설비보전 작업을 수행할 수 있다.
② 돌발 고장을 감소시킬 수 있다.
③ 대형 사고와 생산 차질도 감소시킬 수 있다.

④ 재고 부품과 비용에 대한 관리가 용이하다.

(2) 예방 보전의 단점

① 기계에 문제가 없어도 수리를 해야 하므로 경제적 손실이 크다.

② 수리 후 개선되는 경우보다 악화되는 경우가 더 잦다.

③ 여전히 돌발 고장이 존재한다.

④ 모든 기계의 설비 보전 주기가 동일하며 각각의 기계에 대한 필요한 작업을 할 수 없다.

⑤ 보전 요원의 기술 및 기능이 약화된다.

⑥ 대수리(overhaul) 기간 중에 발생되는 생산 손실이 크다.

3 예지 보전(predictive maintenance)

예지 보전은 "상태 기반 보전(condition based maintenance)"이라 하며, 그 개념은 다음과 같다.

"상태에 이상이 없으면 아무런 보수나 수리를 하지 않는다."

회전 기계는 고장을 일으키기 전에 진동 레벨과 패턴이 변화하고 특정 부품의 온도가 올라가는 신호를 보내준다. 윤활 면의 마모는 윤활 분석을 통해서 알 수 있고, 그 밖에 여러 신호를 보낸다. 이러한 기계의 신호들을 감시하면 기계의 고장 위험이 심각하게 되기 전에 설비 보전 작업을 수행할 수가 있어 돌발 고장을 감소시켜 기계의 수명을 최대로 연장할 수 있으며 설비 보전 비용 또한 절감할 수 있다. 또 고장은 예측하여 사전에 조치를 취할 수 있으며, 돌발 고장에 의한 기계의 가동 정지 시간을 없게 만들고 대형 사고 또한 방지할 수 있다.

또한 기계에 대한 2차적인 손상도 피할 수 있으며, 설비 보전 작업도 원하는 시기에 수행할 수 있다. 그러기 위해서는 모든 기계를 감시해야 된다는 전제 조건이 있다. 모든 고장은 감지하기 쉬운 패턴을 갖는데, 이러한 패턴을 통하여 1~2개월 전에 고장을 대처할 수 있으나 모든 기계를 이 방식으로 감시한다는 것은 어렵고 많은 비용이 소모되며, 기대했던 만큼의 경보도 나타나지 못한다.

기계 상태와 시간과의 관계를 새로운 그래프로 만들어 보면 초기 고장률을 곡선에(기계는 반드시 이 단계에서 세밀히 관찰되어야 한다.) 나타낼 수 있으나 향후 진행 정도는 파악할 수 없다.

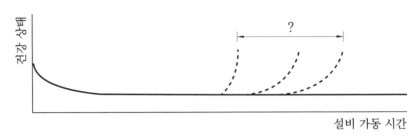

[그림 1-11]   초기 고장률 곡선

예지 보전 기술은 적당한 기법과 주기로 기계를 감시하는 것이다. 고장 위험과 재정적 부담과의 균형을 맞추어야 하고, 기계에 고장이 발생하면 어떤 조치를 취해야 하는지 알고 있어야 한다. 각 기계의 중요도를 평가하여 채택할 기법을 정해야 한다.

중요 기계는 상시 감시 시스템(온라인 시스템)을 설치하여 하루 24시간 동안 지속적인 감시를 하여 생산 설비 관리의 방식을 기계의 신뢰성 향상과 기계의 수명 연장을 위해 변경할 수 있다면, 설비 보전 비용은 절감될 수 있다.

(1) 예지 보전의 장점

① 돌발 고장 감소
② 부품은 필요할 때 주문(재고 부담 경감)
③ 원하는 시기에 설비 보전 작업 수행
④ 기계의 수명 연장
⑤ 불필요한 설비 보전 작업 제거
⑥ 효율적인 작업 수행
⑦ 기계 안전도 증가
⑧ 작업의 질 향상
⑨ 소비자 만족도 향상

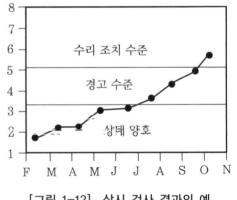

[그림 1-12]   상시 검사 결과의 예

(2) 예지 보전의 단점

① 장비와 시스템, 인건비, 용역비 등의 부담
② 기계의 수명 연장에 대한 보장 없음

4 선행 보전(proactive maintenance)

선행 보전은 "정밀 보전(precision maintenance)", "신뢰성 기반 보전(reliability based maintenance)" 등으로 부른다.

"제대로 정확하게 수행한다."

예지 보전을 하던 중 베어링에 결함을 감지하게 되면 부품을 주문하고 작업 일정을 계획하게 된다. 그러나 고장의 원인을 알게 되면 그 원인을 제거할 수 있으며, 기계는 그로 인하여 수명이 연장될 수 있다. 이러한 이유로 "선행 보전"이라는 표현을 사용하게 된 것이다. 즉 기계 고장을 기다리는 것이 아니라, 고장을 일으키는 원인을 제거해 나가는 것이다. 이 의미는 예방 보전에서 베어링이나 실(seal)을 사전에 교체하는 것을 말하는 것이 아니다. 기계 고장의 근본 원인을 찾아 문제를 해결하는 것이다. 기계 고장의 근본 원인을 결정하는 것은 공정과 관련이 있다. 설비 이력, 공진 측정을 위한 타격시험(bump test), 위상 분석 등과 같은 특별한 데이터가 사용된다.

또한 정품의 기계와 부품 구입 여부 및 윤활 관리, 설비 보전 절차 등도 포함된다. 정밀(precision)이라는 표현을 사용하는 이유는 기계의 수명을 증가시키는 가장 좋은 방법이 정밀한 축정렬과 밸런싱이기 때문이다. 만약 기계의 밸런싱과 축정렬이 정밀하게 이루어졌고, 공진 주파수를 피했다면 설비의 수명은 매우 길어질 것이다. 기계 감시를 위한 상태 감시 기법은 계속 사용되며, 기계 고장의 근본 원인을 결정하기 위한 기술이 적용된다. 설비의 신뢰성 증대를 위해 사용되는 선행 보전 기술은 많은 장점을 가지고 있지만, 도입에 많은 어려움이 있다. 회사 구성원 전원이 참여하고, 모두가 이 개념을 이해하고 동의해야 한다.

또한 교육과 투자가 필요하며, 설비 등을 구매했을 때에는 정밀 밸런싱과 축정렬 작업 등을 반드시 실행하여 선행 보전 기술이 제대로 이루어지면 단기간 내에 설비 보전 비용에 대한 절감 효과를 얻을 수 있다.

(1) 선행 보전의 장점
① 기계의 수명 연장   ② 기계의 신뢰성 향상
③ 기계 고장과 2차적인 손상 방지   ④ 기계의 가동률 증가
⑤ 설비 보전 비용의 절감

(2) 선행 보전의 단점
① 장비와 시스템, 인건비, 용역비 등의 부담
② 새로운 기술의 습득 필요
③ 부가적인 시간 투자
④ 구성원 모두의 의식 전환

3. 설비 진단 기법

3-1 개요

설비 진단 기술은 그 내용면에서 2가지의 기술이 있다.

① '설비의 상태 파악'을 위한 센서 기술　② '이상의 예지'를 위한 해석 평가 기술

이 두 가지 기술은 어느 한 쪽이라도 결함이 있다면 충분한 효과를 발휘하는 것이 곤란하다. 설비 진단 기술을 적용할 때는 이러한 경험에 의해 성격의 일면을 잘 인식하는 것이 필요하다. 그러면 진단이란 어떤 기법이 자주 사용되는지 진단에서 사용되는 센싱 기술을 제철산업을 예로서 [표 1-2]에 나타냈다. 이것을 보면 진단 목적에 따라 각종 센서가 적용되지만 그중에서도 진동법, 오일 분석법, 응력법이 실용적인 기법으로 폭넓게 사용되고 있음을 알 수 있다.

[표 1-1] 주요 설비 진단 기술 예

회전계	구조계
1. 회전 기계장치 종합 진동 진단 기술 　• 대상장치 예 : 수펌프, 유압펌프, 블로어, 　　　　　　　터빈, 모터, 감속기, 롤러 　• 간이 진단 기술~정밀 진단 기술 　• 회전체 밸런싱 조정 2. 각종 파라미터 계측 ~ 통합 해석 기술 　• 계측 예 : 진동(변위, 속도, 가속도), 　　　　　토크, 응력, 온도, 압력, 　　　　　전류, 전압 　• 윤활유 진단 기술 등과 조합한 진동 진단	1. 각종 파라미터 계측 ~ 평가 기술 　• 계측 예 : 토크, 응력, 압력, 온도 등 　• 정지응력·잔류응력계측기술 　• FEM 해석 기술 2. 피로 수명 평가(예측) 기술 　• 응력 등 발생 빈도 계측 해석 기술 　• 균열 발생~균열 진전 수명 해석 기술 3. 균열·결함·부식 평가 기술 　• NDT 기술(MT, ET, UT 등) 　• AE 계측 기술 　• 부식 진단 기술(와류법, 극치통계법)
윤활·마모계	전기기기·제어계
1. 윤활유 열화 평가 기술 　• 대상 : 유압 작동유, 윤활유 등 　• 진단 항목 : 점도, 수분, 협잡물, 전산가 등 2. 이상 마모 진단 기술 　• 페로그래피 분석 기술 　• 그리스 중 철분 농도 계측에 의한 저속 회전 영역(100 rpm)의 베어링 이상 진단 3. 유압 실린더의 누설 진단 기술	1. 전기기기 열화 진단 기술 　• 교류 전동기 절연 진단 기술 　• 대형 직류 전동기 절연, 정류 진단 기술 　• 전력 케이블 절연 진단 기술 　• 변압기 유중 가스 분석 기술 2. 자동제어계 진단·조정 기술 　• 아날로그 제어계 진단·조정 기술 　• 제어계 주파수 특성 해석 기술

[표 1-2] 제철산업에서의 설비 진단 기술

설비분류	진단부위	진동법	온도	오일분석	응력(압력)	AE법	음향법	회전검출	기타	금후의 과제(문제점)
회전	롤러베어링	◎진단계 주파수 해석	△적외 온도계	○페로 그래피 S·O·A·P		△AE 센서	△US 검지 마이크로 핀			저속 회전 진단, 수명 예측 기술
	미끄럼베어링	○상동	△상동	△상동		○상동	△상동			마모 측정 기술, AE 진단 기술
	기어	◎상동		○상동	△응력 분포 토크 맥동법		△마이크로 핀	△회전 손상 (로터리 인코더)		치면 손상 정량화, 비분해 진단 기술
구동기계	커플링	○상동		○상동				○회전 위상차		기어 커플링 마모, 오일 부족, 비분해 진단 기술
	축·로터	○상동			◎응력 빈도 토크 계측	○상동				크랙 모니터링 기술
	와이어								○전자 탐상	
	롤					△상동			○롤 프로필	인라인 크랙 진단, 인라인 프로필
유체기계	펌프, 팬, 컴프레서	◎상동	△정밀 온도계 (효율 계측)	○상동	△압력 맥동		△마이크로 폰 (잡음)		△US 유량계	내부 마모 진단
	밸브류	○상동	△온도 차	○상동					△전자 서보 밸브 (전달 함수)	누설 (내부, 외부), 검출 기술
	실린더	○상동		○상동	○압력 강하	△상동				누설 검출 기술(패킹 손상 예지)
구조물	볼트·너트	△위상차							△볼트 이완 (전달 함수)	이완 검출 기술
	압연기계, 하우징				◎응력 빈도 (수명 예측)	○상동			△와류 탐상	크랙 검출 기술
	로체, 배관, 압력용기		○적외 온도계		◎응력 계측 (수명 예측)	△상동	◎US 탐상		△상동	크랙 진단 부식 간이 진단

㈜ ◎ : 실용화   ○ : 일부 실용화   △ : 연구 개발 중

3-2 설비 진단의 기법

1 진동법

설비에 이상이 발생하면 그에 따라 설비 이상 부위의 진동 상태가 정상일 때와 다르다는 것은 예전부터 잘 알려진 사실이다. 진동법에서는 설비 상태에 관한 여러 가지 정보를 얻을 수 있으므로 현재의 진단 기술 중에서 가장 폭넓게 이용되고 있다.

여기서 말하는 진동이란 크게는 설비 전체가 진동하는 것으로부터 소리로 듣는 것까지, 더 나아가 귀로 들을 수 없는 초음파 영역까지를 포함하고 있다. 진동법을 응용한 진단 기술로는 다음의 것이 실용화 수준이다.

① 회전 기계에 생기는 각종 이상(언밸런스·베어링 결함 등)의 검출, 평가 기술

② 블로어·팬 등의 밸런싱 진단·조정 기술

③ 유압 밸브의 리크 진단 기술

④ 진동 이외의 파라미터(온도, 압력 등)의 설비 이상 원인의 해석 기술 등

진동 진단 기기에는 점검용의 포터블 타입, 공장에서 상설 사용하는 모니터링 타입 등이 있다. 또 진단 기능으로도 진동을 측정하는 타입, 이상 판정 논리를 가진 타입, 주파수 해석을 하는 타입 등 여러 가지가 있다.

2 오일 분석법

베어링 등 금속과 금속이 습동하는 부분의 마모에 대한 진행 상황을 윤활유 중에 포함된 마모 금속의 양, 형태, 재질(성분) 등으로 판단하는 분석법이다. 페로그래피(ferrography)법과 SOAP법이 잘 알려져 있다.

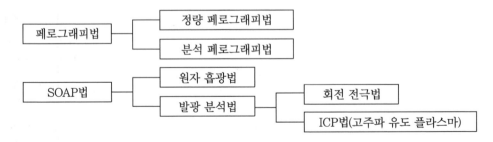

[그림 1-13] 페로그래피법과 SOAP법의 분류

(1) 페로그래피법

채취한 오일 샘플링을 용제로 희석하고 약간 경사시켜 고정한 슬라이드에 흘린다. 슬라이드 아래에 설치된 강력한 자석에 의해 마모분 입자는 자력선 방향과 상류에서 하류로 크기 순서에 따라 배열된다.

페로스코프라 하는 색 현미경으로 이 오일 샘플링인 페로그램의 마모 입자의 크기, 형상 또는 간편히 열처리한 재질 등을 관찰하여 이상 부위, 원인을 진단한다.

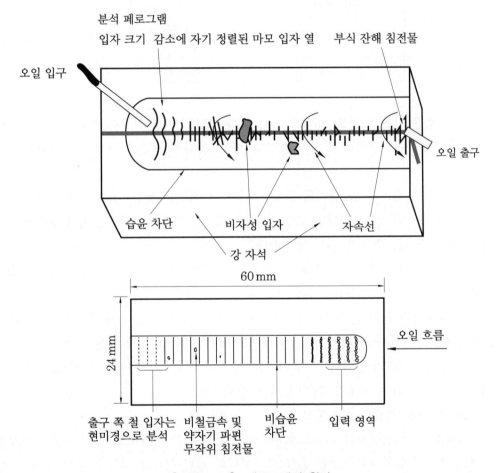

[그림 1-14] 페로그래피 원리

(2) SOAP법

이 방법은 채취한 시료유를 연소하여 그때 생긴 금속 성분 특유의 발광 또는 흡광 현상을 분석하는 것으로, 특정 파장과 그 강도에서 오일 중 마모 성분과 농도를 알 수 있으며, 분석 장치로는 원자 흡광, 회전 전극, ICP 등이 있다.

[표 1-3] SOAP 분석 장치의 특징

구분	원자 흡광법	회전 전극법	ICP법
원리	금속 성분의 원자 흡수 스펙트럼을 측정	금속 성분의 발광 스펙트럼을 측정	
연소 방식	아세틸렌 불꽃 (약 2000℃)	고압 방전(약 15000 V)	플라스마(7000~9000℃)
시료 전 처리	금속 성분과 산 등에 의한 용해	직접 측정	희석 사용
측정 입자 크기	특히 제한 없음	비교적 큰 입자까지 가능	작은 입자(~10μm)
분석 시간	시간이 걸린다.	원자 흡광과 비교하여 신속	

오일 분석법은 금속의 마모 상황을 직접 측정하므로, 이상 검출이 확실하다는 장점이 있으나, 샘플의 채취 방법에 주의를 요한다. 또한 분석에 숙련이 필요해 진동법에 비해 쉽지 않다.

회전 기계는 올바른 윤활 급지를 필요로 한다. 부적절한 윤활 급지, 윤활유의 오염으로 기계에 심한 마모가 유발되면 고장을 발생시킨다. 이 경우 값비싼 윤활유가 아무런 성과 없이 낭비되는 경우가 흔히 발생한다.

윤활유와 그리스를 분석하여 사용이 가능한가를 확인하고 만약 오염이 되었거나 금속 성분과 다른 요소들이 발견되었다면 마모의 초기 단계라는 것을 알 수 있다.

그러나 대부분의 윤활 분석 기법으로는 실제적인 마모로 인한 입자를 감지할 수 없다. 즉, 분광계(spectrometers)는 10μm 이하 크기에는 한계를 갖기 때문이다.

따라서 입자를 감지하기 위한 특별한 기법이 필요하다. 입자가 발견되지 않았지만 기계의 고장이 발생하는 사례가 수없이 많이 존재한다.

① 사용유(used oil analysis) 분석

사용유 분석은 신유를 기준으로 주기적으로 측정한 사용하고 있는 윤활유를 수집하고 분석하여 관리함으로써 윤활유와 설비의 결함 상태를 파악할 수가 있다. 일반적인 사용유 분석은 다음과 같은 항목과 방법을 사용한다.

• 점도 분석(vibrating cylinder)

• 점도 분석(oil bath)

• 원소 분석(rotating disk emission spectrometer)

• FTIR 분광계(spectrometer)

• TAN(Total Acid Number)

- TBN(Total Base Number)
- 수분 분석(karl fisher)
- 수분 분석(crackle test)
- 입자 분석(particle count)

② 마모 입자 분석(wear particle analysis)

철 성분(ferrographic) 마모 입자 분석은 기계 상태 분석 기법 중의 하나로 윤활 설비에 적용된다. 이 기법은 윤활유에 포함되어 있는 입자를 분석하여 기계의 윤활 구성품에 대한 정확한 상태를 알려준다.

윤활유 샘플에 포함되어 있는 입자 크기, 밀도, 모양 등의 경향으로 초기에 비정 상적인 마모 상태를 감지할 수 있다.

경우에 따라 진동 분석을 보완하는 기능으로, 마모 입자 분석은 조기 결함 감지, 저속 회전 기계, 기업 가스, 왕복동 기계 등에 적용된다.

물론 연구소에서 사용하는 장비를 구입하여 직접 분석할 수도 있지만 대부분의 기 업에서는 외부에 위임을 한다. 오일 샘플은 반드시 현장에서 올바른 방법으로 채취 되어야 하며 채취한 샘플을 연구소로 보낸다. 분석 결과는 상태 감시 시스템에 통합 시켜야 한다.

- 기계 내부에 윤활되고 있는 요소에 오염물질이 존재하는가(또는 침투되었는지)를 판단하는 중요한 기법이다.
- $1 \sim 350 \mu m$ 크기의 입자를 감지할 수 있어야 한다.
- 분석은 입자의 형태, 구성, 크기 분포, 밀도 등으로 이루어져야 한다.
- 특정한 설비 관리 표준에 따르는 운전 시 마모 기준을 결정해야 한다.

3 응력법

설비 구조물에 발생되는 균열은 과대한 응력, 반복 응력에 의한 피로 축적 등이 원인 으로 되는 것이 많다. 응력법은 이러한 문제에 대하여 다음 순서대로 해결하도록 한다.
- 각 부재에 실제 응력을 측정한다.
- 설비 내부에 실제 응력의 분포를 해석한다.
- 설비의 피로에 의한 수명을 해석한다.

(1) 응력 측정

일반적인 부재에 가해진 응력에 대하여 직접 안다는 것은 곤란하고 응력의 존재에 의 해 생기는 변형량으로 알 수 있다. 이것은 탄성한계 영역에서는 응력과 변형이 비례한다고 하는 이른 바 훅의 법칙에 의거하고 있다.

변형 측정법의 하나로서 금속 저항 변형 게이지가 널리 사용되고 있다. 이것은 굽힘 게이지가 변형을 받으면 그 내부의 금속 저항선의 전기 저항이 변화하는 성질을 이용한 것이다.

$$\text{응력 } \sigma = E \cdot \varepsilon = E \cdot \frac{1}{K} \cdot \frac{\Delta R}{R}$$

여기서, E : 영률, ε : 변형률, K : 게이지율(변형감도)
R : 변형이 없을 때 저항값
ΔR : 변형이 있을 때 저항값

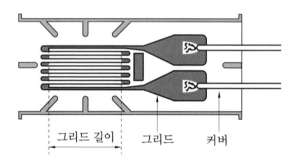

[그림 1-15] 스트레인 게이지에 의한 응력 측정 원리

이 변형 게이지의 법은 동적인 변형을 측정하는 것으로 잔류응력 등의 정지응력을 측정할 수 없다. 정지응력을 측정하는 방법으로는 결정격자의 변형을 측정하는 X선법, 강자성체에 응력을 부여하면 그 투석률이 변화하는 것을 이용한 자기왜식(磁氣歪式) 등이 있다.

(2) 응력 분포 해석

금속 저항 변형 게이지를 이용한 방법은 설비의 일정 응력을 구하는 것이지만 구조물에 하중을 가할 때 그 점이 가장 높은 응력값을 나타내는 것은 아니다. 이때는 유한 요소법(FEM)으로 구조물의 응력 분포를 얻는다.

유한 요소법의 응용 분야는 상당히 넓고 응력 해석, 열 해석, 전자장 해석, 유체 해석 등에 이용되고 있다. 구조 해석에서는 부재의 각종 단면(곡면 포함), 3차원 연속체, 3차원적으로 조합된 구조물의 응력 분포를 계산할 수 있다.

(3) 피로수명 예측

구조물의 수명을 예측하는 방법에는 크게 나누어 2가지 방법이 있다.

① 균열 발생 수명 : 균열이 몇 개 발생하는지를 예측한다.

② 균열 진전 수명 : 발생한 균열이 어떻게 진전되고 어느 설비가 파괴되는지를 예측한다.

3-3 진동 상태 감시

(1) 개요

기계의 진동 상태 감시(vibration condition monitoring)의 주요한 목적은 기계의 작동 상태에 있어서 보호와 예지 보전(predictive maintenance)을 위한 정보를 제공하는 데 있다.

진동 상태의 감시는 다음과 같은 목적에 대한 정보를 제공한다.

- 설비 보호의 강화
- 인간에 대한 안전성의 향상
- 보전 순서의 향상
- 문제의 조기 발견
- 조기 고장의 연장
- 설비 수명의 연장
- 작동 능력의 향상

진동 상태 감시에서 진동 계측은 매우 간단한 것에서부터 복잡한 많은 형태가 있으며, 진동 거동의 변화는 주로 다음에 의하여 발생된다.

- 불평형(unbalance)
- 축 정렬 불량(misalignment)
- 베어링, 저널의 손상 및 마모
- 기어 손상
- 축, 날개 등의 균열
- 과도 운전
- 유체 유동의 교란 및 전기 기계의 과도한 여자
- 접촉(rubbing)

(2) 진동 상태 감시의 순서

① 명부와 목록 작성

② 설비의 정보 수집

③ 설비 보전 자료 수집

④ 측정 경로의 선택

⑤ 측정 파라미터와 측정점 설정

⑥ 기준 데이터의 설정

⑦ 데이터 수집 주기 설정

⑧ 경향 분석

⑨ 보고서 작성

(3) 온라인 상태 감시(on-line condition monitoring)

온라인 상태 감시 시스템이란 기계의 작동 중 진동의 계측이 상시 기록되고 연속적으로 저장되는 시스템이다. 계측된 데이터는 이전에 취득한 데이터와 비교하여 실시간(realtime)으로 처리하며, 기계의 데이터를 전송하는 원격지에 설치할 수 있다. 온라인 상태 감시 시스템은 다음과 같은 요인이 고려될 때 적당한 시스템이다.

① 기계 운전의 위험 정도

② 기계가 갑자기 정지할 경우 손실 정도

③ 기계의 보전과 수리의 접근성

④ 고장 메커니즘이 시간으로 예기되는 경우

(4) 불연속 상태 감시(off-line condition monitoring)

불연속 상태 감시 시스템은 온라인 시스템과 유사한 기능을 수행하지만 데이터는 자동 또는 수동으로 주기적으로 수집되므로 비용면에서 경제적이다. 또한 주기적 상태 감시이므로 기계 위에 사전에 선정된 위치에서 주간 또는 월간의 주기적인 간격으로 휴대용 진단 계측기를 이용하여 측정 데이터를 수집하고 처리하는 포터블 모니터링 시스템(portable monitoring system)이다.

연습 문제

1. 간이 진단과 정밀 진단을 간단하게 비교하여 설명하시오.

2. 설비 진단 기술의 필요성 중 설비 관리면 정량적에 해당되는 것이 아닌 것은？
① 정량적인 점검이 불가능할 때　　② 열화 상태의 부품 파악이 곤란할 때
③ 기술 축적과 설비 대책이 곤란할 때　④ 고장의 미연 방지 및 확대 방지

3. 다음 중 설비 진단 기술법이 아닌 것은？
① 진동법　　　　　　　　　② 응력법
③ 자동화기법　　　　　　　④ 오일 분석법

4. 오일 분석법에 대하여 간단하게 설명하시오.

5. 설비 진단 기법과 응용 예를 연결하시오.
① 진동법　　　•　　　　　•　㉠ 전기, 전자 부품의 이상 발견
② 오일 분석법　•　　　　　•　㉡ 윤활유 내 마모분, 성분 등 진단
③ 응력법　　　•　　　　　•　㉢ 송풍기, 팬 등의 밸런싱 진단
④ 열화상법　　•　　　　　•　㉣ 설비 구조물의 응력 분포도 검사

6. 다음 문장의 (　　)에 알맞은 용어를 쓰시오.

| 설비 진단은 동작 가능 시간에 계측기를 이용하여 (　　　　)으로 행해진다. |

7. 다음 중 정밀 진단 기술에 해당되지 않는 것은？
① 스트레스 정량법　　　　② 고장 검출 해석 기술
③ 강도·성능의 정량화 기술　④ 결함 원인 및 개선 기술

8. 페로그래피법을 간단하게 설명하시오.

진동 이론

1. 진동의 기초

1-1 진동의 개요

(1) 진동의 역사

진동의 역사를 살펴보면 갈릴레이(Galileo Galilei, 1564~1642)가 1584년에 진자의 등시성 원리를 올바르게 정립하였으며, 네덜란드 수학자 호이겐스(Christiaan Huygens, 1629~1695)가 그 원리를 시계에 응용하였다. 갈릴레이는 낙하체의 법칙을 발견하고 증명함으로써, 실험 물리학에 큰 공헌을 하였고 운동과 가속에 관한 그의 연구는 뉴턴(Sir Isaac Newton, 1642~1727)이 제시한 운동 법칙의 기초가 되었다.

그 후 200년간에 걸쳐 진동학에서는 진자의 주기, 전체의 운동, 조류 현상 등의 연구가 진전되었고, 산업 혁명 후 기계 공업의 발달과 함께 19세기 말경부터 많은 진동 문제들이 고속 기계에서 제기되었다.

레일리(John William Strutt Rayleigh, 1842~1919)는 기계 진동학을 체계화하여 발전시켜, 현대 진동학의 기초를 이룩하는 데 커다란 공헌을 하였다.

(2) 진동의 정의

어떤 시간 간격을 두고 계속 반복되는 운동을 진동(vibration or oscillation)이라고 하며, 진자의 흔들림과 인장력을 받고 있는 현의 운동 등이 진동의 전형적인 예이다. 진동학은 물체의 주기적인 운동과 그에 부과되는 힘을 연구한다.

1-2 진동의 분류

진동은 다음과 같이 몇 가지 방법으로 분류될 수 있다.

(1) 자유 진동과 강제 진동

① 자유 진동 : 외란(disturbance)이 가해진 후에 계가 스스로 진동하고 있다면, 이 진동을 자유진동(free vibration)이라 하며 반복되는 외부 힘은 작용하지 않는다. 진자의 진동이 자유 진동의 한 예이다.

> 🔍 **참고**
>
> 계(系, system) : 물리학에서 일정한 상호 작용이나 서로 관련이 있는 물체들의 모임

② 강제 진동 : 만약 계가 외력(가끔 반복적인 힘)을 받고 있다면, 이때 발생하는 진동을 강제 진동(forced vibration)이라 한다. 디젤 엔진과 같은 기계에 발생하는 진동이 강제 진동의 한 예이다. 만약 외력의 진동수와 계의 어느 한 고유 진동수가 일치되면 공진이 발생하고 계는 위험한 큰 진동이 발생된다. 빌딩, 다리, 비행기의 날개 등의 구조물의 파괴가 공진의 발생과 결부되어 있다.

(2) 비감쇠 진동과 감쇠 진동

진동하는 동안 마찰이나 다른 저항으로 에너지가 손실되지 않는 진동을 비감쇠 진동(undamped vibration)이라고 한다. 그러나 에너지가 손실되면, 그 진동을 감쇠 진동(damped vibration)이라고 부른다. 대부분의 물리계에서 감소의 양이 매우 적기 때문에 공학에서 대개 감쇠를 무시하지만 공진을 해석할 때는 감쇠를 고려해야 한다.

(3) 선형 진동과 비선형 진동

진동하는 계의 모든 기본 요소(스프링, 질량, 감쇠기 등)가 선형 특성일 때 생기는 진동을 선형 진동(linear vibration)이라 하고, 기본 요소 중의 어느 하나가 비선형적일 때의 진동을 비선형진동(nonlinear vibration)이라 한다. 선형과 비선형 진동계를 지배하는 미분 방정식은 각각 선형과 비선형이다. 만약 진동이 선형이면 중첩의 원리를 적용할 수 없고, 해석 방법도 잘 알려져 있지 않다. 진동의 진폭이 증가함에 따라 모든 진동계가 비선형적으로 운동하기 때문에 어느 정도의 비선형 진동에 대한 지식을 갖추는 것이 바람직하다.

(4) 규칙 진동과 불규칙 진동

진동계에 작용하는 가진(excitation)이 항상 알려진다면, 그 가진을 규칙적이라고 한다. 이때 발생하는 진동을 규칙 진동(deterministic vibration)이라고 한다.

> 🔍 **참고**
>
> 가진(excitation) : 어느 계(系)에 진동을 발생시키는 것. 또는 어느 계에 진동을 발생시키기 위해 진동 또는 외력을 가하는 것

어떤 경우에는 가진이 불규칙적(random)이다. 어떤 한 순간의 가진 값을 예상할 수 없다. 이런 경우에는 가진 기록을 모아 보면 통계적인 규칙성을 발견할 수 있을 것이다. 가진의 평균 제곱 값과 같은 평균을 산출하는 것이 가능하다. 풍속, 도로의 거침, 지진 시의 지면의 운동 등이 불규칙 가진(excitation)의 예들이다. 만약 가진(excitation)이 불규칙하면 이때 발생하는 운동을 불규칙 진동(random vibration)이라고 한다. 불규칙 진동의 경우에는 계의 진동 응답도 불규칙하며, 응답을 오진 통계량으로밖에 나타낼 수 없다. [그림 2-1]은 규칙 진동과 불규칙 진동의 예를 나타낸 것이다.

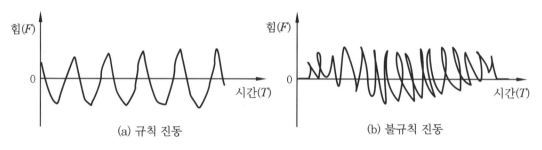

[그림 2-1] 규칙 진동과 불규칙 진동의 예

2. 진동의 물리량

2-1 진동의 크기

기계의 내부에 이상이 생기면 대부분의 경우 진동의 크기 또는 성질의 변화를 가져온다. 따라서 진동을 측정하여 해석함으로써 기계의 열화나 고장의 징후를 그 기계를 정지 또는 분해하지 않고서도 알 수 있다.

이와 같은 이유에서 설비 진단에 진동 측정이 많이 이용되고 있다.

모터를 회전시킬 때 로터(rotor)에 원심력이 발생하지만 로터는 상하 좌우가 동일 구조이므로 상호 상쇄되어 진동은 발생하지 않는다. 그러나 로터에 결함이 있어 일부가 무거운 경우는 모두 상쇄되지 않으므로 원심력에 의하여 모터를 진동시키는 힘이 발생한다.

이와 같은 진동을 개념적으로 나타낸 것이 [그림 2-2]이다. 진동의 크기를 표현하는 방법으로서 다음과 같은 것이 있다.

① 편진폭(peak) : 정(+)측 또는 부(-)측의 최댓값이다. 짧은 시간 충격 등의 크기를 나타내기에 특히 유용하다. 그러나 이 값은 단지 최댓값만을 표시할 뿐이며, 시간에 대해 변화량은 나타나지 않는다.

② 양진폭(peak-peak) : 정(+)측의 최댓값에서 부(-)측의 최댓값까지의 전체 값이다. 진동파의 최대 변화를 나타내기에 편리하며, 기계 부속이 최대 응력 또는 기계 공차 측면에서 진동 변위가 중요시될 때 사용된다.

③ 실효값(root mean square, rms) : 진동의 에너지를 표현하는 것에 적합한 값이다. 정현파의 경우는 최댓값의 $\dfrac{1}{\sqrt{2}}$ 배(실효값=편진폭×0.707)이다.

④ 평균값(average) : 진동량을 평균한 값이다. 정현파의 경우, 최댓값의 $\dfrac{2}{\pi}$ 배이다.

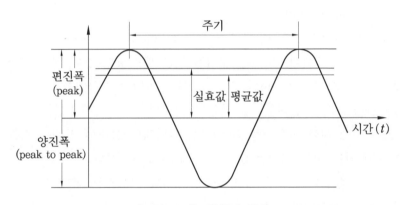

[그림 2-2] 정현파 신호

[표 2-1] 정현파 신호에서의 변화표

구분	최댓값	최대-최댓값	실효값	평균값
최댓값	V_P	$V_{P-P} = 2V_P$	$V_{rms} = \dfrac{1}{\sqrt{2}} V_P$	$V_{ave} = \dfrac{2}{\pi} V_P$
최대-최댓값	$V_P = \dfrac{1}{2} V_{P-P}$	V_{P-P}	$V_{rms} = \dfrac{1}{2\sqrt{2}} V_{P-P}$	$V_{ave} = \dfrac{1}{\pi} V_{P-P}$
실효값	$V_P = \sqrt{2}\, V_{rms}$	$V_{P-P} = 2\sqrt{2}\, V_{rms}$	V_{rms}	$V_{ave} = \dfrac{2\sqrt{2}}{\pi} V_{rms}$
평균값	$V_P = \dfrac{\pi}{2} V_{ave}$	$V_{P-P} = \pi V_{ave}$	$V_{rms} = \dfrac{\pi}{2\sqrt{2}} V_{ave}$	V_{ave}

2-2 진동의 기본량

진동 현상에는 일반적으로 진폭, 주파수, 위상 등의 물리량을 사용한다.

(1) 진폭

진폭은 진동의 크기로 진폭 표시의 파라미터로서는 변위, 속도, 가속도가 있고 이들의
특징을 알아서 정확히 사용하여 진단하는 것이 중요하다.

① 변위(displacement) : 응력 상태를 지시하는 파라미터

진폭을 나타내는 파라미터 중 거리를 측정하는 것으로, 진동에서 상한과 하한의
전체 거리를 말한다. 즉 정현파에서 양진폭의 크기를 말하며, 단위는 m pk-pk,
mm pk-pk, μm pk-pk이다.

변위 진폭은 베어링의 응력, 체결 볼트, 그 외의 조이는 부품이 받는 힘과 비례하
기 때문에 매우 중요하다. 터빈에 설치된 저널 베어링인 경우, 변위 측정으로 베어
링의 위치 또는 마찰(rubbing)의 발생 여부를 파악할 수 있다.

② 속도(velocity) : 피로 상태를 지시하는 파라미터

속도는 변위에 대한 변화율을 의미하며, 일반적인 설비의 진동을 표현하는 데 가
장 많이 사용되는 속도 단위는 m/s rms, mm/s rms이다.

속도는 베어링과 기타 부품의 피로(fatigue)를 일으키는 힘과 관련 있으며, 이는
회전 설비에서 가장 일반적인 결함을 일으키는 요인이 된다. 대부분의 진동 측정 장
비는 속도 단위로 진동을 측정하며, 설비 전체의 진동 상태를 표현할 때 국제규격
기준으로 속도 단위를 가장 많이 사용한다.

③ 가속도(acceleration) : 힘의 상태를 지시하는 파라미터

가속도는 속도의 변화율을 의미하며, 즉, 자동차 액셀러레이터(가속 페달)를 밟으
면 속도가 점점 증가하게 된다. 이때의 단위시간당 속도의 증가(또는 감소)를 가속
도라 하며, 단위는 g rms, m/s^2 rms이다.

베어링 내부의 힘과 비례하는 가속도(G)는 고속 설비나 고주파 진동을 발생시키
는 부품(>2000 Hz)에서 가장 중요하다. 왜냐하면 고속 설비에서는 변위 값(microns
또는 mils)은 매우 작게 나타나며 속도 값은 평범하게 나오기 때문이다. 이와 반대
로 변위는 저속 설비(100 rpm 이하) 진동 측정에 매우 적합하다. 즉, 움직임은 크게
나타나지만 가속도는 매우 작게 나타나기 때문이다.

진동 진폭 단위별 특성에 대하여 [그림 2-3]에 표현하였으며, 진동의 크기를 표시하
는 3가지 척도를 [그림 2-4]에 나타내었다.

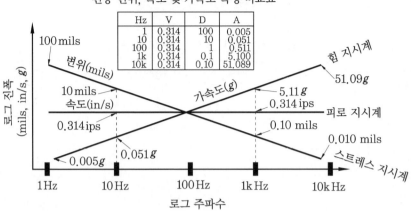

진동 변위, 속도 및 가속도 특징 비교표

Hz	V	D	A
1	0.314	100	0.005
10	0.314	10	0.051
100	0.314	1	0.511
1k	0.314	0.1	5.100
10k	0.314	0.10	51.089

[그림 2-3] 진동 진폭 단위별 특성 비교

- 변위(displacement)

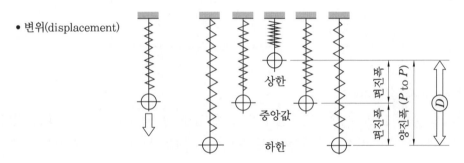

- 속도(velocity) : $V = \pi D f\,(D = P \text{ to } P)$

① 지름 D가 일정할 때 단위시간당 회전수가 많으면 속도는 빠르고 열화가 진행되는 것으로 판단한다.

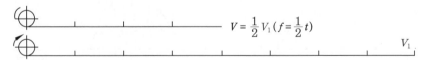

$$V = \frac{1}{2}V_1\left(f = \frac{1}{2}t\right)$$

② 회전이 일정할 때 D가 크면 속도는 빠르고 열화가 진행되는 것으로 판단한다.

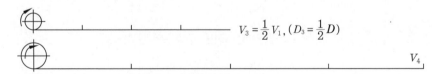

$$V_3 = \frac{1}{2}V_1,\ \left(D_3 = \frac{1}{2}D\right)$$

- 가속도(acceleration) : 단위시간 내 속도 변화

[그림 2-4] 진동 크기의 3가지 척도

[표 2-2]는 변위, 속도, 가속도의 관계를 나타낸 것이다.

[표 2-2] 변위, 속도, 가속도의 관계

구분	변위(μm)	속도(mm/s)	가속도(m/s^2)
변위(μm) $x = A\sin\omega t$	D	$\begin{aligned}V &= 2\pi f D \times 10^{-3}\\ &= 6.28 f D \times 10^{-3}\end{aligned}$	$\begin{aligned}A &= \dfrac{(2\pi f)^2 D}{9.81} \times 10^{-6}\\ &= 4.30 f^2 D \times 10^{-6}\end{aligned}$
속도(mm/s) $\dot{x} = \omega A\sin\omega t$	$\begin{aligned}D &= \dfrac{V}{2\pi f} \times 10^3\\ &= \dfrac{1.59}{f} \times 10^2\end{aligned}$	V	$\begin{aligned}A &= \dfrac{2\pi f V}{9810}\\ &= 6.41 f V \times 10^{-4}\end{aligned}$
가속도(g) $\ddot{x} = \omega^2 A\sin\omega t$	$\begin{aligned}D &= \dfrac{A}{(2\pi f)^2} \times 10^6\\ &= \dfrac{2.48}{f^2} \times 10^5\end{aligned}$	$\begin{aligned}V &= \dfrac{9810}{2\pi f} A\\ &= \dfrac{1560}{f} A\end{aligned}$	A

(2) 진동 주파수(frequency)

[그림 2-5]와 같이 진동의 완전한 1사이클에 걸린 총 시간을 '진동 주기'라 한다. 만약, 1사이클이 걸린 시간이 1초라면 1분 동안에 60회의 사이클이 반복된다.

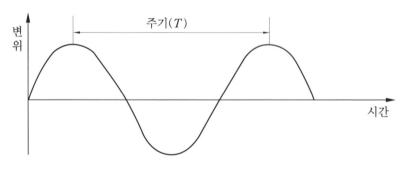

[그림 2-5] 진동 주파수와 주기

진동 주파수란 단위시간당(초, 분, 시간) 사이클의 횟수를 말하며, 일반적으로 주파수는 분당 사이클의 수로 나타낸다. 약어로는 CPM(cycle per minute)이라 표기한다.

$$\text{주기 } T = \frac{2\pi}{\omega}$$

여기서, T : 주기(s/cycle), ω : 각진동수(rad/s)

$$진동수 \ f = \frac{1}{T} = \frac{\omega}{2\pi}$$

여기서, f : 진동수(cycle/s or Hz)

예를 들어 회전수 1800 rpm으로 회전하는 모터에 발생하는 주파수는 $f = \dfrac{N}{60} = \dfrac{1800}{60}$ = 30 Hz가 된다.

기계 부품의 회전 운동에 의해 유발되는 진동력은 그 부품의 회전 속도에 따른 일정한 주파수를 갖기 때문에 진동 주파수를 통해 문제 부품을 찾아 낼 수 있다. 즉, 주파수를 안다는 것은 어느 부분이 이상인지 판단하게 해준다.

① 회전체가 불평형일 때에는 그 물체의 회전 속도와 동일한 진동수(1×)를 유발시킨다.
② 기계 부품이 이완(헐거움)되었을 경우에는 회전 속도의 정수배(1×, 2×, 3×, ...)의 조화파를 발생시킨다.
③ 베어링의 경우 구조적으로 계산이 되는 베어링 결함 주파수(내륜, 외륜, 볼, 케이지 주파수), 기어에 손상이 있을 경우에는 기어 잇수×축 회전속도에 상당하는 기어 맞물림 주파수 진동을 일으킨다.

(3) 위상(phase)

위상은 진동 파형의 한 사이클을 360°로 표현하여 진폭 최고값의 위치를 표시하는 것이며, 두 진동 신호 간의 최고 진폭 값 위치에 대한 시간 차이를 의미한다. 0~360° 사이에서 위상 차이로 표현될 수 있으며, 위상 값을 이용하여 설비가 진동하는 모양을 표현할 수 있을 뿐만 아니라, 각종 결함을 판단하는 데 사용된다.

위상은 각도 단위를 사용하며, 위상을 측정하기 위해서는 반드시 태코미터가 있어야 한다. 위상은 하나의 진동 현상을 다른 것과 비교하거나, 다른 부품에 비하여 얼마만큼 진동하고 있는가를 결정짓는 데 편리한 방법으로 이용된다.

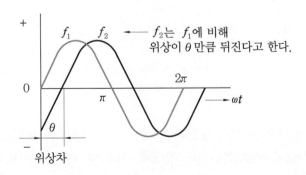

[그림 2-6] 진동 위상차

3. 기계 진동

3-1   개요

기계 진동은 설비 또는 구조물에 미치는 직접적인 영향 때문에 기계 가공과 관련하여 반드시 고려되어야 한다. 많은 기계 진동 문제는 질량과 스프링, 그리고 댐퍼(damper)로 구성된 단순 진동자에 의해서 설명이 가능하다. 실제의 기계를 단순 진동자로 단순화하기 위해서는 진동 발생 메커니즘에 대한 이해가 필요하다. 일반적으로 스프링 상수는 기계 프레임(frame) 또는 진동 발생 부품의 강성에 의해서 결정되고, 댐핑은 기계 재료의 내부 댐핑과 연결 부품 사이의 마찰에 의한 동적 댐핑으로 구성된다.

3-2   단순 진동자

[그림 2-7]과 같이 댐퍼가 없이 질량과 스프링만으로 구성된 단순 진동자의 경우 진동자의 운동을 나타내는 방정식은 다음과 같다.

진동자의 최대 변위를 나타내는 진폭 : $A = \sqrt{X_0^2 + \dfrac{V_0^2}{\omega_n{}^2}}$

고유 진동수 : $\omega_n = \sqrt{\dfrac{k}{m}}$

각진동수 : $\omega = 2\pi f$

위상 ϕ : $\tan\phi = \dfrac{V_0}{\omega_n X_0}$

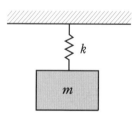

[그림 2-7] 단순 진동자

질량 m의 순간 속도 V와 순간 가속도 a는 다음과 같다.

$$V = \omega_n \sin(\omega_n t - \phi)$$

$$a = -\omega_n^2 \cos(\omega_n t - \phi)$$

즉 단순 진동자의 운동과 같은 정현파에 대해서는 진동자의 변위, 속도 및 가속도가 주파수의 단순 함수로서 상호 연결되어 있어서, 이들 중 하나를 알면 나머지 두 개는 자동적으로 구할 수 있다.

[표 2-3]은 ISO 기준에 의한 진동 측정량의 단위를 나타낸 것이다.

[표 2-3] 진동 측정량의 ISO 단위

진동 측정량	ISO 단위	설명
변 위	m, mm, μm	회전체의 운동(10 Hz 이하의 저주파 진동)
속 도	m/s, mm/s	피로와 관련된 운동(10~1000 Hz의 중간 주파수)
가속도	m/s^2	가진력과 관련된 운동(고주파 진동 측정이 용이)

진동 측정 시 변위, 속도, 가속도 세 개의 파라미터 중에서 임의의 하나를 측정하여 나머지 두 개를 계산함으로써 진동 운동을 완전히 설명할 수 있다. $a = -\omega_n^2 \cos(\omega_n t - \phi)$에서 가속도의 진폭은 주파수의 제곱에 비례한다.

따라서 가속도를 파라미터로 한 진동 측정은 고주파의 성분, 반면에 변위를 파라미터로 하는 경우에는 저주파 성분이 된다.

일반적으로 기계 진동의 주파수 분석에는 속도 또는 가속도를 파라미터로 사용한다. 그러나 기계 부품 사이의 작은 틈이 문제가 되는 경우에는 변위를 사용한다.

3-3 진동 측정량의 데시벨 표현

미소 진동과 같이 진동 측정량이 매우 낮은 경우, 진동 측정량을 ISO 단위가 아닌 dB 단위로 표현하면 진동 측정값을 대수로 표현하는 데 유용하게 사용할 수 있다.

(1) 진동 변위 D의 dB 단위

$$L_D = 20\log_{10}\left(\frac{D}{D_0}\right)[\text{dB}]$$

여기서, $D(\mu\text{m})$: 측정된 진동 변위, D_0 : 기준 진동 변위(10 pm=$10^{-5}\mu$m)

(2) 진동 속도 V의 dB 단위

$$L_V = 20\log_{10}\left(\frac{V}{V_0}\right)[\text{dB}]$$

여기서, $V(\mu\text{m/s})$: 측정된 진동 속도, V_0 : 기준 진동 속도(10 nm/s=$10^{-2}\mu$m/s)

(3) 진동 가속도 a의 dB 단위

$$L_A = 20\log_{10}\left(\frac{a}{a_0}\right)[\text{dB}]$$

여기서, $a(\mu\text{m/s}^2)$: 측정된 진동 가속도, a_0 : 기준 진동 가속도($=10\mu\text{m/s}^2$)

3-4   고유 진동수(natural frequency)

진동 시스템의 고유 진동수는 시스템을 외부 힘에 의해서 평행 위치로부터 움직였다가 그 외부 힘을 끊었을 때 시스템이 자유 진동을 하는 진동수로 정의한다. 단순 진동자의 경우에 고유 진동수는 식 (2-1)과 같다.

$$\omega_n = \sqrt{\frac{k}{m}} \tag{2-1}$$

구조물의 고유 진동수는 흔히 그 구조물의 정적 처짐(static deflection)에 의해서 나타내진다.

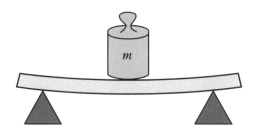

[그림 2-8]   질량에 의한 강철 빔 굽힘

[그림 2-8]과 같이 강철 빔(beam) 위에 질량 m을 올려놓은 탄성 구조물을 가정하면 이러한 상태에서의 탄성체의 정적 굽힘 X_s는 스프링 상수로 나타내지는 탄성체의 강성 k, 질량 m의 정적하중 mg에 의해서 다음의 관계식으로 정의된다.

식 (2-2)에서 X_s는 cm로 주어진다.

$$X_s = \frac{mg}{k} \tag{2-2}$$

여기서 $g = 9.81\,\text{m/s}^2$은 지구 중력 가속도이다. 식 (2-1)과 식 (2-2)를 합하면 고유 진동수는 정적 굽힘의 함수로 식 (2-3)과 같이 주어진다.

$$\omega_n \simeq \frac{10\pi}{\sqrt{k}} \qquad (2\text{-}3)$$

식 (2-3)에 의하면 걸어준 질량의 정적 하중에 의한 정적 굽힘이 동일한 진동 시스템은 그 구조상의 차이에 관계없이 항상 같은 고유 진동수를 갖게 된다. 이 사실은 진동 차단에 하나 이상의 스프링을 사용할 때 그 효과를 빨리 평가하는 데 편리하게 이용될 수 있다. 예를 들어 하나의 스프링에 질량 m을 달은 스프링이 5 mm 늘어났다고 하자. 식 (2-3)에 의해서 이 스프링 시스템의 고유 진동수는 7 Hz이다. 만일 이 질량 m을 스프링 상수가 같은 네 개의 동일한 스프링에 매단다고 하면 각각의 스프링은 본래 질량의 1/4 밖에 받치지 않게 된다. 즉 네 개의 스프링을 합친 강성은 네 배로 증가해서 질량 m에 대한 늘어난 길이는 1/4로 감소할 것이다. 이때의 고유 진동수는 14 Hz로 증가하므로 진동 차단의 측면에서는 바람직하지 않다.

다른 예로서 어떤 고무 패드에 질량을 올려놓은 결과 패드의 변형이 0.43 mm라고 하자. 이때의 고유 진동수는 24 Hz이다. 만일 이 질량을 앞의 패드보다 두께가 두 배이고 면적이 같은 패드에 올려놓았다면 패드의 변형은 두 배로 늘어날 것이고 고유 진동수는 17 Hz로 감소되어 진동 차단에 더욱 효과적이다.

3-5 댐핑의 영향

이제까지는 식 (2-1)에 의해 설명되는 정상 상태 정현파 진동에 대한 것이었다. 그러나 실제의 진동체는 항상 어느 정도의 내부 마찰이나 댐핑에 의해서 그 진동 에너지의 일부를 잃게 되어 진폭이 점차 감소하게 된다. 댐핑을 포함하는 진동 시스템을 [그림 2-9]와 같이 나타낸다.

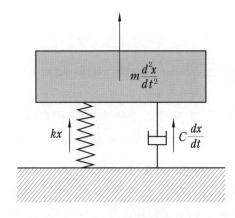

[그림 2-9] 1자유도계 댐핑 진동 시스템

이 시스템의 운동 방정식은 다음과 같다.

$$m\frac{d^2x}{dt^2} + C\frac{dx}{dt} + kx = 0 \tag{2-4}$$

여기서 C는 댐핑 계수이다.

$$\omega_d = \sqrt{\omega_n^2 - \delta^2} \tag{2-5}$$

ω_d는 댐핑 시스템의 고유 진동수로서 항상 ω_n보다 작다. δ는 감쇄 상수라고 부르며 $\delta > 0$이면 진폭의 감소를 나타내고 $\delta < 0$이면 진폭의 증가를 나타낸다.

δ^2의 크기에 따라서 다음의 세 가지 경우가 가능하다.

① 만일 $\delta^2 < \omega_n^2$이면 ω_d는 실수 : 작은 댐핑

② 만일 $\delta^2 = \omega_n^2$이면 $\omega_d = 0$: 한계 댐핑

③ 만일 $\delta^2 > \omega_n^2$이면 ω_d는 허수 : 큰 댐핑

첫 번째 경우는 δ의 부호에 따라서 진폭이 감소 또는 증가하는 주기적 진동을 나타낸다. 세 번째 경우는 δ의 부호에 따라서 진폭이 지수적으로 감소 또는 증가하는 비주기적 운동을 나타낸다. 두 번째의 한계 댐핑은 이들 두 경우의 경계값을 나타낸다. 이때의 댐핑 계수 C는 식 (2-6)과 같다.

$$C = 2\sqrt{km} \tag{2-6}$$

C_c를 한계 댐핑이라고 할 때 댐핑비 D는 다음과 같이 정의된다.

$$D = \frac{C}{C_c} \tag{2-7}$$

3-6   대수 감쇠(logarithmic decrement)

자유 진동을 하는 시스템은 그 자체의 구조적 댐핑에 의해서 시간의 흐름에 따라서 진폭이 점차 변한다. 진폭의 감소 또는 증가율은 댐핑의 크기에 따라 결정된다. 따라서 감쇄 자유 진동 곡선의 진폭 변화율을 측정함으로써 시스템의 구조적 댐핑을 실험적으로 결정할 수 있다. 즉 임의의 두 개의 연속되는 최대치에 대응하는 진폭을 각각 X_k와 X_{k+1}이라 하면, 이들의 비는 다음과 같다.

$$n = \frac{X_k}{X_{k+1}} = e^{st} = e\left(\frac{2\pi\delta}{\omega d}\right) \tag{2-8}$$

여기서, $\frac{2\pi}{\omega d}$ 는 주기(T)이고, ωd는 감쇠 진동 시스템의 고유 진동수이다. X_k와 X_{k+1}은 실험에 의해 구한 감쇠 진동 곡선으로부터 구한 것이고 ωd는 같은 곡선에서 구할 수 있으므로, 식 (2-8)은 댐핑 δ를 이들 실험값에 의해서 결정한다. 진동 이론에서는 n을 그대로 쓰는 대신에 식 (2-9)에 자연대수를 취한 양을 흔히 사용한다. 즉,

$$\theta = \lim n = \frac{2\pi\delta}{\omega_n} = \sqrt{\frac{2\pi D}{\sqrt{1-D^2}}} \tag{2-9}$$

이 양은 대수 감쇠라 하며 시스템의 진동 진폭이 얼마나 빨리 변하는가를 나타내는 단위로 사용된다.

3-7   강제 진동

진동 시스템에 외부로부터 힘을 걸어주면 진동자는 그 자체의 고유 진동수에 의해 자유 진동을 하는 대신에 강제 진동을 하게 된다. 강제 진동을 하는 진동자의 운동 방정식은 다음과 같다.

$$m\frac{d^2x}{dt^2} + C\frac{dx}{dt} + kx = p(t) \tag{2-10}$$

은 다음과 같다.

$$P(t) = P_o \cos(\omega t) \tag{2-11}$$

여기서 ω는 외부 힘의 각진동수로서, 이제까지 사용한 시스템의 고유 진동수 ω_n과는 구별된다.

위와 같은 단순 조화 함수로 주어지지 않아도 푸리에(fourier) 변환에 의해서 조화 함수들의 합으로 나타낼 수 있다. 따라서 이들 각각의 조화 함수 성분에 대한 해를 구해서 합하면 전체 해를 구할 수 있다. 이러한 이유로 여기서는 식 (2-11)의 조화 함수로 주어지는 외부 힘에 의한 식 (2-10)의 x해를 구하기로 한다. 이 방정식의 일반 해는 다음과 같이 두 부분으로 구성된다.

$$x = e^{-\delta t}[B_1\cos(\omega dt) + B_2\sin(\omega dt)] + \frac{P_o}{m}\frac{1}{\sqrt{(\omega_n^2 - \omega^2)^2 + 4\delta^2\omega^2}}\cos(\omega t - \phi) \quad (2\text{-}12)$$

여기서

$$\tan\phi = \frac{2\delta\omega}{\omega_n^2 - \omega^2} \quad (2\text{-}13)$$

이 방정식에 사용된 기호들은 앞서 사용한 것들과 같은 의미이다. 식 (2-12)의 첫 번째 부분은 자유 진동 부분이고 두 번째 부분은 강제 진동에 의한 해를 나타낸다. 이들 두 운동의 진동수가 각각 ωd와 ω로 다른 것에 주의한다.

문제를 간단히 하기 위해서 시스템 자체의 댐핑 계수 C, 즉 감쇠계수 δ가 양의 수 (positive)라고 하자. 그러면 자유 진동 부분은 시간의 흐름에 따라서 작아져서 궁극적으로는 무시할 수 있게 된다. 이 시간 후의 진동은 순전히 강제 진동에 의한 것으로서 시간의 흐름에 대해서 진폭이 변하지 않는다. 이 상태의 진동을 정상 진동이라고 한다.

(1) 힘 전달률 : 기계와 설치대 사이의 관계

강제 진동에 의한 진동자 자체의 운동에 대해서만 알아보았다. 이제 이 결과의 한 가지 응용 예로서 감쇠 단순 진동자에 힘을 가했을 때 이 힘이 설치대로 전달되는 과정을 살펴보기로 하자. 가해진 힘 P에 의한 진동자의 진동에 의해서 [그림 2-10]의 스프링과 댐퍼는 각각 그 평형 위치로부터 움직이는 힘을 받게 되며, 이 힘이 설치대로 전달된다. 따라서 전달되는 힘의 총합은 다음과 같다.

$$P_t = C\frac{dx_s}{dt} + kx_s \quad (2\text{-}14)$$

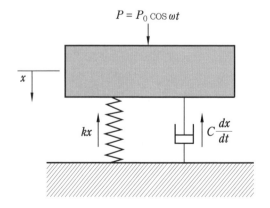

[그림 2-10] 기계와 설치대 사이의 진동 시스템

여기서 x_s는 진동자의 변위로서 $x_s = A\cos(\omega t - \phi)$로 주어진다. 따라서 P_t는 다음과 같이 쓸 수 있다.

$$P_t = C\omega A\sin(\omega t - \phi) + kA\cos(\omega t - \phi) \qquad (2\text{-}15)$$

(2) 변위 전달률

힘 전달률 반대의 경우는 설치대로부터 기계로 진동이 전달되는 경우이다. 설치대는 주위의 진동에 의해서 변위를 일으키며 따라서 이 경우에는 그림과 같이 설치대의 변위에 대한 진동자의 변위의 비로서 정의된 변위 전달률에 의해서 진동의 전달을 설명하는 것이 바람직하다.

$$변위 \ 전달률 = \frac{진동자의 \ 변위 \ 폭}{설치대의 \ 변위 \ 진폭}$$

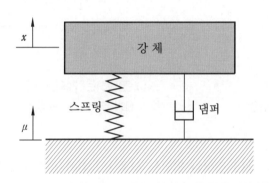

[그림 2-11] 설치대의 변위 μ에 의한 기계 진동

변위 전달률은 식으로 주어진 힘의 전달률과 비슷한 해를 갖는다. 따라서 대단히 큰 댐핑의 경우를 제외하고는 최대 전달률은 고유 진동수에 일어나며 이때 T는 $\dfrac{C_c}{2C}$의 값을 갖는다.

이상으로 단순 진동자로 나타내지는 시스템과 설치대 사이의 진동 전달 결과를 진동 차단에 직접 이용할 수 있다. 즉 진동자의 질량을 외부 진동으로부터 보호하려는 시스템이라고 할 때 스프링과 댐퍼는 바로 진동 차단기 역할을 한다.

연습 문제

1. 진동의 종류와 설명을 관계 있는 것끼리 연결하시오.

① 자유 진동
(free vibration)
  •   •
㉠ 외력(가끔 반복적인 힘)을 받고 있다면, 이때 발생하는 진동

② 강제 진동
(forced vibration)
  •   •
㉡ 외란(disturbance)이 가해진 후에 계가 스스로 진동

③ 비감쇠 진동
(undamped vibration)
  •   •
㉢ 진동하는 동안 마찰이나 다른 저항으로 에너지가 손실되는 진동

④ 감쇠 진동
(damped vibration)
  •   •
㉣ 진동하는 동안 마찰이나 다른 저항으로 에너지가 손실되지 않는 진동

⑤ 선형 진동
(linear vibration)
  •   •
㉤ 진동하는 계의 모든 기본 요소(스프링, 질량, 감쇠기 등) 중의 어느 하나가 비선형적일 때의 진동

⑥ 비선형 진동
(nonlinear vibration)
  •   •
㉥ 진동하는 계의 모든 기본 요소(스프링, 질량, 감쇠기 등)가 선형 특성일 때, 생기는 진동

2. 다음의 표 중 ①~④에 들어갈 알맞은 식을 [보기]에서 골라 쓰시오.

구분	최댓값	최대-최댓값	실효값	평균값
최댓값	V_P	$V_{P-P} = 2V_P$	$V_{rms} = \dfrac{1}{\sqrt{2}} V_P$	$V_{ave} = (④)$
최대-최댓값	$V_P = \dfrac{1}{2} V_{P-P}$	V_{P-P}	$V_{rms} = (③)$	$V_{ave} = \dfrac{1}{\pi} V_{P-P}$
실효값	$V_P = \sqrt{2} V_{rms}$	$V_{P-P} = (②)$	V_{rms}	$V_{ave} = \dfrac{2\sqrt{2}}{\pi} V_s$
평균값	$V_P = (①)$	$V_{P-P} = \pi V_{ave}$	$V_{rms} = \dfrac{\pi}{2\sqrt{2}} V_{ave}$	V_{ave}

────────────[보기]────────────

- $\dfrac{\pi}{2} V_{ave}$
- $\dfrac{2}{\pi} V_P$

- $2\sqrt{2} V_{rms}$
- $\dfrac{1}{2\sqrt{2}} V_{P-P}$

3. 다음 중 진동 형태에 대한 설명으로 옳지 않은 것은?

① 시스템을 외력에 의해 초기 교란 후 그 힘을 제거하였을 때 그 시스템이 자유 진동을 하는 진동수를 고유 진동수라 한다.

② 어떤 시스템이 외력을 받고 있을 때 야기되는 진동을 강제 진동이라 한다.

③ 진동하는 동안 마찰이나 저항으로 인하여 시스템의 에너지가 손실되지 않는 진동을 감쇠 진동이라 한다.

④ 진동계의 기본 요소들이 모두 선형적으로 작동할 때 야기되는 진동을 선형 진동이라 한다.

4. 진동 폭의 ISO 단위로 틀린 것은?

① 변위(m), 속도(m/s), 가속도(m/s^2)

② 변위(cm), 속도(cm/s), 가속도(cm/s^2)

③ 변위(mm), 속도(mm/s), 가속도(m/min^2)

④ 변위(m), 속도(cm/s^2), 가속도(mm/s)

5. 진동의 완전한 1사이클에 걸린 총 시간을 무엇이라 하는가?

① 진동 주기 ② 진동수
③ 각진동수 ④ 진동 위상

6. 진동의 에너지를 표현하는 것에 적합한 값은?

① 피크값 ② 피크–피크
③ 실효값 ④ 평균값

7. 진동하는 동안 마찰이나 다른 저항으로 에너지가 손실되거나 손실되지 않는 진동에 대하여 간단히 설명하시오.

8. 진동의 측정 파라미터 3가지를 쓰시오.

9. 단순 진동자의 경우 고유 진동수 관계식을 쓰시오.

10. 변위 전달률의 관계식을 쓰시오.

진동 측정

1. 진동 측정의 개요

1-1 진동 측정 시 고려 사항

진동을 올바르게 측정하기 위해서는 다음과 같은 사항에 대한 올바른 지식이 필요하다.

① 측정 절차   ② 측정 위치   ③ 측정 방향
④ 센서 선정   ⑤ 센서 설치

1-2 진동 측정량

진동 측정의 파라미터로서는 변위, 속도 또는 가속도를 사용한다. [그림 3-1]과 같은 정현파 진동을 생각해 보자.

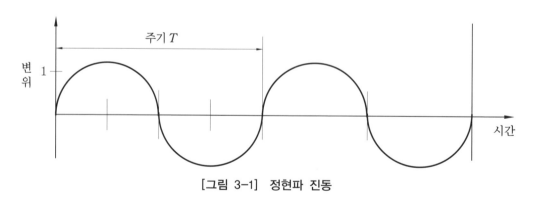

[그림 3-1] 정현파 진동

A가 진폭일 때 이 그림의 진동 변위를 나타낸다면

$$X(t) = A\sin\omega t$$

$$V = \frac{dx}{dt} = \omega A\cos\omega t$$

$$a = \frac{d^2 x}{dt^2} = -\omega^2 A \sin\omega t \qquad (3-1)$$

즉 정현파 진동의 경우에는 변위, 속도, 가속도 중에서 한 가지를 알면 나머지 양들은 ω로 곱하거나 나누어 결정된다. 비정현파 진동의 경우에는 이 같은 간단한 관계식이 성립하지 않지만 이 경우에도 한 가지 양을 알면 나머지는 이 양의 미분 또는 적분을 취하여 결정할 수 있다.

변위는 저주파 성분으로 기계 부품 사이의 작은 틈 또는 축의 회전에 따른 진원도 차를 구할 때 사용되며, 가속도는 고주파 성분으로 주파수의 제곱에 비례하고, 일반적으로 기계 진동의 주파수 분석에 사용한다.

1-3 실효값(root mean square value)

진동 신호는 대단히 빨리 변하여 이 양을 그대로 측정 단위로 사용하는 것은 어렵기 때문에 여러 가지 평균값 개념을 사용한다.

가장 간단한 평균값은 순간 측정값 자체의 시간 평균을 구하는 것이다. 그러나 [그림 3-2]의 (a)와 같은 정현파의 경우에 진동의 변화는 시간에 따라서 양부호(+)값과 음부호(-)값이 교차하기 때문에 전체적인 평균값이 영(0)이 된다.

따라서 신호의 경우에도 일반적으로 진동 변화량의 평균값은 영(0)이 된다. 어떤 물리량 $X(t)$의 측정 시간폭 T에 대한 rms 값은 다음 방정식에 의해서 정의된다.

$$X_s = \sqrt{\frac{1}{T} \int_0^T X^2(t) dt} \qquad (3-2)$$

[그림 3-2]는 정현파 진동과 랜덤 진동에 대한 rms 값의 예이다. 특히 정현파의 경우에는 rms 값과 최고값 사이에 다음과 같은 단순 관계식이 존재한다.

$$X_s = \frac{A_P}{2} \qquad (3-3)$$

여기서 A_P는 정현파의 진폭이다. 그러나 랜덤파의 경우에는 이러한 단순 관계식이 존재하지 않는다. 현재 사용 중인 많은 진동 측정 기기들은 측정된 압력을 rms 값으로서 나타낸다.

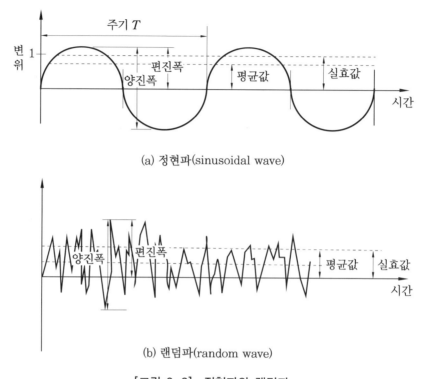

(a) 정현파(sinusoidal wave)

(b) 랜덤파(random wave)

[그림 3-2] 정현파와 랜덤파

2. 진동 측정 시스템

진동 측정 시스템은 [그림 3-3]과 같이 기본적으로 외력, 전기 신호, 디지털 정보 세 개 부분으로 구성되어 있다.

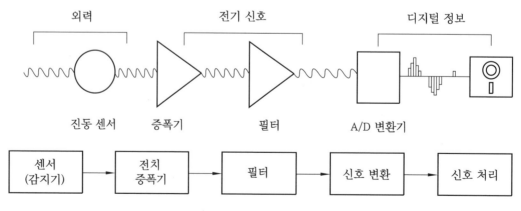

[그림 3-3] 진동 측정 시스템

2-1   진동 측정용 센서의 감도

감도(sensitivity)란 대상으로 하는 기기에 있어서 어떤 지정된 출력량과 입력량과의 비를 의미한다. 진동계는 진동 센서와 변환기로 구성되어 있어 감도가 규정되어 있다.

진동 센서 중에서 가장 널리 쓰이는 가속도계(accelerometer)의 특성은 전하 감도와 전압 감도로 주어진다. 이들의 선택은 사용하는 증폭기의 기능에 의해서 결정된다.

(1) 전하 감도

전하 감도(charge sensitivity)는 센서나 변환기가 단위 물리량에 대해 발생시키는 전하로 전하 가속도계의 감도는 전하 감도를 표시한다.

전하 감도의 가속도계는 용량성 부하의 영향을 받지 않으므로 케이블의 길이가 변해도 감도는 변하지 않으나 전압 감도의 가속도계는 케이블의 길이가 용량에 영향을 받으므로 감도가 변한다.

① 전하 감도가 $10\,pC/m/s^2$일 때 : $1\,m/s^2$의 가속도에 대하여 $10\,pC$의 전하를 출력

> **참고**
>
> pC(pico Coulomb) : 전기량의 단위($1pC = 10^{-12}C$)

② 전하 감도가 $100\,pC/g$일 때 : 외부의 $1\,g(9.81\,m/s^2)$의 가속도에 대하여 $100\,pC$의 전하를 출력

[그림 3-4] 전하(charge) 출력 방식의
가속도 센서

[그림 3-5] 전압(voltage) 출력 방식의
가속도 센서

(2) 전압 감도

전압 감도(voltage sensitivity)는 센서나 변환기가 단위 물리량에 대해 발생시키는 전압으로 압전형 가속도계의 경우 일반적으로 전하 감도를 표시하지만 케이블과 가속도

계 자체의 정전 용량(capacitance)이 일정하다면 전하 감도를 정전 용량으로 나눈 값으로 전압 감도를 표시하기도 한다.

① 전압 감도가 $10\,mV/m/s^2$일 때 : 외부의 $1\,m/s^2$의 가속도에 대하여 $10\,mV$의 전압을 출력

② 전압 감도가 $100\,mV/g$일 때 : 외부의 $1\,g(9.81\,m/s^2)$의 가속도에 대하여 $100\,mV$의 전압을 출력

2-2 전치 증폭기

전치 증폭기에는 전하 증폭기와 전압 증폭기의 두 종류가 있으며, 기능은 다음의 두 가지로 요약될 수 있다.

• 센서로 탐지될 약한 신호의 증폭
• 센서와 주 증폭기 사이에서의 임피던스 결합

(1) 전하 증폭기

① 센서로부터의 입력 전하에 비례하는 출력 전압을 발생시킨다.

② 진동 측정 시스템을 연결하는 케이블 길이의 변화에 따른 케이블 용적의 변화는 무시될 수 있어서 측정 오차를 줄일 수 있다.

(2) 전압 증폭기

① 입력 전압에 비례하는 출력 전압을 발생시킨다.

② 케이블 용적 변화에 대단히 민감하고, 입력 저항은 일반적으로 무시할 수 없기 때문에 저주파 성분 측정에 영향을 줄 수 있다

③ 구조가 간단하여 가격이 싸고 유지가 간편하며 가동 신뢰도가 높은 장점이 있다.

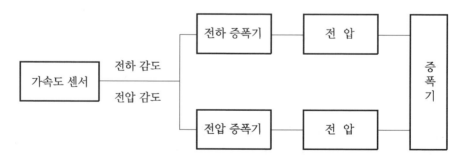

[그림 3-6] 전하 증폭기와 전압 증폭기의 차이

2-3 증폭 및 분석기

전치 증폭기의 출력은 주 증폭기에 입력 처리되어 지시계에 그 결과를 나타낸다. 이때 여러 가지 필요한 신호 처리를 할 수 있다. 신호 처리는 진동의 단순한 rms값으로부터 전 주파수 대역에 대한 순간적인 주파수 분석에 이르기까지 다양하게 할 수 있다. 주파수 분석은 흔히 일정 밴드 폭(band width) 또는 일정 백분율 밴드 폭으로 수행된다. 일정 밴드 폭 분석에서는 전체 주파수 범위를 일정한 주파수 폭으로 나누어서 진동 스펙트럼을 결정한다. 기계 진동에서는 일반적으로 협대역 밴드(narrow-band) 분석기(FFT 분석기)를 이용한다.

3. 진동 측정용 센서

3-1 진동 센서의 종류

정확한 진단을 위해서 ① 기계의 진동 성질을 예측하고, ② 정확한 측정 시스템을 구성하는 것이 필요하다. 진동 측정용 픽업은 접촉형인 가속도 검출형, 속도 검출형과 비접촉형인 변위검출형의 3종류로 구별된다. 설비 진단에서는 가속도 검출형으로서 압전형과 서보형, 속도 검출형으로서 동전형, 변위 검출형으로서는 와전류형, 전자광학형 등이 많이 이용되고 있다.

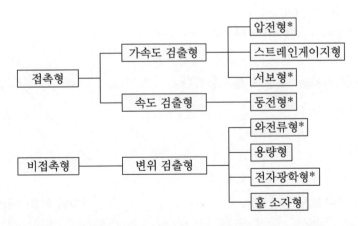

[그림 3-7] 진동 픽업의 종류(*는 설비 진단에 많이 이용되는 것)

1 변위 센서

변위 센서는 와전류식, 전자광학식, 정전용량식 등이 있으며 축의 운동과 같이 직선 관계 측정 시 고감도 오실레이터는 와전류형(또는 맴돌이 전류) 변위 센서가 사용된다.

(1) 원리

[그림 3-8]과 같이 발전기에서 생긴 수 MHz의 정현파 코일에서 교류자계가 발생되어 측정물의 표면에 와전류가 발생된다. 이 와전류는 자계를 약하게 반발하는 자계를 발생시켜 코일의 임피던스가 변화하게 된다. 와전류의 세기는 코일과 측정물의 거리에 따라 변하므로 코일의 임피던스 변화에서 거리를 구할 수 있다.

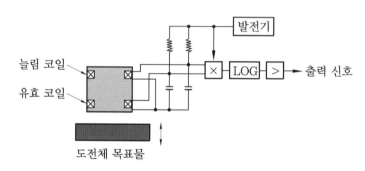

[그림 3-8] 와전류형 변위 센서의 측정 원리

(2) 특징

① 축과 마운트 사이에 발생되는 미소 진동 측정에 사용한다.
② 축 표면의 흠집, 표면 거칠기 등의 측정에 사용한다.
③ 변위와 출력이 비례하여 신호 처리가 용이하다.
④ 저주파수 이외에는 측정이 불가능하다.
⑤ 설치에 기술이 요구된다.

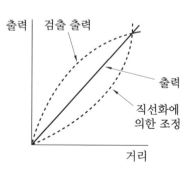

[그림 3-9] 직선화

(3) 리니어 라이저

검파 회로에서 비선형 거리 신호를 직선화하는 회로로 [그림 3-9]에 나타내었다.

2 속도 센서

전통적인 속도 센서는 영구 자석형 센서이며, 오늘날에는 압전형 속도 센서(Piezo Velocity Sensor)가 널리 사용되고 있다. 즉, 가속도 센서를 적분하여 속도 값으로 출력하는 형태의 속도 센서이며, 진동 측정 주파수 범위는 보통 10~1000 Hz이다.

(1) 영구 자석형 속도 센서 원리

① 가동 코일이 붙은 추가 스프링에 매달려 있는 구조로 진동에 의해 가동 코일이 영구 자석의 자계 내를 상하로 움직이면 코일에는 추의 상대 속도에 비례하는 기전력이 유기된다.

② 기전력 e는 다음 식으로 나타낼 수 있다.

$$e \propto B \times V \tag{3-5}$$

여기서 e : 발생 기전력, B : 자속 밀도, V : 도체 속도

③ 동전형 속도 센서의 측정 원리는 Faraday의 전자 유도 법칙을 이용한 것이다.

(2) 영구 자석형 속도 센서의 특징

① 중저주파수 대역(1 kHz 이하)의 진동 측정에 적합하다.
② 다른 센서에 비해 크기가 크므로 자체 질량의 영향을 받는다.
③ 감도가 안정적이다.
④ 외부의 전원이 없어도 영구 자석에서 전기 신호가 발생한다.
⑤ 변압기 등 자장이 강한 장소에서는 사용할 수 없다.
⑥ 출력 임피던스가 낮다.

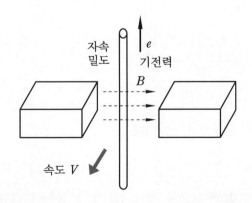

[그림 3-10] 영구 자석형 속도 센서의 측정 원리

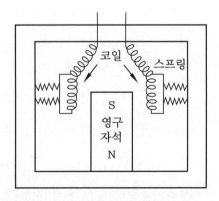

[그림 3-11] 영구 자석형 속도 센서의 구조

3 가속도 센서

가속도 센서 중 가장 많이 사용되고 있는 것은 주파수 범위가 넓고(광대역), 소형 경량이며, 사용 온도 범위가 넓은 압전형(piezo electric type)이다.

(1) 원리

① 기본 원리는 압전 소자(수정 또는 세라믹 합금)에 힘이 가해질 때 그 힘에 비례하는 전하가 발생하는 압전 효과를 이용하고 있다.

② 일반적인 압전형 가속도계는 압전 소자, 볼트로 고정된 질량 및 압전 소자를 누르는 스프링으로 구성되어 있다.

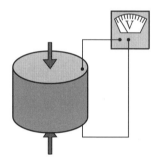

[그림 3-12] 압전 효과

③ 가속도계에서 출력되는 값은 기계 내부에서 발생되는 힘에 비례하므로 기계의 진동을 측정하는 데 가장 많이 사용된다.

압전체에 가해지는 힘을 F, 발생전하를 Q라 하면

$$Q = dF \tag{3-6}$$

여기서, d : 압전 상수

이 압전체에 질량 m인 추를 달아 힘을 가하도록 구성하고 여기에 가속도 a를 주면 압전체에 가해지는 힘 F는

$$F = ma \tag{3-7}$$

d, m은 일정하므로 발생되는 전하 Q는 가속도에 비례한다.

$$Q = dma \tag{3-8}$$

일반적으로 내장된 전자 회로를 통하여 전하 신호를 전압 신호로 변환하여 센서 감도에 해당하는 전압을 출력할 수 있도록 되어 있다.

이러한 형태의 가속도 센서를 ICP(Integrated Circuit Piezoelectric) 가속도 센서라 한다.

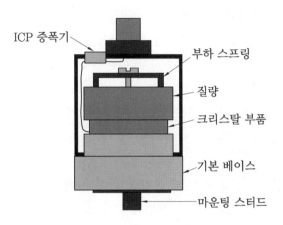

[그림 3-13] 압전형 가속도 센서의 구조

(2) 특징

① 적은 출력 전압에서 가속도 레벨이 낮아지는 취약성과 높은 주파수 대역에서는 저주파 결함이 나타난다(약 5 Hz로 제한).
② 마운팅에 매우 고감도이므로 손으로 고정한 측정법은 피하고 나사 고정법을 선택하는 것이 좋다.
③ 중고주파수 대역(10 kHz 이하)의 가속도 측정에 적합하다.
④ 소형 경량(수십 gram)이다.
⑤ 충격, 온도, 습도, 바람 등의 영향을 받는다.
⑥ 케이블의 용량에 의해 감도가 변화한다.
⑦ 출력 임피던스가 크다.

3-2 진동 센서의 선정

① 축이 돌출되었을 때 또는 플렉시블 로터-베어링 시스템에서 시간 신호를 해석할 때 변위 센서를 사용한다.
② 축이 돌출되지 않은 경우(기어 박스 내에 있는 축 등) 또는 로터-베어링 시스템이 강성일 때 속도 센서나 가속도 센서를 사용한다.
③ 주요 진동이 1 kHz 이상의 주파수이면 가속도 센서를 사용하고, 10~1000 Hz이면 속도 센서나 가속도 센서를 사용한다.

④ 가속도 센서를 선택할 때는 측정하고자 하는 대상물의 주파수 범위와 가속도계의 감도(sensitivity)를 고려해야 한다.

⑤ 구조물이나 빌딩과 같이 저주파 진동 특성을 측정하기 위해서는 $1000\,mV/g$ 정도의 매우 높은 감도를 갖는 가속도 센서를 사용한다.

⑥ $10\,g\,(1\,g = 9.81\,m/s^2)$ 이상의 큰 충격이나 진동을 측정할 경우 $10\,mV/g$ 이하의 감도를 갖는 가속도 센서를 사용한다.

⑦ 센서의 지름이 클수록 전하 감도가 높으나 사용 주파수 대역폭은 좁다.

⑧ 가속도 센서는 고주파 성분이 탁월하게 잘 나타나므로 기계의 결함 성분의 추출에 탁월하다.

⑨ 속도 센서로 측정된 진동 신호는 설비의 열화 상태의 경향 관리에 적절하다.

⑩ 변위 센서에 측정된 진동 신호는 저주파 특성이 탁월하므로 저속으로 회전하는 대형 기계의 밸런싱 작업에 유용하게 활용된다.

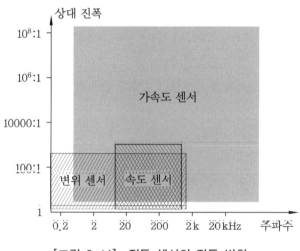

[그림 3-14] 진동 센서의 작동 범위

3-3 진동 센서의 설치

1 변위 센서

① 와전류형 변위 센서의 설치는 회전축과 적당한 초기 변위 d_0만큼 떨어져 부착하기 때문에 센서가 진동체인 회전축과 함께 움직이지 않는다.

② 변위 센서의 출력은 [그림 3-15] (b)와 같이 변위 d가 크게 됨에 따라 부하 전압이 커지게 되도록 설계되어 있다. 변위 측정은 그림의 직선 부분에서 사용하고, 초기 변위 d_0를 그 중심선에 일치하도록 설치한다.

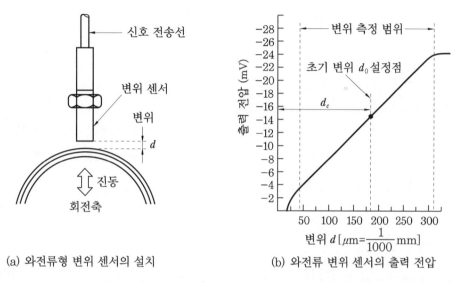

(a) 와전류형 변위 센서의 설치 (b) 와전류 변위 센서의 출력 전압

[그림 3-15] 와전류형 변위 센서의 설치와 출력 전압

③ 베어링이나 디지털(digital)의 강성 등에 의해 측정 포인트가 잘못 되면 오차가 발생하게 된다.

④ [그림 3-16]의 (a)와 (b)는 시계 방향의 회전 경우와 반시계 방향 회전의 경우에 센서의 부착 위치를 나타낸 것이다.

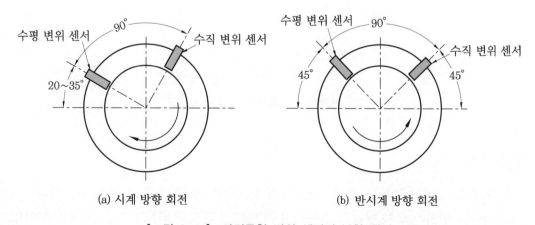

(a) 시계 방향 회전 (b) 반시계 방향 회전

[그림 3-16] 와전류형 변위 센서의 부착 위치

⑤ 긴 스팬의 고속 회전체의 경우 진동 모드에 의해 위상이나 진폭이 크게 다르기 때
문에 더욱 주의해야 한다.

⑥ 회전 기계의 진단을 행할 경우, 그 회전축의 중심이 어느 위치에 있고 어떠한 운동
을 하는가를 파악해야 하므로 회전축의 반지름 방향의 진동 범위를 서로 90° 떨어
진 2개의 변위 센서를 설치, 측정한다.

2 속도 센서

① 속도 센서는 통상 1,000 Hz 이하에서 사용된다.

② [그림 3-17] (b), (c)와 같은 부착법을 사용할 때는 우선 접촉공진을 고려해야 하므
로 1,000 Hz 이상의 주파수는 센서 출력을 저역통과(Low-pass) 필터에 통과시켜
성분을 출력한다.

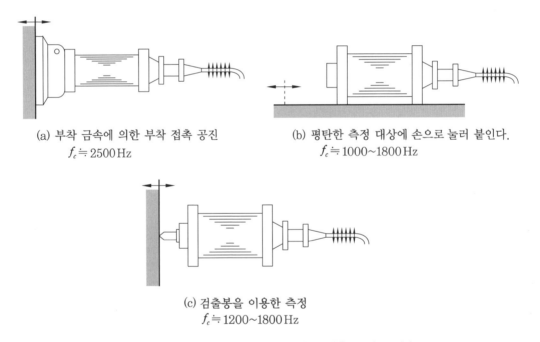

(a) 부착 금속에 의한 부착 접촉 공진
$f_c ≒ 2500\,Hz$

(b) 평탄한 측정 대상에 손으로 눌러 붙인다.
$f_c ≒ 1000\sim1800\,Hz$

(c) 검출봉을 이용한 측정
$f_c ≒ 1200\sim1800\,Hz$

[그림 3-17] 진동형 센서의 부착법과 접촉 공진 주파수

3 가속도 센서

① 가속도 센서는 원하는 측정 방향과 주 감도축이 일치하도록 부착되어야 한다.

② 가속도 센서는 교차 방향의 진동은 주축 방향의 감도에 비해 1% 정도이므로 무시될
수 있다.

③ 가속도 측정의 목적 중 축과 베어링의 운전 측정점에 가속도계를 고정하는 것은 실제 진동 측정으로부터 정확한 결과를 얻기 위한 결정적인 요소 중의 하나이다.

④ 상태를 점검할 때 가속도 센서는 베어링으로부터의 진동에 대해 직접적인 통로에 설치되어야 한다. 적당치 못한 고정은 공진 주파수의 감소를 초래하여 가속도 센서의 유용 주파수 한계를 심하게 제한한다.

⑤ 이상적인 센서 고정 방법은 평탄하고 광이 나는 표면에 나사못을 사용하는 것이다.

⑥ 가속도 센서를 고정시키기 전에 고정면 사이에 얇은 그리스를 첨가한다면 고정 강성이 증대될 수 있다.

[표 3-3] 압전형 가속도 센서의 부착법과 특징

부착 방법	특 징
나사 고정	최적의 부착법으로 거의 센서 자체의 주파수 특성으로 보면 좋다.
절연체, 절연나사에 의한 고정	나사 고정과 같은 모양이지만 전기적 절연이 필요한 때에 이용한다.
강성이 강한 전용 금속판 접착제(에폭시 접착제가 좋다.)	절연과 동일하게, 주파수 특성을 10 kHz까지 기대할 수 있다.
강성이 높은 왁스에 의한 고정	주파수 특성은 좋으나 온도에 약한 것이 단점
검출단과 전기적으로 절연 시킨 자석에 의한 고정	주파수 특성은 1~2 kHz까지 밖에 기대할 수 없다.
손에 의한 검출봉 고정	주파수 특성은 수백 Hz까지 밖에 기대할 수 없다.

(1) 나사 고정

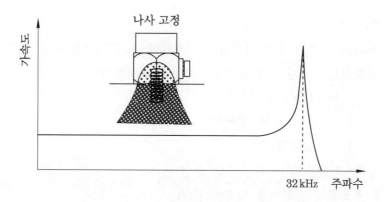

[그림 3-18] 나사 고정 주파수 응답 함수

탭 구멍은 그 세트 스크루가 센서의 베이스 속으로 힘을 가하지 않도록 충분히 깊어야 한다.

① 사용할 수 있는 주파수 영역이 넓고 정확도 및 장기적 안정성이 좋다.

② 센서 이동 및 고정 시간이 길다.

③ 먼지, 습기, 온도의 영향이 적다.

④ 고정할 때 구조물에 구멍을 가공해야 한다.

(2) 에폭시 시멘트 고정

영구적으로 센서를 설치하려 하나 구멍을 뚫을 수 없을 때 사용한다.

① 고정이 빠르다.

② 사용할 수 있는 주파수 영역이 넓고 정확도와 정기적 안정성이 좋다.

③ 먼지와 습기는 접착에 문제를 발생시킬 수 있다.

④ 에폭시 시멘트를 사용할 경우 고온에서 문제가 발생할 수도 있다.

⑤ 센서를 탈착할 때 구조물에 에폭시 시멘트가 남아 있다.

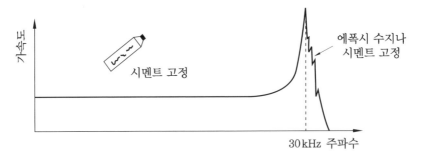

[그림 3-19] 에폭시 시멘트 고정 주파수 응답 함수

(3) 밀랍(왁스) 고정

밀랍(bees-wax)의 얇은 막을 사용하여 고정면에 센서를 고정한다. 온도가 높아지면 밀랍이 부드러워지므로 사용 범위를 40℃ 이하로 제한한다.

① 센서의 고정 및 이동이 용이하다.

② 적당한 사용 주파수 영역과 정확성

③ 장기적 안정성이 불량하다.

④ 먼지, 습기, 고온은 접착에 문제를 발생시킨다.

⑤ 사용 후 구조물의 접착면을 깨끗이 할 수 있다.

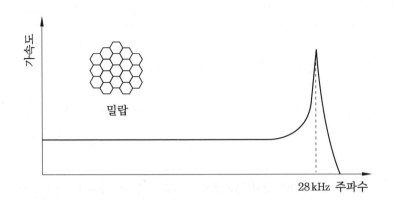

[그림 3-20] 밀랍 고정 주파수 응답 함수

(4) 마그네틱(영구 자석)

고정 영구 자석은 측정 지침이 평탄한 자성체일 때 쓰이는 간단한 부착 방법이다.

① 센서의 고정 및 이동이 용이하다.

② 사용 주파수 영역이 좁고 정확도가 떨어진다.

③ 작은 구조물에는 자석의 질량 효과가 크다.

④ 습기는 문제가 없다.

⑤ 먼지와 고온은 접착력을 약화시킨다.

⑥ 측정 구조물에 손상을 주지 않는다.

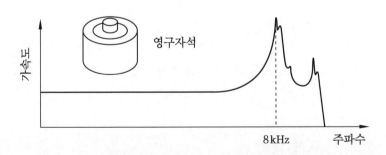

[그림 3-21] 영구 자석 고정 주파수 응답 함수

(5) 절연 고정

운모 와셔와 나사못은 센서의 몸체가 측정물로부터 전기적으로 절연되어야 하는 곳에 사용된다. 이것은 접지 루프를 방지하는 역할을 하며 주위의 영향을 받는 곳에서는 더욱 필요하다. 두꺼운 운모 와셔로부터 얇은 막을 벗겨내어 사용한다.

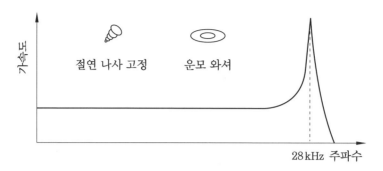

[그림 3-22] 절연 나사못과 운모 와셔로 고정 시 주파수 응답 함수

(6) 손 고정

꼭대기에 센서가 고정된 막대 탐촉자(hand-hold probe)는 빠른 조사에 편리하나, 손의 영향으로 전체적인 측정 오차가 생길 수 있어 되풀이되는 측정 결과의 신뢰성은 기대할 수 없다.

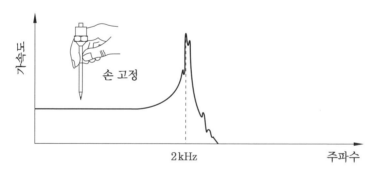

[그림 3-23] 손 고정 주파수 응답 함수

3-4 진동 센서의 영향

(1) 온도의 영향(temperature transient)

센서 주변 온도가 급격히 변하면 가속도 센서의 출력(output)으로 노이즈가 나타나는 수가 있다. 그러나 델타 전단형(delta shear type) 가속도 센서는 압전 소자(piezoelectric material)의 극성(polarity) 방향에 수직인 표면에만 나타나게 되어 온도의 영향이 매우 작아 이 센서를 주로 선택한다.

(2) 마찰 전기 잡음(triboelectricity noise)

센서 사용 중 가속도 센서의 케이블이 진동하게 되면 케이블 내부의 철망(screen)이 내부 절연체(insulation around inner core)로부터 벗겨지고, 이때 철망과 내부 절연체 사이에 전기장이 발생하여 철망에 전류를 유도하여 잡음이 발생된다. 이 현상의 방지책은 잡음 발생이 적은 전용 케이블을 사용하며, 센서 케이블을 피측정물 표면에 접착 테이프 등으로 부착하여 움직이지 않게 하는 것이다.

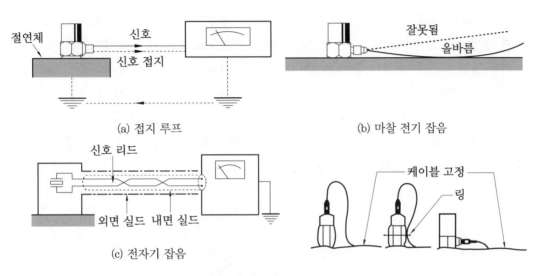

(a) 접지 루프 (b) 마찰 전기 잡음

(c) 전자기 잡음

[그림 3-24] 케이블 잡음

(3) 환경 조건(environment)의 영향

① 기저부 응력 상태(base strain) : 가속도 센서의 기저부를 두껍게 설계하면 기저부의 응력에 의한 영향을 줄일 수 있다. 델타 전단형 가속도 센서의 압전소자(piezoelectric element)는 기저부 응력 간의 연관성이 없어 성능이 우수하다.

② 습기(humidity) : 가속도 센서 자체는 기밀이 아주 잘 유지된 상태이지만 커넥터와의 연결 부위에서 문제가 생길 우려가 있으므로 습기가 많을 때는 실리콘 고무 봉합제(sealant)를 연결 부위에 도포해 주는 것이 좋다.

③ 음향(acoustic) : 가속도 센서가 측정하는 진동 신호에 비해 음향의 영향은 무시될 수 있다.

④ 내식성(corrosive substances) : 가속도 센서의 외곽은 부식성 물질에 대한 내식성이 강한 재질로 만들어져 있다.

⑤ 자기장(magnetic field) : 자기장에 대한 민감도(sensitivity)는 $0.01 \sim 0.25 \ \text{ms}^{-2}/\text{kG}$ 이하이다.

⑥ 방사능 강도(gamma radiation) : 10 kRed/h 이내 및 누적 조사량 2 MRad 이내의 환경에서는 거의 영향 없이 사용될 수 있다.

3-5 진동 센서의 측정 방향

진동 센서를 설치하여 기계 설비의 진동을 측정할 때 위치에 따른 방향에는 [그림 3-25]와 같이 수평(H) 방향, 수직(V) 방향, 축(A) 방향이 있다. 그러나 최근에는 3축 센서가 개발되어 한 개의 3축 센서만 설치하여도 3방향의 진동 성분을 알 수 있다.

어떤 방향에 진동 센서를 붙이는 것이 좋은가는 열화의 종류와 열화에 의한 진동이 전달되기 쉬운지에 따라 다르지만 기본적인 것은 축(A) 방향과 수평(H) 방향에 설치하는 것이다. 베어링이 스러스트를 받고 있는 경우 진동 센서는 축(A) 방향에 부착되는 쪽이 감도가 좋다. 또 상하에 경사진 형상을 가진 베어링 상자의 진동은 수직(V) 방향보다도 수평(H) 방향에서 측정하는 것이 좋다.

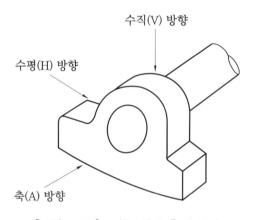

[그림 3-25] 진동 센서 측정 방법

3-6 진동 측정 주의 사항

진동을 측정할 때 가장 중요한 것은 항상 동일 조건으로 측정해야 하는 것이며, 그중 제일은 진동 센서의 부착이다.

① 언제나 동일 포인트로 부착할 것(장소, 방향)
② 언제나 동일 센서의 측정기로 사용할 것

①은 측정 포인트가 다르면 진동값이 크게 변화하므로 반드시 지켜야 할 사항이다. 언

제나 같은 포인트로 센서가 부착되기 위해 [그림 3-26]과 같은 스티커를 붙이거나 표시를 해주는 것도 하나의 방법이다.

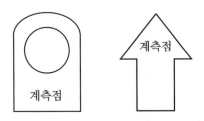

[그림 3-26] 진동 계측점 표시용 스티커 예

이때 센서 부착면에 먼지나 녹이 있으면, 이것을 제거하여 센서를 부착하는 것이 좋다. 그렇지 않으면 먼지나 녹 때문에 센서의 특성이 크게 변하여 측정 오차의 원인이 된다.
다음의 조건은 측정 타이밍에 관한 것이다.
① 항상 같은 회전수일 때에 측정할 것
② 항상 같은 부하일 때에 측정할 것
③ 윤활 조건을 항상 같게 유지할 것

일반적으로 진동의 크기는 회전수의 제곱에 비례하여 커진다. 따라서 항상 같은 회전수로 계획하는 것이 중요하다. 최근에는 교류 전동기로도 회전수 가변 전동기가 많으므로 특히 주의가 필요하다.
②의 조건도 ①의 조건과 마찬가지로 진동값에 큰 영향을 준다. 여기서 부하란,
• 펌프에서의 유량
• 블로어에서 댐퍼 열림이나 통과 가스 온도
• 기타, 제조 설비에서의 진동의 유무 등을 가리킨다.
③의 조건에서도 가능한 한 동일하게 하는 것이 바람직하다. 예를 들면 오일 교환 후 측정하면 그에 맞추어야 한다.

연습 문제

1. 다음은 가속도 센서에 대한 설명이다. ①∼③에 들어갈 수치를 [보기]에서 골라 완성하시오.

> - 전하 감도가 (①)일 때 : 1 m/s^2의 가속도에 대하여 10 pC의 전하를 출력
> - 전하 감도가 100 pC/g일 때 : 외부의 $1\ g(9.81 \text{ m/s}^2)$의 가속도에 대하여 (②)의 전하를 출력
> - 전압 감도가 10 mV/m/s^2일 때 : 외부의 (③)의 가속도에 대하여 10 mV의 전압을 출력
> - 전압 감도가 100 mV/g일 때 : 외부의 $1\ g(9.81 \text{ m/s}^2)$의 가속도에 대하여 100 mV의 전압을 출력

> ─────[보기]─────
> - $1\ g(9.81 \text{ m/s}^2)$ - 10 pC/m/s^2
> - 1 m/s^2 - 100 pC

2. [보기] 중 전하 증폭기의 특징을 모두 고르시오.

> ─────[보기]─────
> ① 센서로부터의 입력 전하에 비례하는 출력 전압을 발생시킨다.
> ② 진동 측정 시스템을 연결하는 케이블 길이의 변화에 따른 케이블 용적의 변화는 무시될 수 있어서 측정 오차를 줄일 수 있다.
> ③ 입력 전압에 비례하는 출력 전압을 발생시킨다.
> ④ 케이블 용적 변화에 대단히 민감하고, 입력 저항은 일반적으로 무시할 수 없기 때문에 저주파 성분 측정에 영향을 줄 수 있다.
> ⑤ 구조가 간단하여 가격이 싸고 유지가 간편하며 가동 신뢰도가 높은 장점이 있다.

3. 진동 센서의 종류에서 서로 관계있는 내용끼리 연결하시오.

① 가속도 검출형 •   • ㉠ 동전형

② 속도 검출형 •   • ㉡ 와전류형

③ 변위 검출형 •   • ㉢ 압전형

4. 다음의 진동 센서 중 진동의 변위를 전기 신호로 변환하여 진동을 검출하는 센서는?

① 와전류형   ② 동전형
③ 압전형   ④ 서보형

5. 진동 센서의 설치 위치로 적합하지 않은 것은?

① 회전축의 중심부에 설치한다.
② 스러스트 베어링 장착부의 축 방향에 설치한다.
③ 레이디얼 베어링 장착부의 수평방향에 설치한다.
④ 레이디얼 베어링 장착부의 수직방향에 설치한다.

6. 다음의 그림은 변위 검출용 센서에서 어떤 원리를 이용한 것인가?

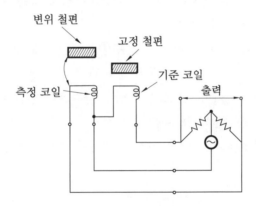

7. 변위 센서의 원리를 설명하시오.

8. 속도 센서의 특징을 설명하시오.

9. 가속도 센서의 부착 방법상 주의점을 설명하시오.

10. 진동 센서에 의한 진동 신호의 측정 방향을 그림을 그려서 나타내고 각 방향에 따른 결함 신호의 검출 특성을 설명하시오.

진동 신호 처리

1. 진동 신호 처리의 개요

설비의 상태를 진단하기 위하여 수집한 데이터는 매우 복잡한 특성을 가지므로 신호 처리가 요구되며, 필요에 따라 시간 대역과 주파수 대역에서 해석을 통하여 필요한 신호를 분석하게 된다. 이와 같은 신호는 한 개 이상의 독립 변수를 수학적 함수로 표시하며 신호는 다음과 같이 분류할 수 있다.

① 연속 신호(continuous-time signal) : 연속적인 시간 t에 의하여 정의되는 신호

② 이산 신호(discrete-time signal) : 특정한 시간에서 간헐적으로 나타나는 신호

③ 불규칙 신호(random signal) : 신호의 특성을 함수로 표현할 수 없어 확률 밀도 함수나 통계값(평균값, 분산값)으로 나타내는 신호

④ 디지털 신호(digital signal) : 연속 신호를 샘플링하여 이산 신호로 양자화하여 변환하여 얻은 신호

진동을 주로 디지털 신호로 처리하여 수행하는 기능이 내장된 진동 측정 장비를 사용하여 진동 현상을 시시각각으로 변환하는 것을 관측·판단하고 있다.

• 진동을 진폭 대 시간으로 취하는 것으로 시간을 중심으로 하는 시간 파형 해석

• 시간 영역의 해석에서는 주파수(진동수)를 정량적으로 파악할 수 없다. 이것은 [그림 4-1]과 같이 대부분의 진동은 단일 주파수로 구성되어 있는 것이 아니고, 많은 주파수 성분이 서로 중복되어서 진동 현상을 나타내고 있기 때문이다.

• 대단히 복잡한 계산이 되는 푸리에 변환(fourier transform)을 해야 하므로 진동 센서로 감지(pick-up)되고 변환기로 1차 처리한 데이터를 해석할 때에 시간 영역, 주파수 영역, 진폭 영역의 3가지 관측 면에서 표현 방법을 취할 수 있다.

• 시간 영역의 표시란 신호의 진폭이 시간과 함께 어떻게 변화하는가를 나타내는 표시 방법이다.

• 디지털 FFT 분석기에는 시간 영역을 표시하는데 덧붙여서 그 신호로부터 나오는 특징적인 성분을 각 주파수마다 레벨(level)로 분해하고 표시하는 주파수 영역도 표현

할 수 있게 된다.

- 시간 영역의 신호에서 주파수 영역의 신호로 변화하는 것을 고속 푸리에 변환(FFT)이라고 하며 주파수 변환이라고 한다.
- 주파수 영역의 정보는 입력 신호를 보다 이해하기 쉬운 형태로 변환한 것이기 때문에 기계의 진동에 대한 이상을 미리 알기 위하여 실제로 관측하는 목적에 적합한 데이터라고 할 수 있다.

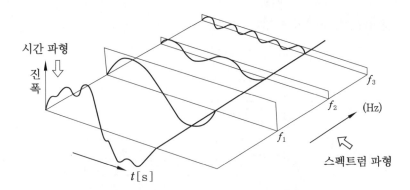

[그림 4-1] 시간 영역의 신호와 주파수 영역의 신호

2. 신호 처리 시스템

신호 처리 시스템은 기본적으로 진동 신호의 검출부, 변환부 및 신호 처리부로 구성된다. 검출부(detector)는 회전 기계가 발생하는 진동 등과 같은 물리량을 검지하는 것으로 여러 가지 종류가 있다. 이들의 대부분은 진동값에 해당되는 아날로그 전압(analog voltage)을 발생하고, 검출기에서 나오는 신호를 증폭기를 통해 증폭하는 아날로그 시스템이다.

회전 기계에서 발생하는 진동 또는 소음 등과 같은 물리량을 검출하여 전기 신호로 변환하는 센서(sensor)에 전치 증폭기(pre-amplifier)의 기능이 있을 때 변환기(transducer)라 한다. 이와 같이 변환기를 통하여 추출된 신호는 증폭기(amplifer)를 통하여 증폭된다.

증폭기에서 나오는 신호는 아날로그 신호이므로 그 신호를 디지털 신호로 변환하여 해석하는 FFT 분석기는 정보를 처리하고 해석 및 판단하는 부분의 일부이다.

FFT(Fast Fourier Transform)는 "모든 반복되는 신호는 여러 개의 sine 함수와 cosine 함수의 합으로 나타낼 수 있다."는 프랑스 수학자 Fourier의 정의를 이용한 것으로 이산 데이터 값들에 대하여 푸리에 변환 계산을 위한 알고리즘이다. 이와 같이 FFT 알고리즘은 H/W 회로를 이용하여 매우 복잡한 시간 대역의 신호를 간단하고 매우 빠르게 주파수 대역의 신호로 변환시키는 역할을 한다.

기계는 다양한 결함이 발생하여 크고 작은 진동이 발생된다. 이때 각각의 고장을 발생시키는 주파수가 서로 다르기 때문에 역으로 주파수를 분석하면 고장의 원인을 추적할 수 있다. 이것이 FFT 분석기가 갖는 중요성이라 할 수 있다.

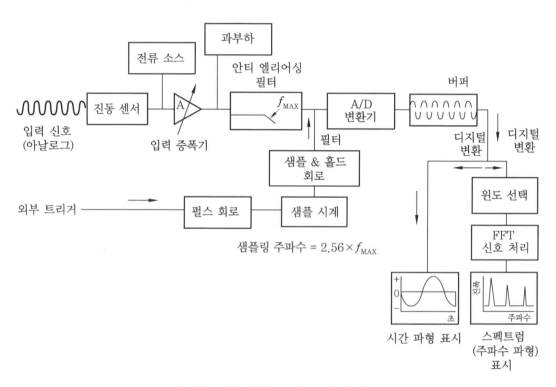

[그림 4-2] 신호 처리 시스템 구성

2-1   신호 처리 기능

일반적으로 기계 진동을 해석하는 경우에 모니터(monitor) 되어 있는 진동 현상과 그 진동원(vibration source)과의 상대적인 관계를 조사해 보면 적어도 분석기의 입력 채널 수는 3개가 필요하나 장비들은 4채널을 공급하고 있다. 이에 따라서 복잡한 기계 진동의 해석에서 요구되는 시간 영역과 주파수 영역 그리고 전달 특성이라는 각종 해석을 분석기 1대로 할 수 있다. 4채널 FFT 분석기의 측정과 해석 기능은 일반적으로 다음과 같은 형태로 표현할 수 있다.

(1) 신호 내의 필요한 성분과 불필요한 성분의 분리

① 시간 평균(time record averaging)
② 선형 스펙트럼 평균(lincar spectrum averaging)
③ 자기 상관 함수(auto correlation function)
④ 자기 파워 스펙트럼(auto power spectrum)

(2) 신호 내의 주파수 성분 측정

① 자기 상관 함수(auto correlation function)
② 자기 파워 스펙트럼(auto power spectrum)

(3) 신호원과 모니터 점의 분리·추출

① 상호 상관 함수(cross correlation function)
② 상호 파워 스펙트럼(cross power spectrum)
③ 기여도 함수(coherence function)

(4) 전달 특성의 파악 : 전달 함수(transfer function)

2-2 디지털 신호 해석

신호 해석의 기본적인 방법인 고속 푸리에 변환 알고리즘(fast fourier transform algorithm)과 신호를 고 정확도, 고속 처리, 해석 주파수 범위를 쉽게 가변할 수 있는 디지털 기술을 도입하여 디지털 신호 해석을 한다.

고속 푸리에 변환 알고리즘을 사용하면 입력 신호를 2개의 샘플 시계열(time series)로 분할해서 계산하기 때문에 곱셈 횟수를 N^2에서부터 $\left(\dfrac{N}{2}\right)\log_2 N$회로 감소시킬 수 있다. 그리고 이러한 처리 방식을 일반적으로 FFT라고 한다.

또한 아날로그 처리에서 항상 문제가 되는 저주파 대역(low frequency band)의 해석에서도 디지털 기술을 사용하면 DC 성분의 높은 분해능과 높은 안정도가 해석되며 더욱이 확장성과 데이터 취급의 용이도 및 응용성 등 아날로그 해석 기술로는 행하지 못했던 많은 이점을 얻을 수 있다. 이러한 계측기나 계측 시스템을 디지털 시그널 애널라이저 또는 FFT 애널라이저라고 한다.

3. 디지털 신호 처리

컴퓨터를 이용하여 어떤 신호로부터 원하는 정보를 추출하기 위하여 신호 처리를 할 때는 먼저 A/D 변환기를 사용하여 연속적 신호(continuous signal or analog signal)를 이산적 신호(discrete signal or digital signal)로 바꾸어 주어야 한다. 그러나 단순히 일정한 시간 간격으로 샘플링(sampling)하면 되는 것이 아니라

① 샘플링 시간은 얼마로 해야 할 것인가?

② 원하는 정보의 값을 비교적 정확히 알기 위해서는 어느 정도의 데이터 개수가 필요한가?

③ 신호의 내포된 가장 높은 주파수는 얼마인가?

④ 신호 처리의 주파수 대역은 얼마인가?

등을 알아서 연속적 신호를 이산적 신호로 변화시켜 신호 처리하는 데 발생하는 여러 가지 문제점을 해결해야 한다.

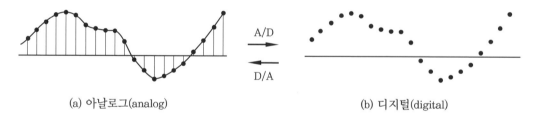

(a) 아날로그(analog)   (b) 디지털(digital)

[그림 4-3] A/D 변환과 D/A 변환

3-1   **샘플링 시간(sampling time)**

샘플링 시간이 큰 경우 [그림 4-4]와 같이 높은 주파수 성분의 신호를 낮은 주파수 성분으로 인지할 수가 있다. 이런 영향을 엘리어싱(aliasing)이라 부른다. 엘리어싱 현상을 방지하기 위해서는 샘플링 시간을 작게 선택해야 하나 샘플링 시간을 지나치게 작게 하면, 필요한 데이터의 개수가 많아져 계산 시간이 많이 소요되고, 필요 이상으로 작은

샘플링 시간으로 인한 높은 주파수 영역에서의 잡음의 영향을 배제할 수가 없다.

데이터에 내포된 가장 높은 주파수 성분을 f_{max}라 할 때, 엘리어싱 영향을 제거하기 위한 샘플링 시간 Δt는 나이퀴스트 샘플링 이론(Nyquist sampling theorem)에 의하여 $\Delta t \leq \dfrac{1}{2f_{max}}$ 이다.

샘플링 주파수를 f_s라 하면 $f_s \geq 2f_{max}$ 이므로 $\Delta t = \dfrac{1}{f_s} \leq \dfrac{1}{2f_{max}}$ 가 된다.

예를 들면, 데이터에 1000 Hz의 높은 주파수 성분이 있을 때 엘리어싱 영향을 제거하기 위한 샘플링 시간은 $\Delta t \leq \dfrac{1}{2f_{max}} \leq \dfrac{1}{2 \times 1000} = 0.5 \text{ ms}$ 이내로 해야 한다.

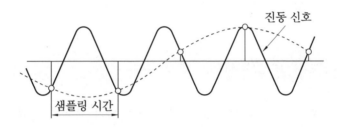

[그림 4-4] 엘리어싱 현상

3-2 데이터 개수

데이터의 개수는 많을수록 좋으나 데이터의 개수가 많아지면 컴퓨터의 용량과 신호 처리 시간에 문제점이 발생하므로 어느 정도 제한을 두어야만 한다. 이 개수는 신호를 수집하는 대상, 즉 시스템의 대역폭(band width)에 달려 있다.

① 높은 주파수 성분(high frequency)

$$f_{max} = \frac{f_s}{2}\,[\text{Hz}]$$

② 주파수 분해능(frequency resolution)

$$\Delta f = \frac{1}{T}[\text{Hz}]$$

③ 측정 시간 길이(time record length)

$$T = N\Delta t[\text{s}]$$

④ 나이퀴스트 주파수(Nyquist frequency)

$$f_c = \frac{f_s}{2}\,[\mathrm{Hz}]$$

⑤ 샘플링 간격(sampling interval)

$$\Delta t = \frac{1}{f_s}\,[\mathrm{s}]$$

⑥ 샘플링 개수(sampling number)

$$N = \frac{T}{\Delta t} = \frac{2f_{\max}}{\Delta f} = \frac{f_s}{\Delta f}$$

3-3 데이터의 경향(trend) 제거 방법

수집된 데이터에는 $T = N\Delta t$보다 긴 주기를 갖는 낮은 주파수 성분의 신호나 센서의 부정확한 조절 등으로 인하여 일정 상수 값이 포함되는 경우가 있다. 이와 같이 여러 가지 원인으로 인하여 신호에 일정한 경향을 갖게 되는 경우에 이런 경향을 제거해야만 한다. 일반적으로 데이터의 경향을 제거하는 방법은 최소 자승법을 이용하는 것이 보통이다.

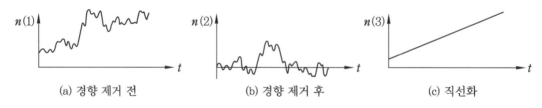

(a) 경향 제거 전   (b) 경향 제거 후   (c) 직선화

[그림 4-5] 1차적 경향을 제거한 데이터의 예

3-4 확대(zooming)

FFT를 이용하여 스펙트럼 해석을 하는 경우 비교적 큰 주파수 성분을 갖는 신호를 매우 작은 분해능(resolution)으로 해석하고자 할 때, 데이터의 개수 N이 매우 커야 하지만 FFT를 행할 때 데이터 개수가 2048개를 넘을 수가 없다. 이런 문제점을 극복하는 방법이 데이터 확대 방법이다.

FFT에서 주파수 영역에서의 분해능은 $\Delta f = \dfrac{1}{N\Delta t}$로 주어지므로 분해능을 작게 하기 위해서는 N을 증가시키거나, Δt를 크게 해야 하는데 N을 증가시키는 것은 제한이 있으므로 Δt를 크게 해야 한다. 한편으로 FFT에서의 주파수 대역이 $f_c = \dfrac{1}{2\Delta t}$이므로 Δt가 커지면 f_c가 작아진다. 이런 모순을 해결하기 위하여 푸리에 변환식을 이용한다.

① 샘플링 주파수 f_s (2560 Hz)

② 샘플링 개수 $N(= 2^F)$ ($1024 = 2^{10}$)

③ 샘플링 주기 $\Delta t\left(= \dfrac{1}{f_s}\right)$ (3.906 ms)

④ 샘플링 길이 $T(= N\Delta t)$ (0.4 s)

⑤ 주파수 분해능 $\Delta f\left(= \dfrac{1}{T}\right)$ (2.5 Hz)

⑥ 시간 대역의 주파수 밴드 $400\Delta f$ (1 kHz)

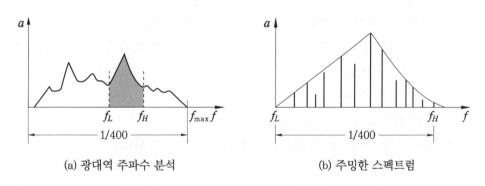

(a) 광대역 주파수 분석 (b) 주밍한 스펙트럼

[그림 4-6] 광대역 주파수의 확대

4. FFT 분석기

4-1 FFT 분석기의 구성

[그림 4-7]은 FFT 분석기의 기본 구성이다. FFT 분석기의 기본적인 개념은 종래의 스펙트럼 분석기와 매우 비슷하나 스펙트럼 분석기는 GHz 단위의 고주파수 대역의 측

정에 사용되지만 FFT 분석기는 40 kHz 대역까지 디지털 샘플링을 비롯한 디지털 신호 해석 기술이 각 부분에 응용되고 있다.

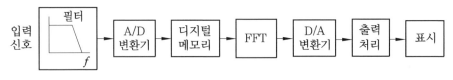

[그림 4-7]　FFT 분석기의 구성

4-2　FFT 분석기의 신호 처리 흐름

　FFT는 시간 영역의 신호를 주파수 영역으로 변환시키는 알고리즘이므로 신호를 주파수 영역으로 연속적으로 변환할 수는 없다. 샘플링된 데이터는 규정된 타임 레코드가 될 때까지 타임 버퍼(time buffer)에 고속으로 저장된다.

　타임 버퍼에서 타임 레코드가 완성되면 선정된 윈도 함수(window function)가 필요한 신호를 추출하여 디지털 메모리(digital memory)에 저장한다. 저장된 샘플링 신호(sampling signal)를 디지털 프로세서(digital processor)에 의하여 고속 푸리에 변환하고 파워 스펙트럼이나 전달 함수 등을 구하여 측정한 결과를 디스플레이에 표시한다. 이와 같이 FFT 분석기는 모두 디지털로 신호를 처리하고 있기 때문에 아날로그와 같은 온도 변화나 경년 변화 또는 제품에 의한 불균형이 없다.

　FFT 연산은 푸리에 변환을 근사화한 소위 이산 푸리에 변환(DFT : discrete fourier transform)을 계산하는 데 매우 효과적인 방법이나 DFT의 유한성과 불연속성에 의해 ① 엘리어싱(aliasing), ② 타임 윈도(time window), ③ 피켓 펜스(picket fence) 효과 등의 결점이 나타난다.

4-3　엘리어싱(Aliasing) 현상

(1) 엘리어싱의 샘플링 정리

　엘리어싱 현상이란 주파수 변환 신호 처리 시 발생하는 에러 현상(주파수 반환 현상)을 말하며, 어떤 최고 입력 주파수를 설정했을 때에 이보다도 높은 주파수 성분을 가진 신호를 입력한 경우에 생기는 문제이다.

샘플링 정리에 의하면 샘플 레이트(sample rate)는 샘플되는 신호에서 가장 높은 성분의 2배 이상 이어야 한다. 즉 각 주파수의 한 사이클(cycle)에 대하여 2점 이상의 샘플점이 필요하다. 이것은 샘플링 주파수를 f_s로 할 때 다음과 같이 표시된다.

$$f_{max} \leq \frac{1}{2\Delta t} = \frac{f_s}{2}$$

엘리어싱을 설명하면, 샘플링 주파수 100 kHz의 A/D 변환기를 갖는 FFT 분석기는 50 kHz 이하의 성분은 정확히 분석된다. 그러나 그 이상의 주파수 성분은 엘리어싱에 의하여 저주파로 반환하게 된다.

[그림 4-8]에서 실선의 파형은 샘플링되는 입력 파형이며 80 kHz이다. 이것은 파선으로 나타낸 바와 같이 100 kHz로서 샘플링되고 있다.

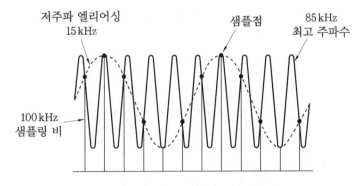

[그림 4-8] 낮은 샘플링 비에 의한 저주파 엘리어싱

[그림 4-9]와 같이 이 경우에는 각 사이클에 대해 2회 이하의 샘플이므로 각 샘플점을 사인파(sine wave)로 연결한 결과 그 주파수는 실제보다 낮은 15 kHz로 되어 있다.

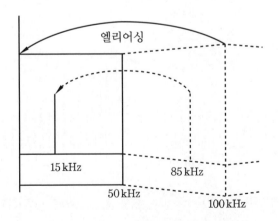

[그림 4-9] f_{max} 50 kHz에 대한 엘리어싱

즉 85 kHz의 성분이 100 kHz에서 샘플링될 때에 그것은 15 kHz의 성분으로서 나타난다. 샘플링 주파수로 샘플링할 때에 모든 사이클로 동일한 점에서 1회가 샘플링되기 때문에 이것을 연결한 것은 직선, 즉 DC 성분이 되는 것으로 보아도 직관적으로 알 수 있다.

그런데 실제의 측정에서는 입력 신호의 주파수 대역을 완전하게 한정시키는 것은 어렵다. 이것을 방지하기 위하여 안티 엘리어싱 필터(anti-aliasing filter)라고 하는 저역 통과 필터(low pass filter)를 사용하며, 샘플러(sampler)와 A/D 변환기 앞에 설치하여 입력 신호의 주파수 범위를 한정시키고 있다.

(2) 안티 엘리어싱 필터의 특성

샘플링 주파수(100 kHz)의 절반 주파수(50 kHz)에서 직각으로 감쇠하는 이상적 저역 통과 필터는 불가능하다. 실제로는 [그림 4-10]과 같이 점차적인 롤 오프(roll off)와 입력 신호를 한정시키는 컷 오프(cut off) 주파수에 관한 특성을 갖는다.

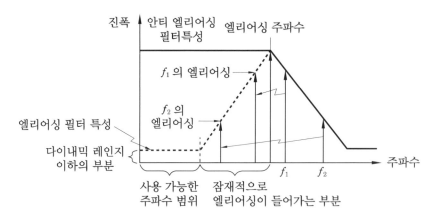

[그림 4-10] 안티 엘리어싱 필터의 롤 오프와 다이내믹 레인지

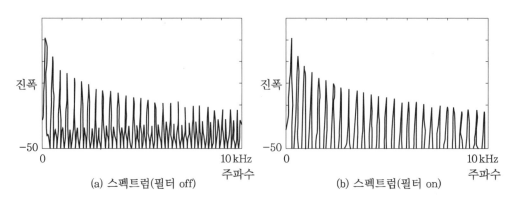

[그림 4-11] 엘리어싱 필터의 효과

천이 대역(transition band) 안에 충분히 감쇠되지 않은 큰 신호는 이 경우에도 입력 주파수 내에 반환 성분으로서 남는다. 이러기 때문에 사용할 수 있는 주파수 범위(range) 는 샘플링 주파수의 절반이 아니고 그 이하가 된다. 이것은 샘플 레이트(sample rate)를 최대 입력 주파수의 3~4배로 한다는 의미에서 25 kHz의 해석 대역을 갖는 FFT 분석기 라면 100 kHz의 A/D 변환기가 필요하게 된다.

4-4 디지털 필터링

기계 설비에서 발생하는 진동은 기계적인 진동 성분과 신호 분석에서 불필요한 진동 성분들이 포함되어 있다. 따라서 설비 진단 시 필요한 진동 신호만 추출하기 위해서 전 체 신호(full signal)로부터 어떤 특정 주파수 범위만의 신호를 추출하는 것을 필터링 (filtering)이라 하며, 신호 처리기를 필터(filter)라 한다.

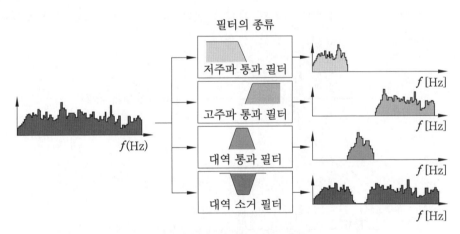

[그림 4-12] 디지털 필터의 종류

[그림 4-12]와 같이 주파수의 전대역이 DC~40 kHz이고 설정된 주파수 대역폭이 1~4 kHz일 때 디지털 필터의 적용 예는 다음과 같다.

① 저주파 통과 필터(low pass filter : LPF)

  • LPF : (0~4)kHz

  • 설정된 4 kHz 이하의 주파수 성분만 통과

② 고주파 통과 필터(high pass filter : HPF)

  • HPF : (1~40)kHz

  • 설정된 1 kHz 이상의 주파수 성분만 통과

③ 대역 통과 필터(band pass filter)
- BPF : $(1\sim4)\text{kHz}$
- 설정된 주파수 대역의 성분만 통과

④ 대역 소거 필터(band stop filter)
- BSF : $(0\sim1)+(4\sim40)\text{kHz}$
- 설정된 주파수 대역 제외한 성분만 통과

4-5 시간 윈도(time window)

신호를 FFT 분석기로 해석하려고 할 때에 기본적인 처리로 윈도 처리가 있다. 이 기능은 무한정된 길이의 데이터에 대하여 타임 레코드라고 하는 한정된 길이의 시간 데이터만을 인출하고, 이것을 입력의 샘플 블록으로 주기화하는 신호로서 처리한다. 즉, 타임 레코드가 반복된다는 가정에서 신호 해석이 된다. 이것을 그림으로 나타낸 것이 [그림 4-13]이다.

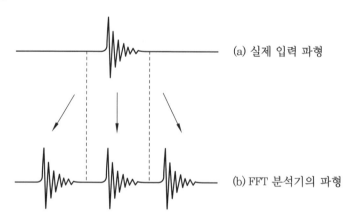

[그림 4-13] 타임 레코드를 1주기로 하는 신호가 반복될 때의 FFT 알고리즘

따라서 [그림 4-14]와 같이 타임 레코드가 입력 신호의 주기에 대해 정수배이면 FFT 알고리즘의 가정은 참의 입력 파형과 정확하게 일치한다. 이와 같은 입력 파형을 타임 레코드 안에서 주기화되고 있다고 한다.

그런데 주기화되지 않은 파형은 FFT 분석기 안에서 실제의 입력 파형과 다른 왜곡된 파형으로서 계산, 처리하게 된다.

이와 같이 기록된 파형이 비주기적일 때는 길이가 유한하기 때문에 발생한다. 스펙트럼은 $\dfrac{1}{T}$ 간격(T는 기록 길이)으로 분리된 주파수에서 계산되기 때문에 분석기에는 시간 기록이 주기 T인 주기 신호의 한 주기인 것으로 취급된다.

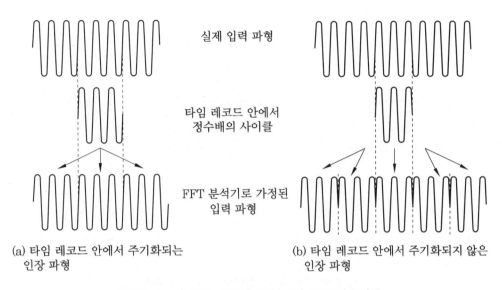

[그림 4-14] 타임 레코드 안에서의 FFT 알고리즘

시간 기록은 신호의 길이 T(time window function)가 먼저 곱해지고 그 결과인 단편들이 연결된 것으로 간주될 수 있다. 시간 윈도가 사각형의 파형(flat window)이고 본래 신호가 T보다 긴 경우 미지의 불연속성이 연결 이음매에서 발생할 수 있으며, 이것이 본래의 신호에는 없던 가짜 성분을 만들어 낸다.

실제로 시간 영역(time domain)에서 타임 윈도와의 곱셈은 주파수 영역(frequency domain)에서 타임 윈도의 푸리에 변환과의 합성곱(convolution)에 해당되며, 따라서 타임 윈도는 필터 특성의 역할을 하게 된다. 그 해결책은 불연속성을 없애기 위해서 기록의 양끝에서의 함수값과 기울기가 0인 다른 윈도 함수를 사용하는 것이다.

일반적으로 해닝 윈도(cosine 제곱 함수의 한 주기)가 선택되며, 그 필터 특성은 [그림 4-15]에서 플랫 웨이팅(flat weighting)과 비교하여 나타낸다.

여기서 해닝 윈도가 플랫톱 윈도에 비하여 사이드 로브(side lobe) 특성이 훨씬 더 급속히 떨어지며, 따라서 밴드 폭(주파수 범위)이 50% 증가해도 전반적인 특성이 더 좋은 것을 알 수 있다.

플랫 웨이팅은 기록이 T에 맞은 일시 함수의 경우에 사용된다. 이때 각 단편의 끝은 어떤 경우에도 0이 되고 단편들의 이음매에서 생기는 불연속성도 없을 것이다. 짧은 일시 신호를 분석하는 경우에 곡선형의 윈도 함수를 사용하는 것은 좋지 않다.

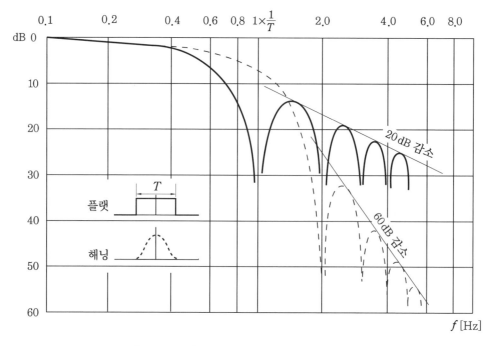

[그림 4-15] 플랫 윈도와 해닝 윈도 함수

[표 4-1]은 FFT 분석 시 일반적으로 사용되는 대표적인 윈도 함수를 종합한 것이다.

[표 4-1] 대표적인 윈도 함수

패스 밴드 세이프	시간 영역 "윈도"	주파수 영역 필터 세이프	적 용	필터 세이프를 선정한 주된 이유
플랫톱			분리된 스펙트럼 라인 중심 주파수에 근접한 낮은 레벨 신호	• 진폭 정확도가 좋다. • 사이드 로프가 적다.
해닝			랜덤 노이즈 중심 주파수에 근접한 중간 레벨 신호	• 타임 레코드의 변형이 적다. • 리키지 랜덤 노이즈는 가우스 분포 분해 능력 중간 사이드 로프가 중간
구형			일시적인 주기 노이즈 중심 주파수에 근접한 거의 같은 레벨의 신호	• 타임 레코드의 변형이 적다. • 중간 주파수 성분밖에 없기 때문에 진폭 오차 및 노출이 있다. • 분해 능력이 높다.

FFT 분석기가 대상으로 하는 신호의 종류, 그 측정 기능, 활용법 그리고 개개의 목적에 맞은 정확한 측정을 생각하면 적어도 3가지 종류의 윈도 함수가 필요하게 된다.

① 주기 신호에는 플랫톱 윈도(flat top window)

② 랜덤 신호에는 해닝 윈도(hanning window)

③ 트랜젠트 신호에는 구형 윈도(rectangular window)

[그림 4-16]은 각 윈도 함수의 특성을 나타낸 것이다.

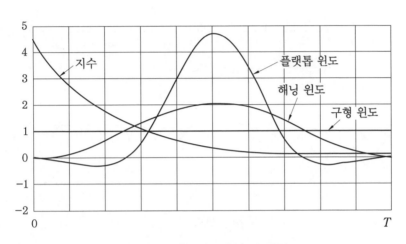

[그림 4-16] 윈도 함수의 특성

4-6 피켓 펜스(picket fence) 효과

피켓 펜스 효과는 주파수 영역에서 스펙트럼을 분리하여 샘플링하기 때문에 발생되며, 이 현상은 마치 말뚝 울타리의 길쭉한 틈을 통해 스펙트럼을 보는 것과 같으나 피크 값이 반드시 나타나는 것은 아니다.

이로부터 발생할 수 있는 오차는 [그림 4-17]과 같이 인접 필터 특성과의 중복 정도에 의해 결정되며, $\frac{1}{3}$ 옥타브(octave) 분석과 같이 분리된 필터를 사용할 때 나타난다. 이 효과를 완화하기 위해서 해닝 윈도처럼 인접 필터와 중복이 많이 되도록 한다.

FFT 과정으로는 디지털 필터 작업과 매우 다른 결과를 얻게됨을 알 수 있다. 스펙트럼 선들이 균일한 간격(Δf, 즉 $\frac{1}{T}$)이라는 것은 주파수 스케일이 본질적으로 선형임을 의미한다.

또 다른 중요한 차이는 N개 샘플의 시간 기록이 변환보다 먼저 완전히 다 수집되어야 하는데 반면에 디지털 필터 처리에서는 각 샘플들이 다음 샘플들의 도착 전에도 충분히 처리되며 시간 신호는 저장될 필요가 없다는 것이다.

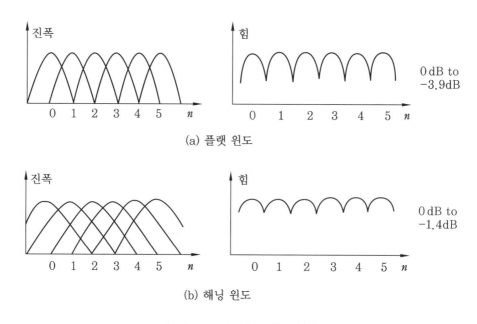

[그림 4-17] 피켓 펜스 효과

5. 신호 분석 범위의 선택

5-1 **밴드 폭(주파수 범위) 선택**

적절한 분해능을 얻는 데에 적합한 최대 밴드 폭(주파수 범위)을 선정하는 것이 중요하다. 밴드 폭(주파수 범위)을 선정하는 데 있어서 참고할 것은 다음과 같다.

(1) 정상 불연속 신호(stationary deterministic signal)

특히 등간격 주파수 성분을 갖는 주기 신호로 밴드 폭은 추정되는 최소간격(가령 최저 축 회전 속도 또는 그 절반)의 $\frac{1}{3}$ 정도로 선택되어야 한다. 이것은 상당히 좋은 필터 특성, 가령 형상 계수(shape factor)를 가정한 것이며, 형상 계수가 낮아질수록 밴드 폭은 더 작아야 한다.

필터의 형상 계수(shape factor)는 −60dB에서의 폭과 −3dB에서의 폭(즉 3dB 밴드 폭)과의 비이다.

(2) 정상 랜덤 신호(stationary random signal)

일시 신호(transient signal)로 밴드 폭은 가장 좁은 피크의 $\frac{1}{3}$ 정도로 결정된다. 일정한 감쇠(damping)에 대해서 이들은 일정한 Q, 즉 일정 비율 밴드 폭 특성을 갖고, 로그 주파수 스케일 상의 일정 비율 밴드 폭이 더 적합할 때가 많다.

Q는 퀄리티 팩터(quality factor)를 의미하며, $Q = \frac{1}{2\xi} = \frac{1}{\Delta f / f_n}$ (ξ : 댐핑 계수, Δf : 밴드 폭(주파수 범위), f_n: 중심 주파수)의 관계가 있다.

스펙트럼의 일부에서 충분히 작은 비율의 밴드 폭을 얻기 위해서 일정 밴드 폭을 설정할 필요가 있다. 그 이유는 일정 비율 밴드 폭에서 실제로 얻을 수 있는 최솟값은 1%이며 디지털 필터의 통상 최솟값은 6%($\frac{1}{12}$ 옥타브)이기 때문이다.

5-2 주파수 스케일 선택

선형 주파수 스케일은 보통 주파수 범위에서 일정 밴드 폭과 함께 사용되고, 로그 주파수 스케일은 주파수 범위에서 일정 비율 밴드 폭과 함께 사용된다. 각각의 조합은 스케일 상에 균일한 분해능을 갖게 한다. 로그 스케일은 넓은 주파수 범위를 감지하기 위해서 선택되므로 주파수 범위에서 일정 비율 밴드 폭이 이용된다. 그러나 로그 주파수 스케일은 경우에 따라 주파수 범위에서 일정 밴드 폭과 결합될 수도 있다.

5-3 진폭 스케일 선택

주파수 분석의 진폭은 거의 로그 스케일이 택해진다. 선형 스케일을 취하는 것이 좋은 경우는 측정 파라미터가 바로 관심의 대상일 때뿐이다. 보통 측정되는 진동은 내재적 힘의 간접 표현이며, 이때 로그 스케일로 하는 것은 신호가 측정점에 도착하기까지의 통과 경로의 영향을 다소간 완화시키는 것이다.

6. 시간 영역 신호 분석

기계에서 발생되는 진동을 FFT에서 분석하는 방법에는 크게 시간 영역의 분석법과 주파수 영역의 분석법이 있다. FFT 분석에서 시간 영역의 신호 분석으로서 널리 사용되는 기법은 시간 동기 평균화, 확률 밀도 함수 및 상관 함수 분석 등이다.

6-1 시간 동기 평균화(time synchronous averaging)

FFT 분석기에서 측정한 신호 분석에 있어서 정확성을 기하기 위하여 평균화 기법을 사용한다. 이 평균화 기법은 신호를 시간 영역에서 처리하는 시간 동기 평균화와 주파수 영역에서 처리하는 주파수 영역 평균화(frequency domain averaging) 기법이 있다.

일반적으로 기계의 운전 상태 감시나 분석에는 주파수 영역 평균화 기법이 널리 이용되고 있다.

시간 동기 평균화는 트리거 신호에서 입력 신호를 시간 블록(time block)으로 나누고 그것을 순차적으로 더함으로 인하여 그 블록의 주기 성분이 가산되어 나타나도록 하여 대상 신호와 관계없는 불규칙 성분이나 다른 노이즈 성분은 제거하도록 하는 기법이다.

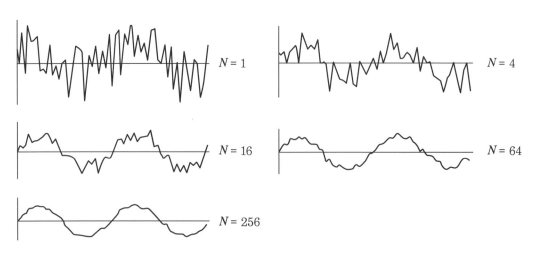

[그림 4-18] 시간 동기 평균화를 통한 노이즈 제거

시간 동기 평균화를 위해서는 분석 대상인 축과 동기 상태인 기준 트리거(reference trigger), 많은 평균화 횟수 그리고 100% 신호 처리가 필요하다. 시간 동기 평균화는 신

호 처리에 있어서 동기 성분은 크게 강화되고 비동기 성분과 잡음 신호를 제거할 수 있는 이점이 있다. 이와 같은 평균화를 통한 이점은 분석 대상과 관련이 없는 주변의 기계로부터의 노이즈 영향을 제거할 수 있다.

6-2 확률 밀도 함수(Probability Density Function : PDF)

주기 진동이 진폭, 진동수, 위상각으로 완전하게 표현 가능한 것에 비해서 불규칙 진동은 통계적인 평균값이나 확률 밀도 함수 외에는 표현하는 것이 불가능하다.

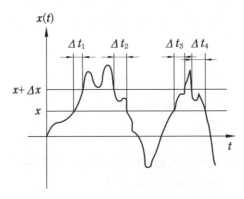

[그림 4-19] 확률 밀도의 측정

신호 $X(t)$의 확률 밀도 함수 $p(x)$는 임의의 순간에 신호값이 x가 나타날 수 있는 확률을 의미하며, 진폭이 x와 $x+\Delta x$ 사이에 존재할 때의 확률을 $P(x, x+\Delta x)$라 하면 확률 밀도 함수 $p(x)$는 다음과 같은 식으로 정의된다.

$$p(x) = \lim_{\Delta x \to 0} P\frac{(x, \ x+\Delta x)}{\Delta x}$$

6-3 상관 함수(correlation function)

상관이란 두 가지 양 사이의 유사성의 척도를 말하며, 상관 함수는 시간 영역에서 두 신호 사이의 상호 연관성을 나타내는 함수이다. 따라서 상관 함수는 시간 영역에서 두 신호의 유사성을 결정하는 데 사용된다.

상관 함수의 분석은 기본적으로 파워 스펙트럼의 파형과 동일한 데이터를 주지만 경우에 따라서는 더 편리하게 이용될 수 있다. 상관 함수에는 자기 상관 함수(auto correlation function)와 상호 상관 함수(cross correlation function)가 있다. 한 개의 신호에 대해서는 자기 상관 분석을 하며, 두 개 이상의 신호에 대해서는 상호 상관 분석을 할 수 있다.

이러한 분석 결과로 결정되는 상관 함수는 한 신호와 임의로 선정된 시간 간격만큼 이동한 또 다른 신호 사이의 상관성을 시간 함수로 나타낸다.

(1) 자기 상관 함수

자기 상관 함수란 어떤 시간에서의 신호값과 다른 시간에서의 신호값과의 상관성을 나타내는 함수이다. 자기 상관 함수 $R_{xx}(\tau)$는 시간 t에서의 신호값 $x(t)$와 τ시간만큼의 시간 지연이 있을 때, 즉 시간 $x(t+\tau)$에서의 신호값 $x(t+\tau)$의 곱에 대한 평균으로 다음과 같이 정의된다.

$$R_{xx}(\tau) = \lim_{T \to \infty} \frac{1}{T} \int_0^T x(t)x(t+\tau)dt$$

위 식에서 시간 지연 τ는 양수(+) 또는 음수(−)일 수 있다.

신호 $x(t)$와 $x(t+\tau)$에서 $\tau = 0$(시간 지연이 0)이면 다음과 같이 완전 상관을 얻게 되어 자기 상관 함수는 제곱 평균값이 된다.

$$R_{xx}(\tau) = \overline{x^2} = \sigma^2$$

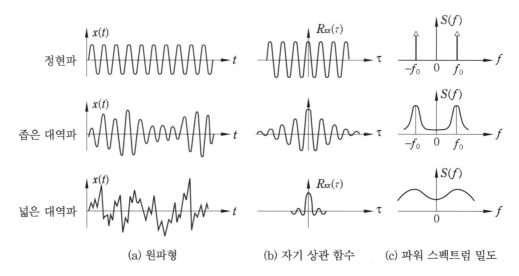

(a) 원파형   (b) 자기 상관 함수   (c) 파워 스펙트럼 밀도

[그림 4-20] 자기 상관 함수와 파워 스펙트럼 밀도의 특징

또한, 자기 상관 함수의 푸리에 변환(fourier transformation)이 파워 스펙트럼(power spectrum)이다.

(2) 상호 상관 함수(cross correlation function)

상호 상관 함수는 자기 상관 함수와 달리 두 개 이상의 신호에 대해서는 상호 관련성을 분석하는 기법이다. 시간 지연을 검출하는 알고리즘으로 상호 상관 함수를 이용한다. 이 함수에서 피크(peak) 값의 위치를 검출함으로써 시간 지연값을 추정할 수 있다.

자기 상관 함수는 자기의 진폭 함수의 곱이지만, 서로 다른 두 개의 불규칙 신호 $x(t)$와 $y(t)$의 상호 상관 함수 $R_{xy}(\tau)$는 시간 t에서 $x(t)$와 시간 $t+\tau$에서의 $y(x+\tau)$의 곱을 긴 시간 τ에 걸쳐 평균한 값으로 다음과 같이 정의된다.

$$R_{xy}(\tau) = \lim_{T \to \infty} \frac{1}{T} \int_0^T x(t)y(t+\tau)dt$$

자기 상관 함수 $R_x(\tau)$는 상호 상관 함수 $R_{xy}(\tau)$에서 $y(t) = x(t)$가 되는 특수한 경우로 볼 수 있다. 상호 상관 분석 시의 신호 측정은 가속도 센서를 축 방향과 축의 직각 방향에 각각 설치해야 한다.

즉 한 개의 신호에 대해서는 자기 상관 분석을 하며, 두 개 이상의 신호에 대해서는 상호 상관 분석을 할 수 있다.

이러한 분석의 결과로서 결정되는 상관 함수는 한 신호와 임의로 선정된 시간 간격만큼 이동한 또 다른 신호 사이의 상관성을 시간 간격의 함수로 나타내므로 상관 함수는 시간 신호에 숨어서 밖으로 나타나지 않는 주기 신호나 특정 주파수 성분의 존재를 확인하는 데 이용되며, 상호 상관 함수 분석은 진동원의 탐지 등 시스템 분석에 가장 크게 활용된다.

7. 주파수 영역 분석

7-1 파워 스펙트럼

자기 상관 함수의 푸리에 변환을 파워 스펙트럼(power spectrum)이라 한다. 파워 스펙트럼의 크기는 각 주파수 성분이 가지는 파워를 나타내며, 일반적인 경우 신호에 대한 제곱 단위를 갖는다. 많은 주파수를 포함하는 불규칙 함수의 신호에서 대역 통과 필터

(band pass filter)를 통하여 어떤 중심 주파수 f의 신호를 추출하고, 그 신호의 제곱 평균을 취한 것을 주파수의 파워(power)라고 한다. 그리고 그 중심 주파수를 순차 이동시켜 갈 때 파워가 주파수의 함수로 표현된다.

또한 대역 통과 필터의 폭을 무한히 좁게 했을 때의 파워를 Δf로 나눈 값을 파워 스펙트럼 밀도 함수(power spectrum density function)라 한다. 파워 스펙트럼 밀도 $S(f)$는 $S(f) = \lim\limits_{\Delta f \to 0} \dfrac{\overline{x^2(f)}}{\Delta f}$가 되고, 여기서 $\overline{x^2}(f)$는 다음과 같다.

$$\overline{x^2}(f) = \lim_{T \to \infty} \int_0^T x^2(f,\ t)dt$$

파워 스펙트럼 밀도 $S(f)$는 f를 중심으로 f에서 대역 통과 필터를 통과한 신호의 제곱 평균값으로 주어진다. 이와 같이 주파수를 분석하는 것을 파워 스펙트럼 분석이라 한다.

파워 스펙트럼의 특성상 진폭은 제곱되어 나타나므로 진폭이 큰 주파수 성분은 잘 나타나지만 진폭이 작은 주파수 성분은 신호에 묻혀서 잘 나타나지 않게 된다.

7-2 전달 함수(transfer function)

전달 함수란 동적 시스템의 전달 특성을 입력 신호와 출력 신호 사이의 관계를 대수적으로 표현한 것으로서, 어떤 시스템에서 입력 신호 $x(t)$와 $y(t)$에 대하여 푸리에 변환한 함수 $X(f)$와 $Y(f)$의 비를 전달 함수라고 한다.

즉 입력 신호 $x(t)$를 푸리에 변환하면 시간 영역의 신호가 주파수 영역으로 변환하게 된다.

$$G(s) = \frac{Y(f)}{X(f)}$$

7-3 코히런스 함수(coherence function)

푸리에 해석을 위해 사용된 통계적 처리의 특징은 측정의 불확실성에 대한 정보, 즉 벡터 궤적의 각 측정점의 오차를 나타내는 특성 값은 스펙트럼 측정으로부터 유도될 수 있다.

이 특성 값 중의 하나가 코히런스 함수이며, 다음 식으로부터 구해진다.

$$\gamma_{xy}^2(f) = \frac{|S_{xy}(f)|^2}{S_{xx}(f)S_{yy}(f)}$$

여기서, $S_{xx}(f)$: 파워 스펙트럼의 입력 신호

$S_{yy}(f)$: 파워 스펙트럼의 출력 신호

$S_{xy}(f)$: 파워 스펙트럼의 입력과 출력 신호의 곱

코히런스 함수는 측정의 불확실성에 따라 (0~1)범위의 값을 가지며, $\gamma_{xy}^2(f) = 1$인 경우 잡음(noise) 신호는 무시할 정도로 오차는 존재하지 않는다. 그러나 코히런스 값이 작은 경우 필요한 신호 크기에 비하여 잡음 신호가 매우 크든가, 아니면 시스템의 진동 특성이 선형적이 아님을 의미한다. 이런 경우의 측정값은 매우 큰 오차를 갖게 된다.

연습 문제

1. 진동 신호와 설명을 바르게 연결하시오

① 연속 신호(continuous – time signal) •

② 이산 신호(discrete – time signal) •

③ 불규칙 신호(random signal) •

④ 디지털 신호(digital signal) •

• ㉠ 연속 신호를 샘플링하여 이산 신호로 양자화하여 변환하여 얻은 신호

• ㉡ 신호의 특성을 함수로 표현할 수 없어 확률 밀도 함수나 통계값(평균값, 분산값)으로 나타내는 신호

• ㉢ 특정한 시간에서 간헐적으로 나타나는 신호

• ㉣ 연속적인 시간 t에 의하여 정의되는 신호

2. 다음 (   ) 안을 [보기]에서 골라 완성하시오.

신호 처리 시스템의 기본 구성은 진동 신호의 (   ), (   ) 및 신호 처리부로 구성된다.

─────[보기]─────

• 구동부   • 변환부
• 검출부   • 제어부
• 동력부   • CPU

3. 다음 (   ) 안을 [보기]에서 골라 완성하시오.

대단히 복잡한 계산이 되는 푸리에 변환(fourier transform)을 해야 하므로 검출기로 검출(pick-up)되고 변환기로 1차 처리한 데이터(data)를 해석할 때에 (   ), (   ), (   )의 3가지 관측면에서 표현 방법을 취할 수 있다.

─────[보기]─────

• 주파수 영역   • 진폭 영역
• 속도 영역   • 변위 영역
• 가속도 영역   • 시간 영역

4. FFT 분석기의 표현에 대한 것을 각각 [보기]에서 고르시오.

① 신호 내의 필요한 성분과 불필요한 성분의 분리

② 신호 내의 주파수 성분 측정

③ 신호원과 모니터 점의 분리·추출

④ 전달 특성의 파악

─────[보기]─────

㉠ 시간평균(time record averaging)

㉡ 선형 스펙트럼 평균(liner spectrum averaging)

㉢ 자기 상관 함수(autocorrelation function)

㉣ 자기 파워 스펙트럼(auto power spectrum)

㉤ 상호 상관 함수(cross correlation function)

㉥ 상호 파워 스펙트럼(cross power spectrum)

㉦ 기여도 함수(coherence function)

㉧ 전달 함수(transfer function)

5. 엘리어싱을 방지하기 위해 설치하는 것은?

6. 신호를 FFT 분석기로 분석할 때 한정된 길이의 시간 데이터만을 인출(capturing)하여 이를 한 주기로 하는 신호가 반복된다고 가정한다. 이때 데이터의 불연속성이 연결이음매에서 발생할 수 있어 에러가 발생되는데 이를 방지하는 방법으로 가장 적합한 것은?

① 인출(capturing)된 시간 데이터에 윈도 함수(window function)를 적용시킨다.

② A/D 변환된 시간신호에 안티 엘리어싱 필터(anti-aliasing filter)를 적용시킨다.

③ 데이터 샘플링(sampling) 길이를 늘린다.

④ 측정 주파수 범위를 줄인다.

7. 측정대상 신호의 최대 주파수가 f_{max} 이다. 나이퀴스트 샘플링 이론(Nyquist sampling theorem)에 의하면 엘리어싱(aliasing)의 영향을 제거하기 위한 샘플링(sampling) 시간 Δt 는?

진동 제어

1. 기계 진동 방지 대책

기계 진동은 다음과 같은 문제들과 관련되어 있다.

① 진동체에 의한 소음 발산

② 환경 진동 측면의 문제(인체의 영향, 구조물의 영향)

③ 기계 안전 문제

④ 기계 가공 정밀도 문제

⑤ 기계 수명 문제

환경 보호의 측면에서는 이들 중에서 ①, ②항이 고려된다. 그러나 이들 다섯 가지 진동 문제에 대한 대책 원리는 본질적으로 동일하다. 기계 진동 방지 기술은 크게 진동 차단기의 사용과 진동체에 대한 댐핑을 고려할 것을 바탕으로 한다.

진동 차단기는 본질적으로 탄성 지지체를 사용하는 것이다. 이를 위해서 흔히 강철 스프링과 고무 패드 등이 사용된다. 그러나 이들 탄성체들은 그에 고유한 진동수가 있어서 이 주파수의 진동을 오히려 증폭시키는 효과를 준다. 진동 차단 시스템에 대한 적절한 댐핑의 사용은 전반적인 진동 차단 효과를 증가시킴과 동시에 고유 진동수에서의 공진에 의한 진동 증폭을 방지한다. 따라서 진동 방지에는 적절한 차단기와 댐핑을 병용하는 것이 바람직하다.

1-1 진동 방지의 목적

진동 방지의 목적은 다음의 두 가지로 나눌 수 있다.

① 진동 발생 기계에서 외부로 진동이 전달되는 것을 방지한다.

② 어떤 기계를 외부의 진동으로부터 보호한다.

첫 번째 경우는 진동 발생 기계로부터 다른 기계들의 진동을 보호할 필요가 있을 때 취한다.

두 번째 경우는 CNC 선반과 같은 정밀 기계를 작업장에서 오는 진동으로부터 보호할 필요가 있을 때 취한다.

① 진동원에서의 진동 제어

② 진동 전달 경로를 차단하는 방법

진동원에서의 진동 제어는 가장 효과적이다. 그러나 실제로 이 방법은 비용이 많이 들고 특히 기계에서 발생되는 진동을 제어하는 문제는 고도의 공학적 기술이 필요하므로 두 번째 방법을 이용해서 기계 진동을 방지하는 것이 현실적이다.

1-2 방진 대책

일반적으로 발생하는 기계 진동의 방지 대책으로 진동원, 진동의 전달 경로 및 수진측에서의 진동 대책을 고려할 수 있으나 근본적인 대책은 진동원의 대책이다.

(1) 진동원 대책

① 진동 발생이 적은 기계로 교환하여 가진력 감쇠

② 불균형(unbalance)의 균형화(balancing)

③ 탄성 지지

④ 기초 중량의 부가 및 경감

⑤ 동적 흡진기 설치

(2) 전달 경로 대책

① 진동원으로부터 전달 경로까지 진동 차단

② 진동원으로부터 멀리 떨어져 거리 감쇠를 크게 함

③ 설치 위치의 변경을 통한 공진과 응답 억제

(3) 수진측 대책

① 기초의 진폭 감소

② 수진측의 강성 변경

③ 수진측의 탄성지지

(4) 고유 진동수와 강제 진동수 대책

고유 진동수 ω_n(또는 고유 진동 주파수 f_n)이 강제 진동수 $\omega(f)$에 비해 매우 큰 경우에는 스프링 정수 k를 크게 하고, ω가 ω_n에 비해 매우 클 때는 질량 m을 크게 하여 각각의 진폭 크기를 제어할 수 있으며, 공진 시에는 감쇠기를 부착하여 감쇠비(ζ)를 크게 함으로써 제어할 수 있다.

(5) 주파수와 고유 진동 주파수에 따른 방진 효과

① $\dfrac{f}{f_n} = 1$일 때 : 공진 상태이므로 진동 전달률이 최대

② $\dfrac{f}{f_n} < \sqrt{2}$일 때 : 전달력은 외력보다 항상 크다.

③ $\dfrac{f}{f_n} = \sqrt{2}$일 때 : 전달력은 외력과 같다.

④ $\dfrac{f}{f_n} > \sqrt{2}$일 때 : 전달력은 항상 외력보다 작으므로 방진의 유효 영역이 된다.

(6) 감쇠비에 따른 대책

① $\dfrac{f}{f_n} < \sqrt{2}$일 때 : ζ값이 커질수록 전달률 T가 적어지므로 방진 설계 시 감쇠비 ζ가 클수록 좋다.

② $\dfrac{f}{f_n} > \sqrt{2}$일 때 : ζ값이 작을수록 전달률 T가 적어지므로 방진 설계 시 감쇠비 ζ가 작을수록 좋다.

(7) 방진 대책 시 고려 사항

① 방진 대책은 $\dfrac{f}{f_n} > 3$이 되게 설계한다(이 경우 진동 전달률은 12.5% 이하가 된다).

② 만약 $\dfrac{f}{f_n} < \sqrt{2}$로 될 때에는 $\dfrac{f}{f_n} < 0.4$가 되게 설계한다.

③ 외력의 진동수(회전 기계는 $\dfrac{N[\mathrm{rpm}]}{60}$)가 0에서부터 증가하는 경우 도중에 공진점을 통과하므로 $\zeta < 0.2$의 감쇠 장치를 넣는 것이 좋다.

2. 방진 이론

2-1 탄성 지지 설계

(1) 진동 전달률과 방진 효율

① 1자유도계에서 기초에 미치는 진동 전달률 $T = \left| \dfrac{1}{1 - \left(\dfrac{f}{f_n} \right)^2} \right|$ 이므로 기계의 무게는

진동 전달률과 관계없으며, 증가된 질량은 기계 자체의 진동에만 영향을 준다.

② 방진 효율 $E = \left[1 - \dfrac{1}{\left(\dfrac{f}{f_n} \right)^2 - 1} \right] \times 100\,\%$

(2) 강제 진동 주파수(f)

① 축 : $f = \dfrac{N}{60}\,(N \,:\, 회전수(\mathrm{rpm}))$

② 송풍기 : $f = \dfrac{날개\ 수 \times N}{60}$

③ 기어 : $f = \dfrac{ZN}{60}\,(Z \,:\, 기어\ 잇수)$

④ 내연 기관 : $f = $ 매초 폭발 횟수 × 실린더 수

2-2 방진재의 특성

(1) 방진 스프링

① 저주파 차진에 좋으며 감쇠가 거의 없고 공진 시 전달률이 매우 큰 단점이 있다.

② 스프링의 감쇠비가 적을 때에는 스프링과 병렬로 댐퍼를 넣고, 기계 무게의 1~2배의 방진 거더를 부착한다.

③ 고유 진동수는 보통 2~10 Hz를 적용한다.

(2) 방진 고무(패드)

① 고주파 차진에 좋으며 정하중에 따른 수축량은 10~15% 이내로 사용한다.

② 고유 진동수가 강제 진동수의 1/3 이하인 것을 택하고 적어도 70% 이하로 하여야 한다.

(a) 방진 스프링

(b) 마운트 및 패드

(c) 스프링 행어

[그림 5-1] 방진재의 종류

2-3 진동 전달률 측정

(1) 준비 사항

① 무게가 60 kgf 이상 되는 회전 기계를 준비한다.

② 회전 기계를 고정할 수 있는 방진 기초대를 준비한다.

③ 방진 패드와 스프링 마운트를 각각 4개씩 준비한다.

④ 진동 측정기를 준비한다.

(2) 진동 전달률 계산

① 총중량 $W=$회전 기계의 무게+기초대의 무게

② 스프링 정수 $K=$(패드 또는 마운트의 수)$\times k$

③ 강제 진동수 $f=\dfrac{N}{60}$

④ 고유 진동수 $f_n=\dfrac{1}{2\pi}\sqrt{\dfrac{K\cdot g}{W_n}}$

⑤ 정적 처짐량 $\delta_{st}=\dfrac{F}{K}$ (F : 가진력)

⑥ 기초대의 변위 $x=\dfrac{\delta_{st}}{\sqrt{\left\{1-\left(\dfrac{f}{f_n}\right)^2\right\}^2+4\zeta i^2\left(\dfrac{f}{f_n}\right)^2}}$ (ζi : 감쇠비)

⑦ 기초에 전달되는 힘 $F_r=K\times x$

⑧ 전달률 $T=\dfrac{F_f}{F}$

(3) 진동 전달률 측정

진동 측정기를 이용하여 방진기를 설치하지 않은 상태와 방진기를 설치한 상태에서 각각 기초 바닥에 진동 센서를 설치하여 진동 가속도 레벨을 각각 측정한다.

$$진동\ 전달률=\dfrac{방진기\ 설치\ 상태에서의\ 진동\ 레벨}{방진기\ 없는\ 상태에서의\ 진동\ 레벨}$$

(4) 이론값과 측정값을 비교한다.

3. 진동 방지법

진동 보호 대상체는 진동으로부터 보호되어야 할 설비 및 그를 받치는 설치대로 구성된 시스템이다. 진동체는 진동하는 기계 부품, 기초(base), 공장 바닥 등이 되며, 진동원과 진동 보호 대상체 사이의 진동 전달 경로 차단에서는 다음과 같은 방법이 주로 이용된다.

3-1 일반적인 방법

(1) 진동 차단기의 사용

사용되는 차단기는 강성이 충분히 작아서, 이의 고유 진동수가 차단하려고 하는 진동의 최저 진동수보다 적어도 1/2 이하로 작아야 한다.

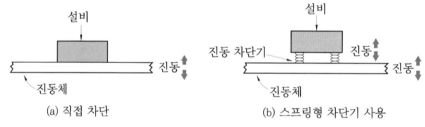

(a) 직접 차단　　　　　　　(b) 스프링형 차단기 사용

[그림 5-2] 진동 차단의 예

(2) 질량이 큰 경우 거더(girder)의 이용

진동 보호 대상체를 스프링 차단기 위에 놓인 거더 위에 설치하는 경우, 블록의 질량은 차단기의 고유 진동수를 낮추는 역할을 한다.

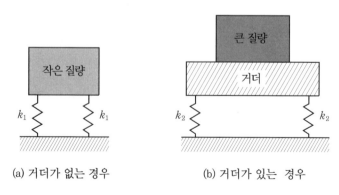

(a) 거더가 없는 경우　　　　　　　(b) 거더가 있는 경우

[그림 5-3] 질량에 의한 고유 진동수 변화

(3) 2단계 차단기의 사용

[그림 5-4]와 같은 2단계 진동 제어는 고주파 진동 제어에 대단히 효과적이지만 저주파 진동 제어에는 역효과를 줄 수 있다. 저주파에서의 역효과를 피하기 위해서는 진동 보호 대상체의 질량 m_i는 다음의 조건을 만족해야 한다.

$$m_i > \frac{k}{20f^2}$$

여기서, k는 차단기의 강성, f는 차단하려는 진동의 최저 주파수

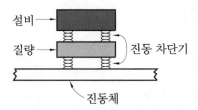

[그림 5-4] 2단계 진동 제어

(4) 기초(base)의 진동을 제어하는 방법

위의 두 방법에서는 기초(base) 자체의 진동보다도 기초(base)로부터 진동 보호 대상체로의 진동 전달 제어에 대해서만 고려하였다. 경우에 따라서는 기초(base) 자체의 진동을 제어하는 것이 효과적일 수 있다.

가장 간단한 방법은 설치대에 큰 질량을 가해주는 것이다. 더욱 효과적인 진동 제어는 강철 보강재와 댐핑 재료를 함께 사용함으로써 얻을 수 있다. 이때 강철 보강재는 스프링과 같은 역할을 한다. 이 방법들에서 특히 중요한 요소는 적절한 차단기와 댐핑 재료의 선택이다.

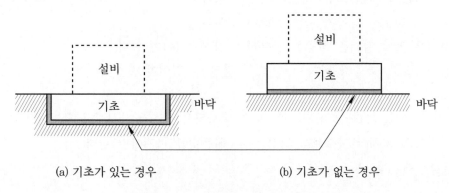

(a) 기초가 있는 경우   (b) 기초가 없는 경우

[그림 5-5] 기초에 따른 진동 제어

3-2 진동 차단기의 선택과 사용법

진동 차단기는 정상 진동으로부터 시스템을 차단할 수 있는 탄성 지지체이다. 진동 차단기는 일반적으로 강철 스프링, 천연 고무 또는 네오프렌(neoprene)과 같은 합성 고무로 만들어지며, 이들의 적절한 조합으로 이용되기도 한다. 이 차단기는 하우징과 적절한 부착장치를 포함하고 있어서 실제의 응용에 직접 이용할 수 있다.

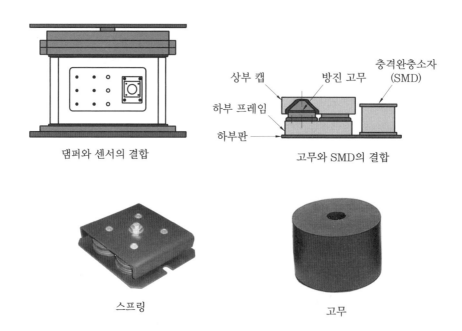

[그림 5-6] 진동 차단기의 예

진동 차단기의 기본 요구 조건은 다음과 같다.
① 강성이 충분히 작아서 차단 능력이 있어야 한다.
② 강성은 작되 걸어준 하중을 충분히 받칠 수 있어야 한다.
③ 온도, 습도, 화학적 변화 등에 의해 견딜 수 있어야 한다.

차단기의 강성은 그에 부착된 진동 보호 대상체의 구조적 강성보다 작아야 하며, 차단하려는 진동의 최저 주파수보다 작은 고유 진동수를 가져야만 한다.

진동 보호 대상체의 질량을 m이라 하고, 이 질량을 강성이 k인 차단기 위에 올려놓을 때 차단의 효과는 k가 다음과 같이 주어진 조건을 만족시킬 때만 가능하다. 즉

$$k < 10 \, mf^2$$

여기서 f는 차단하려는 진동의 주파수이다. 일반적으로는 하나 이상의 차단기를 이용하므로, 강성 k는 개개의 차단기의 강성의 합이다. 대부분 실제의 문제에서는 차단하려는 진동의 변위는 수직 방향 성분이다.

따라서 만일 차단기의 변위가 그에 걸리는 힘에 비례한다면, 시스템의 고유 진동수 ω_n 과 차단기의 정적 변위 δ와의 관계는 $\omega_n = \dfrac{10\pi}{\sqrt{\delta}}$ 이다.

여기서 정적 변위 δ는 차단기에 걸리는 정적 하중에 의해서 생기는 차단의 변위이다. 강철 스프링의 경우에 적합한 식이다.

그러나 고무 차단기의 경우에는 작은 변위에 대해서만 윗 식이 통용되지만 시스템의 고유 진동수보다 작은 주파수를 갖는 진동에 대해서 역할을 전혀 하지 못한다. 외부 진동의 주파수가 시스템의 고유 진동수에 가까이 있을 때는 공진 현상이 발생하여 큰 진폭의 진동이 일어나므로 위험할 수 있다. 효과적인 진동 제어는 차단기의 고유 진동수보다 큰 주파수를 갖는 진동에 대해서만 가능하다.

[표 5-1]은 시스템의 고유 진동수와 외부 진동 주파수를 아는 경우에 차단기의 대략적인 효과를 평가하는 데 이용될 수 있다.

이제까지는 진동의 방향이 수직인 경우만 고찰했으며, 수평 성분은 다루지 않았다. 이 경우에는 모든 방향으로의 강성이 충분히 작은 차단기를 선택해서 각 방향에 대한 시스템의 고유 진동수가 그 방향에서 지배적인 진동 모드의 주파수보다 작도록 해야 한다.

[표 5-1] 고유 진동수에 대한 진동 차단기의 효과

$R = \dfrac{\text{외부 진동 주파수}}{\text{시스템 고유 주파수}}$	진동 차단 효과
1.4 이하	증폭
1.4~3	무시할 정도
3~6	낮음
6~10	보통
10 이상	높음

3-3   진동 차단기의 종류

(1) 강철 스프링

하중이 큰 경우, 특히 정적 변위가 5 mm 이상 요구되는 경우 강철 스프링 사용이 바람직하다. 이때의 고유 진동수는 2 Hz 이하가 된다. 그러나 강철 스프링은 내부 댐핑이 대단히 작아 파이버로 만든 패드와 함께 이용하여 댐핑을 증가시킴과 동시에 진동 전달 경로가 순전히 금속만으로 구성되지 않도록 한다. 강철 스프링은 일반적으로 나선형으로 와이어, 막대, 좁은 시트 메탈 등이 있다.

스프링을 사용할 때는 무엇보다도 하중에 견딜 수 있는 능력을 고려해야 한다. 특히 수직 방향 하중에 이용되는 스프링은 그의 측면 안정도를 고려해야 한다. 스프링의 지지 장치 없이 스프링 자체만을 직접 이용할 때는 스프링의 지름을 충분히 크게 함으로써 옆으로 구부러지는 것을 방지한다.

[표 5-2]는 이러한 측면 굽힘을 방지하기 위한 스프링의 최소 지름을 보여준다. 큰 지름의 스프링을 사용할 공간이 충분하지 않으면, 측면 굽힘을 방지하기 위한 하우징을 사용해야 한다.

[표 5-2]   측면 굽힘 방지를 위한 스프링의 최소 지름

정적 변위(cm)	하중(kgf)		
	350까지	350~1150	1150~2700
3까지	7.0	10.0	12.5
3~5	12.5	12.5	18.0
5~7.5	15.0	13.0	21.5
7.5~10	21.5	21.5	25.5
10 이상	25.5	25.5	30.5

(2) 천연고무 또는 합성 고무 절연재(isolator)

천연고무나 합성 고무(neoprene)을 이용하는 진동 차단기들은 많은 형태가 상품화되어 있으며, 이들은 원하는 방향에 원하는 크기의 강성을 줄 수 있도록 조합 사용이 가능하다. 이러한 재료의 진동 차단기는 최저 10 Hz까지의 진동 제어에 이용할 수 있다. 고무 차단기의 가장 큰 장점은 측면으로 미끄러지는 하중에 적합하다는 것이다. 고무 차단기는 비교적 가볍고 강하며 값이 싼 장점이 있는 반면, 강성이 온도에 따라서 크게 변하는 단점이 있다.

특히 천연고무는 강하고 상당한 댐핑을 갖고 있고 비교적 값이 싸지만, 탄화수소와 오존 등에 약하며 높은 온도에 약하다. 네오프렌과 같은 합성 고무는 이러한 화학적 성질에 대한 저항이 크고 특히 비교적 높은 온도에도 잘 견딘다.

실리콘 합성 고무는 −75℃에서 20℃까지도 이용할 수 있다. 모든 고무 차단기의 가장 큰 단점은 강성이 시간의 흐름에 따라서 천천히 그러나 계속적으로 변한다는 것이다. 이 것은 무거운 하중이 작용할 때 더욱 심하다.

고무 차단기의 강성은 그 크기와 모양, 재료의 탄성계수, 주파수, 하중의 크기에 따라서 다르다. 따라서 고무 차단기를 이용할 때는 이들 모든 요소를 고려하여 가장 적절한 것을 선택해야 한다.

(3) 패드

① 스펀지 고무 : 스펀지 패드는 많은 형태와 강성을 갖는 것이 상품화되어 있다. 스펀지 고무의 강성 특성은 위에서 말한 고무 차단기의 그것과 비슷하다. 스펀지 고무는 액체를 흡수하려는 경향이 있으므로 발화 물질 등의 액체가 있는 곳에서 이용할 때는 플라스틱 등으로 밀폐된 패드를 이용해야 한다.

② 파이버 글라스(fiber glass) : 파이버 글라스 패드의 강성은 주로 파이버의 밀도와 지름에 의해서 결정된다. 파이버 글라스는 많은 수의 모세관을 포함하고 있으므로 습기를 흡수하려는 경향이 있다. 따라서 파이버 글라스 패드는 PVC 등 플라스틱 재료를 밀폐해서 사용하는 것이 바람직하다.

③ 코르크 : 코르크로 만든 패드는 수분이나 석유 제품에 비교적 잘 견딘다.

3-4　감쇠기(댐퍼)

진동 시스템에 대한 댐핑 처리는 다음과 같은 경우에 효과적이다.
① 시스템이 그의 고유 진동수에서 강제 진동을 하는 경우
② 시스템이 많은 주파수 성분을 갖는 힘에 의해서 강제 진동되는 경우
③ 시스템이 충격과 힘에 의해서 진동되는 경우

거의 모든 재료는 어느 정도의 내부 댐핑을 갖고 있으나, 강철과 같은 기계 구조물에 흔히 쓰이는 재료들은 이 내부 댐핑이 대단히 작기 때문에 외부에서 별도의 댐핑을 가할 필요가 생기는 것이다.

진동 제어를 위한 시스템의 댐핑 처리를 위해서는 점성 탄성(viscoelastic) 재료를 쓴다. 점성 탄성 재료는 변형을 받았을 때 변형 에너지의 상당량을 내부에 저장해 이 저장

된 에너지의 상당한 부분을 열로 발산할 수 있는 성질을 갖고 있다. 모든 고무와 플라스틱 재료는 이러한 점성과 탄성의 복합 성질을 어느 정도 갖고 있어 점성 탄성 재료라고 볼 수 있다. 점성 탄성 재료로 만든 판을 구조물의 판에 부착함으로써 시스템의 댐핑을 증가시킨다.

이때 적절한 재료의 댐핑판과 그의 부착 위치를 선정함에 있어서 다음의 사항에 주의해야 한다.

① 댐핑판은 구조물이 진동할 때 현저한 변형을 받을 수 있는 곳에 설치해야 한다. 만약, 특별한 위치 선정에 대한 기준 설정이 곤란하다면 구조물의 판 전체에 댐핑 처리를 함으로써 실제로 큰 진동을 할 수 있는 부분도 처리해야 한다.

② 댐핑판을 구조물에 완전히 부착시킴으로써 진동 에너지의 상당 부분을 흡수할 수 있도록 해야 한다.

③ 댐핑판은 흡수한 에너지의 상당 부분을 열로 발산할 수 있는 높은 손실계수를 갖는 재료이어야 한다. 댐핑판을 직접 구조물 판에 부착시키는 경우, 구조물의 진동에 의한 굽힘에 의해서 댐핑판은 늘어나게 되어 감쇠가 된다. 이 감쇠는 댐핑판의 두께를 증가시킬수록 커진다. 실험에 의하면 댐핑의 크기는 판 두께의 1 내지 2 사이의 지수의 승으로 주어진다.

구조물 판 두께의 2~4배 정도 두께의 댐핑판을 사용함으로써 비교적 좋은 효과의 댐핑 처리를 할 수 있다. 이외에도 두께의 댐핑판을 이용해서 샌드위치형으로 댐핑 처리하여 댐핑을 증가시키는 방법도 있다.

점성 탄성 댐핑판은 구조물 판에 견고하게 연속적으로 부착해야만 좋은 댐핑 효과를 볼 수 있다. 접착제로서는 에폭시(epoxy)와 같은 강한 접착제를 얇은 막으로 하여 사용한다.

연습 문제

1. 기계 진동은 다음과 같은 문제들과 관련되어 있다. 이 중 환경 보호의 측면에서 고려할 사항은?

① 진동체에 의한 소음 발산
② 인체의 영향, 구조물의 영향 문제
③ 기계 안전 문제
④ 기계 가공 정밀도 문제
⑤ 기계 수명 문제

2. 근본적인 진동원의 대책에 해당되는 것이 아닌 것은?

① 진동 발생이 적은 기계로 교환하여 가진력 감쇠
② 불균형(unbalance)의 균형화(balancing)
③ 탄성 지지
④ 기초 중량의 부가 및 경감
⑤ 진동원으로부터 전달 경로까지 진동 차단

3. 주파수와 고유 진동 주파수에 따른 방진 효과의 관계가 옳은 것은?

① $\dfrac{f}{f_n}=1$일 때 : 전달력은 외력과 같다.

② $\dfrac{f}{f_n}<\sqrt{2}$일 때 : 공진 상태이므로 진동 전달률이 최대

③ $\dfrac{f}{f_n}=\sqrt{2}$일 때 : 전달력은 외력보다 항상 크다.

④ $\dfrac{f}{f_n}>\sqrt{2}$일 때 : 전달력은 항상 외력보다 작으므로 방진의 유효 영역이 된다.

4. 강제 진동 주파수(f)가 잘못된 것은?

① 축 : $f=\dfrac{N[\text{rpm}]}{60}$

② 송풍기 : $f=\dfrac{\text{날개 수}\times N}{60}$

③ 기어 : $f=\dfrac{DN}{60}(D : \text{피치원 지름})$

④ 내연 기관 : $f=\text{매초 폭발 횟수}\times\text{실린더 수}$

5. 진동 전달률 공식을 쓰시오.

6. 일반적인 진동 방지법의 종류를 나열하시오.

7. 진동 차단기의 기본 요구 조건을 설명하시오.

8. 진동 전달 경로 차단에서 사용되는 일반적인 방법에 대한 설명 중 옳은 것은?

① 스프링형 진동 차단기는 강성이 충분히 높아야 한다.

② 스프링형 진동 차단기에 사용하는 스프링은 고유 진동수가 가능한 높아야 한다.

③ 2단계 진동 제어는 저주파 진동 제어에는 역효과를 줄 수 있다.

④ 진동체에 질량을 가하여 고유 진동수를 높이면 효과적이다.

9. 진동 방지 기술로서 진동 발생원에 대한 방진대책이 아닌 것은?

① 진동원 위치를 멀리하여 거리 감쇠를 크게 한다.

② 가진력을 감쇠시킨다.

③ 불평형력에 대한 밸런싱을 수행한다.

④ 기초 중량을 부가 또는 경감시킨다.

10. 방진 지지에 대한 설명으로 잘못된 것은?

① 방진 재료로는 사용이 간편한 방진 고무가 가장 많이 사용된다.

② 각종 방진 재료에 의해 지지된 기초를 플로팅 기초(floating foundation)라 한다.

③ 플로팅 기초의 고유 진동수를 1~3 Hz 이하로 설정하려면 금속 스프링을 사용한다.

④ 방진 고무의 내열성, 기계적 강도를 보완하기 위해 금속 스프링이 사용된다.

11. 측정하고자 하는 진동 데이터에 1000 Hz의 높은 주파수 성분이 있을 때 엘리어싱 영향을
제거하기 위하여 필요한 샘플링 시간은?

① 0.1 ms   ② 0.5 ms

③ 1.0 ms   ④ 2.0 ms

회전 기계의 진단

1. 회전 기계 진단의 개요

석유 화학이나 발전소, 제철소 등과 같은 장치 산업에서 사용되는 설비 진단은 주로 회전 기계의 고장 원인을 분석하고 대책을 수립하는 것을 의미한다. 회전 기계의 대표적인 구성은 터빈, 모터와 펌프 및 주변 기계로 이루어진다.

따라서 회전 기계의 진단에는 터빈, 모터와 펌프의 설치와 관련하여 축 정렬 기술이 매우 중요하며, 이와 함께 질량 불평형, 축 정렬 불량, 베어링 및 기어 장치의 진단 기술이 핵심이 된다.

1-1 기계의 고장 원인

고장(failure)은 설비나 그 요소가 신뢰성 면에서 제 기능을 발휘하지 못하는 상태를 의미하며, 실제로 고장과 관련된 말은 이상(abnormality), 결함(fault), 손상(defect), 기능 약화(malfunction) 등 여러 가지로 표현된다. 경우에 따라 고장이 결함(failure= fault)인 경우도 있으므로 이것은 대상의 기능적 관계에 의존하고 있다. 어떤 대상의 결함이나 이상(정상이 아닌 것) 등이 머지않아 그 대상이 고장으로 발전한다. 때로는 아직 고장이라 부르기 전 상태이기도 하고 또는 그대로 시스템의 고장에 직결되는 경우도 있다.

만약 어떤 설비의 상태가 요구하는 기능의 허용 범위 이내에 있으면, 비록 이상이 있다 하더라도 아직 고장의 단계에는 도달했다고 볼 수 없다. 따라서 이와 같이 정상과 이상의 범위를 우선 명확하게 규정해야만 한다.

(1) 고장 원인 분석의 목적

① 향후 고장 사고의 방지
② 기계의 수명 기간 중 안전성과 신뢰성 확보

(2) 기계의 고장 원인

① 설계 결함   ② 재료 결함

③ 조립 불량   ④ 생산 결함

⑤ 운전 불량   ⑥ 정비 결함

1-2   **이상 현상의 특징**

회전 기계에서 발생하는 진동 성분은 저주파에서부터 고주파에 이르기까지 광범위한 주파수 성분을 가지고 있다. 회전 기계의 이상 현상 중에는 충격 진동 등이 있어 다양한 설비의 열화에 대한 정보를 얻기 위하여 넓은 주파수 영역에서 진동을 관측할 필요가 있다.

[그림 6-1]은 제철업에 있어서의 이상 현상 발생 구분을 나타내고 있다. 이것은 업종, 기업 간에 그 차이가 있으나 회전 기계에서 발생하고 있는 이상 현상의 대부분은 언밸런스, 미스얼라인먼트 등의 저주파 진동이 많음에도 불구하고 고주파 진동의 이상도 볼 수 있다. 따라서 이것으로부터도 최대한 넓은 주파수 영역을 관리하는 것이 필요함을 생각할 수 있다.

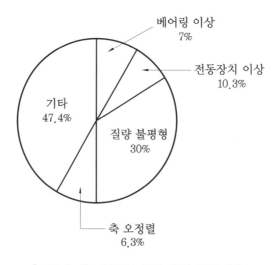

[그림 6-1] 설비의 이상 현상 발생 구분

[표 6-1]에는 회전축계에서 발생하는 이상 현상을 주파수 영역으로 구별하여 나타내었다.

[표 6-1] 회전 기계에서 발생하는 이상 현상의 특징

발생 주파수	주요한 이상 현상	진동 현상의 특징
저주파	질량 불평형 (unbalance)	로터의 축심 회전의 질량 분포의 부적정에 의한 것으로 통상 회전 주파수가 발생
	축 오정렬 (misalignment)	커플링으로 연결되어 있는 2개의 회전축의 중심선이 엇갈려 있을 경우로서 통상 회전 주파수 또는 고주파 발생
	풀림(looseness)	기초 볼트 풀림이나 베어링 마모 등에 의하여 발생하는 것으로서 통상 회전 주파수의 고차 성분이 발생
	오일 휩(oil whip)	강제 급유되는 미끄럼 베어링을 갖는 로터에 발생하며 베어링 역학적 특성에 기인하는 진동으로서 축의 고유 진동수가 발생
중간 주파	압력 맥동	펌프, 송풍기의 압력 발생 기구에서 임펠러가 벌류트 케이싱 부를 통과할 때에 발생하는 유체 압력 변동, 압력 발생 기구에 이상이 생기면 압력 맥동에 변화가 생긴다.
	러너 블레이드 통과 진동	축류식 또는 원심식의 압축기, 터빈의 운전 중에 동정익 간의 간섭, 임펠러와 확산(diffuser)과의 간섭, 노즐과 임펠러의 간섭에 의하여 발생하는 진동
고주파	캐비테이션 (cavitation)	유체 기계에서 국부적 압력 저하에 의하여 기포가 생기며 고압부에 도달하면 파괴하여 일반적으로 불규칙한 고주파 진동 음향이 발생한다.
	유체음, 진동	유체 기계에서 압력 발생 기구의 이상, 실링의 이상 등에 의하여 발생하는 와류의 일종으로서 불규칙성의 고주파 진동 음향이 발생한다.

1-3   이상 진단 방법

(1) 간이 진단

설비가 정상인지 이상인지의 진단을 목적으로 한다. 휴대용 진동계 등과 같은 간이 진단 기기를 이용하여 설비에 정한 기준값과 평가 기준을 정량화한 값으로 비교하는 방법이다. 따라서 설비의 상태를 현장에서 최소한의 자료로 평가할 수 있고, 특별히 고도의 기능·기술 레벨을 필요로 하지는 않는다.

(2) 정밀 진단

간이 진단으로 할 수 없는 설비의 이상 부위, 이상 내용에 대하여 주로 주파수 분석을 할 수 있는 정밀 진단용 기기를 이용하여 설비의 고장 검출의 초기 단계에서 진단과 고

장 발생 예측을 동시에 할 수 있게 된다. 이를 통하여 결함 원인을 분석하고 대책 수립을 수행한다. 이와 같은 정밀 진단은 전문화된 기술을 요구하며, 기계 설비의 손상 정도(홈의 깊이 등)나 설비 수명은 정밀 진단으로는 판정할 수 없다.

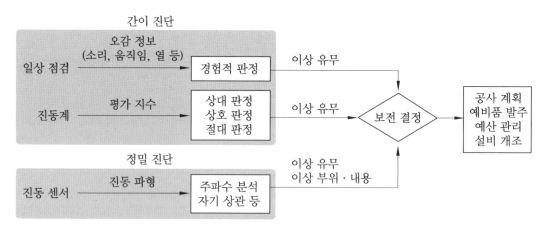

[그림 6-2] 이상 진단 방법의 예

2. 회전 기계의 간이 진단

(1) 대상 설비의 선정

전체 설비에 대하여 일률적으로 간이 진단을 한다는 것은 비효율적이므로 대상 설비에 대하여 현장에 맞는 적절한 선정이 요구된다. 주요 진단 대상이 되는 설비는 다음과 같다.
① 생산과 직접 관련된 설비
② 부대 설비인 경우라도 고장이 발생하면 큰 손해가 예측되는 설비
③ 고장 발생 시 2차 손실이 예측되는 설비
④ 정비비가 매우 높은 설비 등

대상 설비의 예를 들면 회전수가 300 rpm 이상의 회전 기계로서, 주로 다음과 같은 설비가 해당된다.
① 컴프레서　　　　　　　② 펌프(원심 펌프, 축류 펌프, 사류 펌프 등)
③ 블로어(터보, 축류)　　④ 기어 감속기
⑤ 전동기　　　　　　　　⑥ 엔진, 터빈
⑦ 공작 기계　　　　　　⑧ 테이블 롤러 등

(2) 설비의 특징 파악

대상 설비가 선정되면 선정된 설비의 사양, 구조 및 설비 이력과 같은 특징을 파악하고 휴대용 진동계나 머신 체커 등 진단용 계측기를 준비한다.

① 설비 사양 : 모터 용량, 회전수, 사용 유체, 압력 등
② 구조 및 설계 조건 : 형식, 구조도, 부품 등
③ 설비의 고장 이력과 수리 내용
④ 진동, 베어링 온도의 과거 경향

또한, 축 계통에서 발생하는 이상 현상은 다음과 같다.
① 기계적 언밸런스(unbalance)　　② 미스얼라인먼트(misalignment)
③ 풀림(looseness)　　　　　　　④ 축 굽힘(deflection)
⑤ 오일 휩(oil whip)

(3) 측정 방법

측정 방법에는 [그림 6-3]과 같이 3가지 방법이 있다.

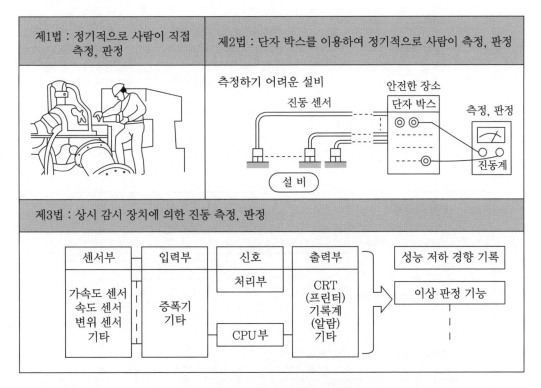

[그림 6-3] 간이 진단 측정법

① 사람이 정기적으로 측정하는 방법
② 안전상 접근하기 어려운 설비를 대상으로 안전한 장소에서 검출 신호를 측정하기 위한 단자(端子) 박스를 준비하여 놓고 정기적으로 사람이 측정하는 방법
③ 측정 조건이 안정되지 않은 설비나 성능 저하 속도가 매우 빠른 설비 등에 적용되는 방법으로서 검출단을 항상 설치하여 정기적 또는 실시간(real time)으로 자동적으로 데이터를 채취하여 판정을 실행하는 방법

(4) 측정 파라미터(parameter)의 선정

회전 기계에서 발생하고 있는 진동을 측정할 경우, 변위, 속도, 가속도 등 세 가지 파라미터를 사용한다. 설비 진단에서 낮은 주파수에서는 변위, 중간 주파수에서는 속도, 높은 주파수에서는 가속도를 측정 파라미터로 하여 사용하는 경우가 많다. 그 이유는 주파수가 낮을수록 변위의 검출 감도가 높아지며 주파수가 높아지면 가속도의 검출 감도가 높아지기 때문이다. 변위(D), 속도(V), 가속도(A), 각 주파수(ω)의 관계는 $D = \dfrac{V}{\omega} = \dfrac{A}{\omega^2}$로 된다.

[표 6-2] 이상의 종류별 측정 파라미터

측정 변수	이상의 종류	예
변위	변위량 또는 움직임의 크기가 문제로 되는 이상	공작 기계의 떨림 현상, 회전축의 흔들림
속도	진동 에너지나 피로도가 문제로 되는 이상	회전 기계의 진동
가속도	충격력 등과 같이 힘의 크기가 문제로 되는 이상	베어링의 흠 진동, 기어의 흠 진동

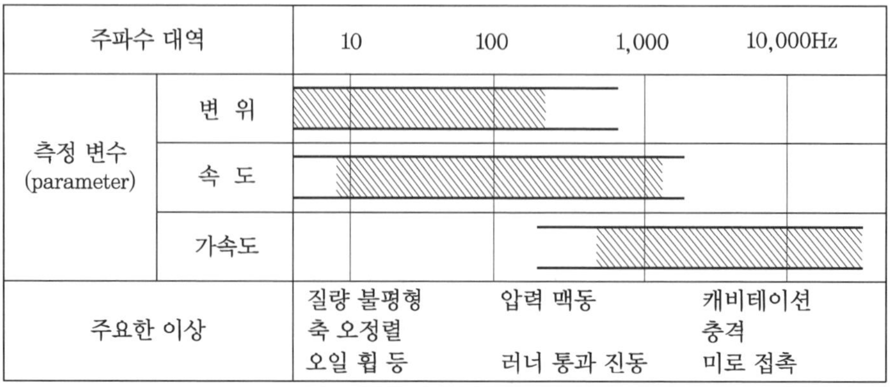

[그림 6-4] 변위, 속도, 가속도의 측정 주파수 대역

또 성능 저하 종류별로 측정 파라미터를 생각하면 [표 6-2]와 같다. 이와 같이 설비의 성능 저하 상태와 측정하고자 하는 주파수의 대역에 따라 그 측정 파라미터를 변경시켜야 한다. 일반적으로는 [그림 6-4]와 같은 주파수 대역별로 각각 측정한다.

(5) 측정점과 측정 방향의 선정

회전 기계에서 진동 측정법에는 축 진동과 베어링 진동의 2가지가 있다. 일반적으로 고속 회전체 이외에서는 베어링에서의 진동을 측정하는 경우가 많으며, 고속이 될수록 축 변위를 검출하는 경우가 많다. 이것은 베어링 진동의 검출 감도가 약간 약하여지는 등의 원인 때문이다.

[그림 6-5]는 베어링 진동을 측정하는 경우 측정점의 위치를 나타내고 있다.

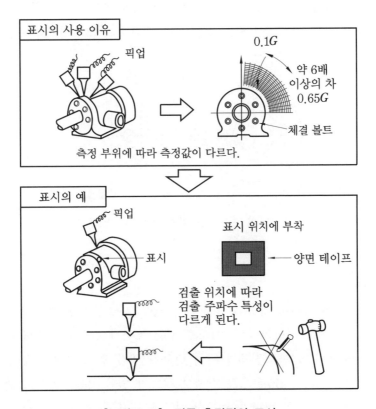

[그림 6-5] 진동 측정점의 표시

[그림 6-6]과 같이 측정 위치는 축심의 높이에서 축 방향, 수평 방향의 진동을 측정하는 방법이 좋다. 여기서 중요한 것은 반드시 3방향을 측정해야 한다는 것이다. 그 이유는 성능 저하의 종류에 따라 발생하는 진동의 방향이 다르기 때문이다. 이것은 특히 저

주파 진동의 관리인 경우에 더욱 중요한 사항이다.

① 측정점은 베어링을 지지하고 있는 케이스의 위를 선택하고 항상 동일점에서 측정
한다.

② 측정점은 페인트 등으로 표시해 둔다.

③ 측정 방향은 수직(V), 수평(H), 축(A)의 3방향에서 측정한다.

또 많은 측정점을 선정할 경우에는 효율 면에서 대상 설비에 발생하기 쉬운 성능 저하 현상을 중심으로 하여 측정하는 방법도 있다. 이 경우에는 측정 방향을 한정할 수가 있다. 측정점의 선정에 있어서 중요한 것은 측정점을 결정하게 되면 항상 같은 점에서 측정해야 한다는 것이다.

예를 들면 고주파 진동의 경우에 문제가 되지만 측정점이 몇 밀리미터 어긋남에 따라 측정값의 차이가 6배에 달하는 경우도 발생한다. 따라서 측정점을 결정한 후에는 반드시 표시를 하여 항상 일정 위치에서 측정하는 것이 대단히 중요하다.

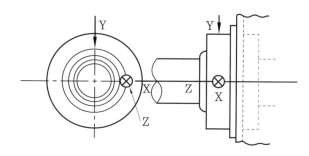

[그림 6-6] 진동 측정 위치 및 방향

(6) 측정 주기의 결정

측정 주기의 결정에 있어서 가장 중요한 것은 성능 저하 속도를 충분히 검토하는 것이다. 예를 들면 마모 성능 저하와 같이 서서히 성능 저하가 진행하는 것에 대해서는 비교적 긴 주기라도 좋으나 고속 회전체와 같이 변화가 생긴 후 급격히 고장이 발생하는 설비에 대해서는 실시간(real time)으로 감시할 필요가 있다. 또 수동으로 측정할 경우에는 기계의 성능 저하 정도의 변화가 충분히 검토될 수 있을 정도의 측정 주기로 측정해야 한다.

[표 6-3]에 설비별 표준 측정 주기의 예를 표시하였다. 또 측정 주기를 결정할 때에는 어디까지나 기본적인 측정 주기를 결정하여 놓고, 예를 들어 측정 데이터에 변화의 징후가 보이면 그 시점부터 측정 주기를 단축하는 것도 생각해야 한다.

[표 6-3] 측정 데이터 수집 주기의 예

분류	내용	측정 주기
회전수	고속 회전 기계	매일
	일반 회전 기계	매주
중요도	핵심 설비	매일
	중요 설비	매주
	일반 설비	격주
	보조 설비	매월

측정 주기의 결정 시 다음 사항을 고려해야 한다.

① 측정 주기는 기계 고장이 발생되지 않을 정도로 짧게 선정한다.

② 필요 이상으로 짧은 주기로 측정하는 것은 비경제적이므로 적절한 측정 주기를 찾는다.

③ 측정 주기는 공장 내의 대상 설비의 수, 점검점의 수, 점검점과의 거리 등을 충분히 고려하여 결정한다.

④ 측정 주기는 항상 일정할 필요는 없다. 예를 들어 측정값이 판정 기준에 비하여 안전 영역에 있을 때는 매주 측정하다가 주의 영역에 들면, 측정 주기를 매일로 변경한다.

(7) 판정 기준의 결정

대상 설비의 측정 방법이 결정되면 곧 측정을 개시하게 되며 측정된 값이 정상 값인가 이상 값인가를 판정해야 한다. 일반적으로 절대 판정 기준이 현장에서 가장 이용하기 쉽지만 절대 판정 기준은 표준적 회전 기계를 대상으로 하여 만들어진 것이므로 다른 설비들은 이 기준에 맞지 않는 것도 있다. 따라서 그러한 설비에 대해서는 상대 판정 기준이나 상호 판정 기준을 이용하는 것이 좋다. 그렇지만 모든 설비에 적용될 수 있는 보편적인 판정 기준은 없으므로 설비가 설치되어 있는 상태나 위험도, 중요도 등을 고려하여 개개의 설비마다 적당한 기준을 결정하여 놓을 필요가 있다.

설비의 열화와 관련해서는 다음과 같은 이유로 인하여 속도에 대한 판정 기준을 많이 활용하고 있다.

• 진동에 의한 설비의 피로는 진동 속도에 비례한다.

• 진동에 의하여 발생하는 에너지는 진동 속도의 제곱에 비례하고, 에너지가 전달되어 마모나 2차 결함이 발생한다.

- 인체의 감도는 일반적으로 진동 속도에 비례한다.
- 과거의 경험적 기준 값은 대부분 속도가 일정한 경우의 기준이다.
- 회전수에 관계없이 기준값이 설정될 수 있다.

[표 6-4] 판정 기준의 예

절대 판정 기준	동일 부위(주로 베어링상)에서 측정한 값을 판정 기준과 비교하여 양호/주위/위험을 판정한다.
상대 판정 기준	동일 부위를 정기적으로 측정한 값을 시계열로 비교하여 정상적인 경우의 값을 초기 값으로 하여 그 몇 배로 되었는가를 보아 판정한다.
상호 판정 기준	동일 기종의 기계가 여러 대 있을 경우 그들을 각각 동일 조건하에서 측정하여 상호 비교함으로써 판단한다.

① 절대 판정 기준 : 절대 판정 기준은 측정 방법이 명확히 규정되었을 때 성립되는 기준이다. 따라서 기준의 적용 주파수 범위나 측정 방법 등을 파악한 후에 선택해야 한다.

진 동 값		ISO 2372			
범 위	속도 실효값(mm/s)	class Ⅰ	class Ⅱ	class Ⅲ	class Ⅳ
0.28	0.28	A	A	A	A
0.45	0.45				
0.71	0.71				
1.12	1.12	B			
1.8	1.8		B		
2.8	2.8	C		B	
4.5	4.5		C		B
7.1	7.1			C	
11.2	11.2	D			C
18	18		D	D	
28	28				D
45	45				
71					

class Ⅰ : 소형 기계(예를 들면 15 kW 이하의 모터)
class Ⅱ : 중형 기계(예를 들면 15~17 kW의 모터나 300 kW 이하의 기계)
class Ⅲ : 대형 기계(강한 기초에 설치된 경우)
class Ⅳ : 대형 기계(비교적 연약한 기초에 설치된 경우)
회전수는 600~12000 rpm이며, 진동 측정 주파수 범위는 100~1000 Hz이다.

[그림 6-7] ISO 10816 국제 판정 기준(속도 기준)

② 상대 판정 기준 : 상대 판정 기준이란 동일 부위를 정기적으로 측정하여 시계열로 비교하여 정상인 경우의 값을 초기 값으로 하여 그 값의 몇 배로 되었는가를 보아 판정하는 방법이다. 저주파 진동에서는 과거의 경험 값이나 인간의 감각에서 진동 값이 4 dB 변화하면 진동 감각으로서 변화하였다고 지각되므로 초기 값의 1.5~2.0 배 정도로 되었을 때를 주의 영역, 약 4배로 되었을 때는 이상 값으로 하여 기준을 작성하는 경우가 많다. 고주파에서는 기계요소의 강제 성능 저하 시험 결과에서 초기 값의 3배 정도에서 주의 영역, 6배 정도에서 이상 영역으로 설정하고 있는 예도 있다. [그림 6-8]은 상대 판정 기준의 예이다.

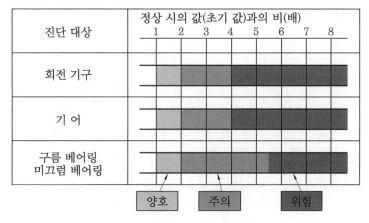

[그림 6-8] 상대 판정 기준의 예

③ 상호 판정 기준 : 상호 판정 기준이란 동일 사양의 설비가 동일 조건하에서 몇 대가 운전되고 있을 경우에 각각의 설비의 동일 부위를 측정하여 상호 비교함으로써 이상의 정도를 파악하는 방법이다. [그림 6-9]에 그 예를 표시하였다.

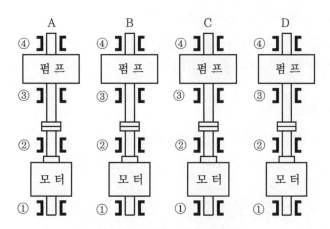

[그림 6-9] 상호 판정 기준의 예

[표 6-5]에서 측정된 진동 속도는 C기계의 ③번 부위에서 A, B, D의 동일 부위의 진동값의 2배인 0.14 cm/s가 검출됨을 알 수 있다. 이를 통하여 C기계는 이상 가능성이 있음을 알 수 있다.

[표 6-5] 동일 기계의 상호 판정을 위한 속도 측정값

측정 부위 펌프명	진동 속도 측정 데이터(cm/s)			
	① H	② H	③ H	④ H
A	0.06	0.07	0.06	0.07
B	0.06	0.05	0.07	0.06
C	0.06	0.07	0.14	0.17
D	0.06	0.07	0.05	0.07

이러한 ①~③의 3종류의 판정 기준의 사용 방법으로서는 우선 절대 판정 기준을 최우선으로 하는 것이 좋지만 설비가 설치되어 있는 상황 등을 잘 판단하면 반드시 종래의 판정 기준이 모두 적용 가능하다고는 생각되지 않는다.

따라서 그와 같은 경우에는 상대 판정 기준, 상호 판정 기준도 참조하여 대상 설비마다 적절한 판정 기준을 설정해야 한다.

(8) 판정 기준

회전 기계의 간이 진단 판단 기준은 주로 절대 판정 기준과 상대 판정 기준을 활용한다. 일반 회전 기계의 정비상으로는 절대 판정 기준과 상대 판정 기준의 2가지 면에서 실시하는 것이 바람직하며, [그림 6-10]과 같은 기준표는 모든 기계에 대하여 만능으로 적용되는 것은 아니다. 크러셔나 왕복동 기계 등 진동폭이 본래부터 높은 설비에 대해서는 각각에 대하여 기준을 결정해야 한다.

진동 기준이 설정되어 있지 않은 설비에 대해서는 상대 판정 기준을 적용하거나 과거의 실적을 참조하여 각각의 기준을 만들어야 한다.

(9) 측정 데이터 관리

지금까지의 측정 표준을 기초로 측정 데이터를 획득하고 향후 설비 진단 계획을 수립하기 위해서는 대상 설비의 성능 열화 경향 관리표를 작성해야 한다.

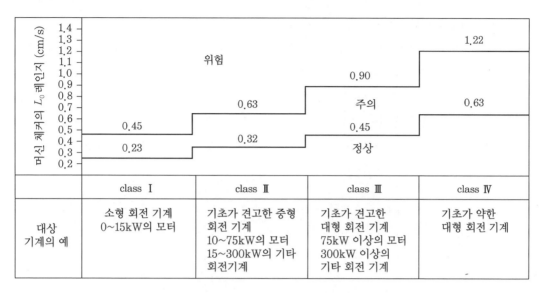

[그림 6-10] 머신 체커에 의한 일반 회전 기계 진동 기준 예

3. 회전 기계의 정밀 진단

3-1 정밀 진단의 개요

회전 기계 정밀 진단 기술은 일반적으로 축이나 로터로부터 발생하는 이상 현상을 대상으로 진단을 실시한다. 주요한 이상 현상으로서는 로터의 질량 불평형(언밸런스), 축의 정렬 불량(미스얼라인먼트), 굽힘, 풀림, 접촉, 각종 자려 진동 등 주로 저주파 영역의 진동 현상을 대상으로 하고 있다.

따라서 정밀 진단은 간이 진단에 의하여 성능 저하 정도를 관리하기 위하여 저주파 진동 레벨의 변화를 정기적으로 경향 관리를 하여 이상이 있다고 판정되었을 경우에 그 원인을 찾아내기 위하여 정밀하게 진단하고 분석하는 기술이다.

1 회전 기계 정밀 진단 절차(flow)

정밀 진단에서는 이상 현상을 다방면으로 분석할 필요가 있다. 즉 이상 현상이 급격히 발생하였는가, 과거 몇 번 발생하였던 현상인가, 또 안정된 이상 현상인가 등의 정상적인 분석을 하는 것도 필요하다. 또 발생하고 있는 이상 현상을 올바르게 해석하기 위하여 대상 설비의 설계 사양을 확인하여 놓을 필요가 있다.

다음에는 발생하고 있는 진동을 정확히 포착하여 올바른 해석을 한다. 이 경우 종래는 진동 해석이라 하면 흔히 주파수 분석을 생각하여 왔지만 주파수 분석 한 가지만으로는 정확한 원인을 찾아낼 수 없는 경우가 있다. 따라서 진동을 해석하기 위해서는 [그림 6-11]과 같은 절차에 의하여 주파수 분석, 위상 분석, 진동의 방향 분석, 세차 운동 방향 분석 및 진동 형태 분석 등을 종합적으로 실시하여 정확한 진동 발생 원인을 찾아내어야 한다.

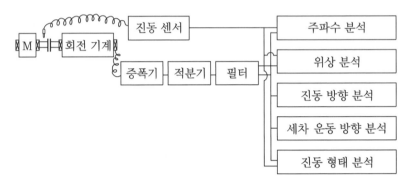

[그림 6-11] 회전 기계 정밀 진단 절차

(1) 주파수 분석

일반적으로 기계에서 발생하는 진동은 단순한 조화 진동이 아니라 다수 원인의 진동이 복합되어 발생하는 복잡한 진동 현상이 된다. 질량 불평형, 축 정렬 불량, 굽힘, 베어링 불량 등 각각의 이상 현상들은 각기 특유한 주파수, 진동의 방향, 위상각을 가지고 있기 때문에 [그림 6-12]와 같은 여러 가지 이상 원인이 조합된 진동 파형을 나타내게 된다.

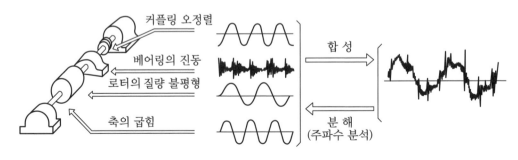

[그림 6-12] 실제로 기계에서 발생하는 진동

따라서 이 진동 파형 중에서 어떤 현상이 가장 크게 발생하고 있는가를 찾아내야 한다. 즉 주파수 분석이란 [그림 6-13]과 같이 시간 축의 복합된 파형을 주파수 축으로 변환시켜 각각의 이상 주파수별로 분해하여 놓고 이 중에서 가장 특징적인 주파수를 찾아내어 이 주파수에 해당하는 이상의 원인을 찾아내는 방법이다.

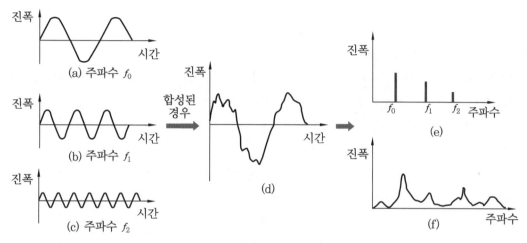

[그림 6-13] 주파수 분석 방법

(2) 위상 분석

위상 분석이란 각 베어링에 발생하는 위상의 형태(pattern)를 보는 방법이다. 여기서 위상이란 축의 회전 표시(mark)와 진동의 특징적인 주파수 성분과의 위상각을 말한다. 즉, [그림 6-14]와 같이 각 베어링 각 위치에 대하여 위상각을 측정하여 기계가 어떠한 움직임으로 진동하고 있는가를 분석하는 방법이다.

① 동기 : 위상이 변하지 않음(강제 진동)
② 비동기 : 위상이 변함(자려 진동, 기타 진동)

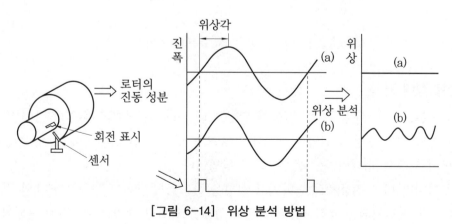

[그림 6-14] 위상 분석 방법

(3) 진동 방향 분석

진동의 이상 원인 중에서 몇 가지의 원인은 특징적인 방향으로 진동을 일으킨다. 따라서 진동이 주로 발생하는 방향을 찾아내는 것도 이상 원인을 밝혀내는 효과적인 방법이라 할 수 있다. 예를 들면 언밸런스의 경우는 수평 방향(H), 풀림의 경우는 수직 방향(V), 축 정렬 불량의 경우는 축 방향(A)으로 특징적인 진동이 발생한다.

(4) 세차 운동 방향 분석

세차 운동이란 [그림 6-15]와 같이 회전축은 베어링 내부에서 베어링 중심에 대하여 회전축 중심이 흔들리며 도는 운동을 일으킨다(이것이 진동의 원인). 즉 태양이 베어링의 중심이 되고 지구가 회전축이 되어 자전은 회전축의 회전이고 공전은 회전축이 흔들리며 도는 현상이 세차 운동에 상당한다.

세차 운동의 방향에는 회전축의 회전 방향에 대하여 같은 방향으로 공전하거나 반대 방향으로 공전한다고 말한다. 이 방향을 알아냄으로써 몇 가지 진동 원인을 분류할 수 있다. 단, 이 세차 운동의 방향을 측정하기 위해 가속도계, 속도계로써 측정하는 경우 오차가 생기기 쉬우므로 실제로 측정을 할 때에는 축의 변위를 측정할 수 있는 비접촉식 변위계로 측정하여 세차 운동 방향을 알아낸다.

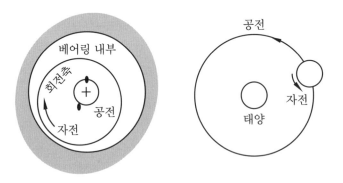

[그림 6-15] 세차 운동의 원리

(5) 진동 형태 분석

주파수 분석이나, 위상 분석, 진동의 방향, 세차 운동의 방향의 측정 등과 함께 진동 형태 분석도 이상 진동의 원인을 찾아내는 중요한 방법의 한 가지이다. 앞의 진동의 종류 중에서 진동의 형태에 근거를 둔 분석 방법이다.

회전 기계가 이상 진동을 수반하면서 회전을 하고 있을 경우 그 회전 기계의 정지 과정에서 진폭이 감쇠되는 궤적으로부터 진동 형태를 판별할 수가 있다. 진동 형태의 진단

순서도(flow chart)는 [그림 6-16]과 같다.

> 🔍 **참고**
>
> **진동 형태 분석** : 진동의 형태를 분석하기 위하여 회전수를 변화시켜 그때의 회전수와 진폭의 관계를 구한다. 회전수를 변화시킬 수 없는 설비는 전원을 차단시켜 회전수의 감쇠와 함께 진폭이 어떻게 변화하는가를 본다.

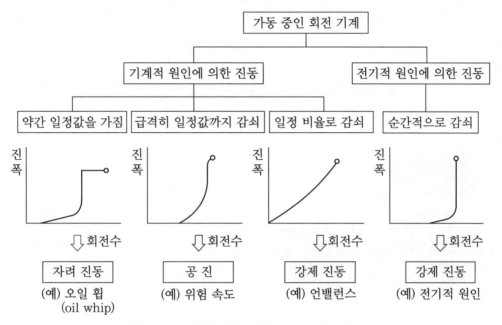

[그림 6-16] 진동 형태의 진단 순서도(flow chart)

2 정밀 진단 체크 시트

회전 기계의 이상 원인을 찾아내기 위하여 정밀 진단을 실시할 경우는 단순히 주파수 분석뿐만이 아니라 위상 분석, 진동 방향 분석, 세차 운동 방향 분석, 진동 형태 분석 등을 종합적으로 실시하여 가장 정확한 이상 원인을 찾아내어야 한다.

3-2 이상 진동 주파수

1 개요

과거 오랜 경력을 갖고 있는 설비 보전 요원들은 기어 박스 위에 동전을 세워둘 수 있느냐 없느냐로 진동을 판단하였으나 정밀 진단을 위해서는 기계에서 발생하는 진동 파형의 성분을 분석하여 결함과 관련된 성분이 있는지를 조사해야 한다.

2 이상 발생 주파수

(1) 질량 불평형(언밸런스 : unbalance, Imbalance)

기술적인 표현으로는, 질량 불평형은 "기하학적 축과 질량 중심선이 일치하지 않은 상태" 또는 "질량 중심이 회전축 상에 놓여 있지 않은 상태"로 정의된다. 다른 말로는 축을 따라 어느 곳에 질점(heavy spot)이 존재하고 있다고 말할 수 있다. 회전자 상에 있는 질점은 회전할 때 베어링에 원심력으로 작용하게 되고, 이 힘은 로터가 1회전할 때마다 확실하게 반복되어 나타난다.

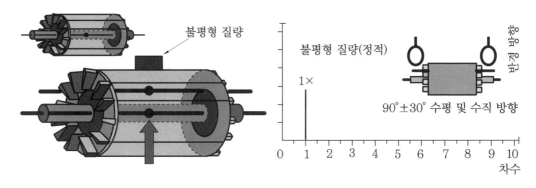

[그림 6-17] 질량 불평형 현상 및 진동 특성

질량 불평형의 힘은 시간 파형에서 정현파 형태(sinusoidal pattern)로 변한다. 이러한 힘은 설비의 회전수와 질량 불평형 양에 비례한다. 따라서 만약 질량 불평형이 있다면, 회전 속도에 해당되는 주기로 정현파 시간 파형을 볼 수 있을 것이다. 물론 스펙트럼에서는 자기 회전 주파수(1×)에서 큰 피크로 나타난다.

그러나 현장에서는 다른 진동 발생원(헐거움, 정렬 불량, 베어링 마모, 잡음 등)이 존재하므로 단순하게 순수한 정현파만을 볼 수는 없다. 그렇지만, 아래 시간 파형과 스펙트럼에서 볼 수 있듯이 정현파에 상당히 근접한 신호로 볼 수가 있다.

모든 회전자(그리고 팬, 펌프 등)에서는 잔류 질량 불평형을 가지고 있다. 즉, 완벽하게 질량 평형이 되도록 만들 수는 없다. 결과적으로 언제나 1×에서 피크는 존재할 것이며, 설비가 조용하지만 1× 피크가 여전히 스펙트럼에서 분명히 나타나고, 시간 파형은 정현파로 보일 것이다. 그러므로, 우리는 질량 불평형이 실제적으로 문제를 나타내는지 아닌지를 진폭 크기를 기준으로 결정해야 한다.

질량 불평형 시간 파형 및 스펙트럼을 나타내면 [그림 6-18]과 같다.

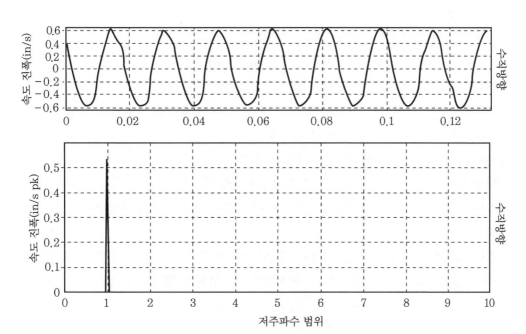

[그림 6-18] 질량 불평형 시간 파형 및 스펙트럼

어떻게 질량 불평형 상태의 심각성을 결정할 것인가? 축의 회전 속도에 따라 구심력에 영향을 미치고 이것으로 인해서 진동 크기도 달라진다. 사실은 질량 불평형의 힘은 속도의 제곱에 비례한다(회전자(rotor)가 1차 위험 속도 아래에 있을 때). 회전 속도를 증가시키면 진동 크기가 증가하는 것을 볼 수 있다. 그러므로, 1× 진동 크기의 허용치는 설비의 크기와 속도에 좌우된다.

[표 6-6]에 회전 속도가 1800~3600 rpm 범위로 운전되는 설비의 진동 크기를 나타내었다.

[표 6-6] 설비 진동의 크기(회전 속도 1800~3600 rpm)

1× 진동 크기			진단	보수 우선순위
in/s pk	mm/s rms	VdB (US)		
< 0.134	< 2.5	< 108	약한 질량 불평형	추천 안 함
0.134~0.28	2.5~5.0	108~114	보통의 질량 불평형	원함
0.28~0.88	5~15.8	114~124	위험한 질량 불평형	중요
> 0.88	> 15.8	> 124	극한적인 질량 불평형	의무

또한 설비의 크기도 사용 허용 범위인 진동 한계치에 영향을 미치는데, 일반적인 원칙은 다음과 같다.

- 소형 설비인 경우에는 한계치를 4 dB(×0.63) 낮춘다.
- 대형이고 저속인 설비인 경우에는 한계치를 4 dB(×1.6) 높인다.
- 대형이고 고속 설비이며 왕복동 설비인 경우에는 한계치를 8 dB(×2.5) 높인다.

질량 불평형은 일반적이다. 그리고 회전력의 증가가 베어링과 실(seals)에 과도한 응력(stress)을 가하기 때문에 매우 중요하다.

질량 불평형에 의한 진동 특성은 다음과 같다.

- 회전주파수 1× 성분의 분명한 주파수가 나타난다.
- 질량 불평형은 회전 벡터이므로 질량 불평형 양은 회전수가 증가할수록 진동 크기가 회전수 제곱에 비례하여 증가한다.
- 질량 불평형에 의한 진동은 수평·수직 방향에 최대의 진폭이 발생한다. 그러나 길게 돌출된 편지지 로터의 경우에는 축 방향에 큰 진폭이 발생하는 경우도 있다.

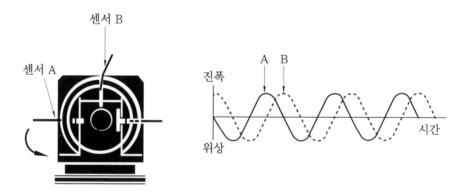

[그림 6-19] 질량 불평형의 진동 특성

(2) 축 정렬 불량(미스얼라인먼트 : misalignment)

축 정렬 불량은 커플링으로 체결된 축의 중심선이 일치하지 않은 상태이다.

① 편심 축 정렬 불량(parallel misalignment 또는 offset misalignment)

어긋난 축의 중심선이 일치하지 않고 평행하게 놓여 있으면, 이러한 경우를 편심 축 정렬 불량으로 부른다. 편심 축 정렬 불량으로 인하여 각 축에서 커플링으로 연결된 부위에서 전단력 (shear force)과 굽힘 모멘트가 발생된다.

커플링 기준으로 양쪽 베어링에서 반경 방향(수직 방향과 수평 방향)으로 2×뿐만 아니라 1×의 높은 진동이 발생된다. 2× 성분이 1×보다 높을 때가 자주 있다.

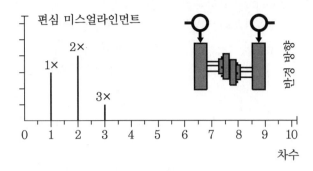

[그림 6-20] 편심 축 정렬 불량 반경 방향 진동 특성

순수하게 편심 축 정렬 불량만 존재하는 경우에는 축 방향 1×와 2×의 크기가
낮다.

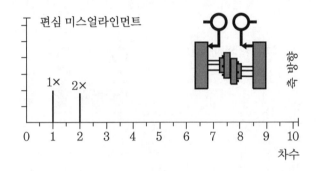

[그림 6-21] 편심 축 정렬 불량 축 방향 진동 특성

축 방향에서 커플링을 전후로 반대 위상(180°)으로 나타나고 반경 방향으로도 커
플링 전후에서 반대 위상이 된다.

② 편각 축 정렬 불량(angular misalignment)

어긋난 축이 어느 한 점에서 만나지만 평행하지는 않다면, 이러한 경우를 편각 축
정렬 불량이라 부른다. 실제로 거의 모든 축 정렬 불량 상태는 위의 2종류를 합친
형태로 이것을 복합 축 정렬 불량이라 부른다. 편각 축 정렬 불량은 각각의 축에 굽
힘 모멘트를 만들어서 이것으로 인해서 양쪽 베어링에서 축 방향으로 강력한 1× 진
동과 어느 정도 크기의 2× 진동이 발생된다.

또한 반경 방향(수직 방향과 수평 방향)으로는 1×와 2×의 크기가 확실하게 거의
비슷한 수준으로 나타나지만 그 성분도 동일 위상이다. 진동은 커플링을 중간으로
양쪽 베어링에서 축 방향 진동은 반대 위상(180°)인 반면, 반경 방향으로는 동일 위
상으로 나타난다.

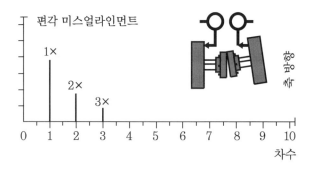

[그림 6-22] 편각 축 정렬 불량 축 방향 진동 특성

어긋난 커플링으로 인해 항상 축의 다른 끝단의 베어링에서도 적절하게 높은 1×
진동이 발생된다. 즉, 예를 들면 모터나 펌프의 반부하측(outboard) 베어링에서 축
방향 진동을 취득하여 여전히 축 정렬 불량을 감지할 수가 있다.

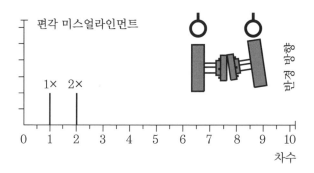

[그림 6-23] 편각 축 정렬 불량 반경 방향 진동 특성

③ 일반적인 축 정렬 불량(common misalignment)

축 정렬 불량의 대부분은 편심 축 정렬 불량과 편각 축 정렬 불량이 조합되어 나
타난다. 일반적으로 진단은 축 방향과 수직 방향 또는 수평 방향으로 작용하는 회전
속도(1×)에서의 높아진 진동과 회전 속도의 2배 성분(2×)에서의 분명한 진동을 기
초로 하여 일반적으로 진단이 이루어진다. 유연 커플링(flexible coupling)의 문제
로 1×와 2×의 조화파가 추가되어 나타나므로 실제로 축 정렬 불량은 기계의 종류
에 따라 여러 가지 징후로 나타난다. 각각의 경우를 발생 원인의 기본으로 하여 개
별적으로 진단해야 한다. 1×와 2× 피크에 부가되어 확실한 3× 피크가 종종 축 정
렬 불량과 연관될 때도 있다.

축 정렬 불량과 질량 불평형을 분리하는 한 가지 방법은 기계의 속도를 올리는 것
이다. 질량 불평형으로 인해 발생되는 진동은 속도 제곱에 비례하여 증가되지만, 축

정렬 불량으로 인해 발생되는 진동은 변하지 않는다. 물론 이 방법이 모든 기계에 적용될 수 있는 것은 아니다.

다른 시험 방법으로는, 커플링을 분리해서 단독으로 돌려보는 것으로, 이때 여전히 1× 성분이 높다면, 모터의 질량 불평형이다. 그렇지만 1× 성분이 확연히 줄어든다면 피동부(driven component)에 질량 불평형의 문제가 있든가, 아니면 축 정렬 문제가 있는 것으로 볼 수 있다.

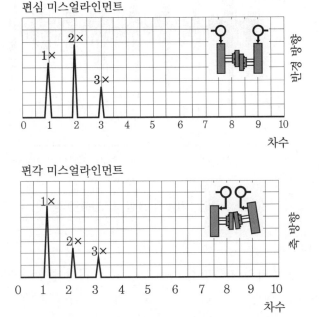

[그림 6-24] 편심 및 편각 축 정렬 불량 진동 특성

축 정렬 불량의 주요 발생 원인은 다음과 같다.
- 휨 축이거나 베어링의 설치가 잘못되었을 경우
- 축 중심이 기계의 중심선에서 어긋났을 경우

따라서 축 정렬 불량은 축 방향에 센서를 설치하여 측정되므로 축 진동의 위상각은 180°가 된다.

(3) 기계적 헐거움(풀림) (looseness)

기계적 풀림은 부적절한 마운드나 베어링 케이스에서 주로 발생된다. 그 결과 많은 수의 고조파 진동 스펙트럼이 나타나며, 그 특성은 질량 불평형과 같이 회전 결함이므로 진동이 안정되지 않고 충격적인 피크 파형을 볼 수 있다.

회전 기계에서는 기계적 풀림의 존재에 따라 축 떨림이 생기고 1회전 중의 특정 방향으로 크게 변하므로 축의 회전 주파수 f와 그 고주파 성분($2f$, $3f$ …) 또는 분수 주파수 성분($\frac{1}{2f}$, $\frac{1}{3f}$ …)이 나타난다.

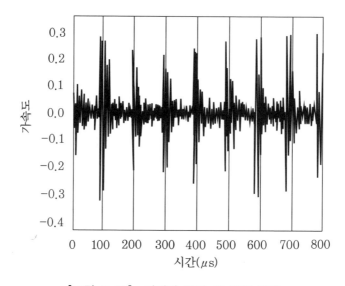

[그림 6-25] 기계적 풀림 시 진동 파형

(4) 편심(eccentricity)

편심에 의한 진동은 로터의 기하학적 중심과 실체의 회전 중심이 일치하지 않을 경우 발생한다. 진동 특성은 질량 불평형과 같고 중심의 한쪽이 다른 쪽보다 무거워진다.

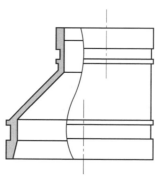

[그림 6-26] 편심

① 베어링의 편심 고정 : 베어링에 편심이 있는 경우는 축 또는 로터가 언밸런스된 것 같이 진동이 발생한다. 즉 베어링의 편심을 로터의 언밸런스로 수정하는 것이다. 그러나 실제 밸런스 작업 시 중요한 것은 베어링과 축의 상호 관계 위치를 일정하게

해 두어야 하며, 그렇지 않으면 베어링의 편심에 언밸런스가 합해지는 상태가 더욱 악화된다.

② 기어 및 풀리의 편심 고정 : 기어에 편심이 있는 경우 축에 고정된 기어가 캡과 같은 작용을 하므로 그 최대의 반동력은 큰 진동이 된다. 결국 물려 있는 2개의 기어 중심선을 연결한 방향에 편심된 기어의 회전수와 같은 주파수로 발생한다. 풀리의 경우도 편심된 풀리의 회전수와 같은 주파수로 벨트 방향에 피크가 발생한다.

③ 아마추어(amateur)의 편심 점검 : 아마추어에 편심이 있는 경우 아마추어 자체의 기계적 밸런스는 잡혀 있어도 모터 극(motor pole)과 편심되어 아마추어와 고정자(stator) 사이에 회전수와 같은 주파수로 진동이 발생한다. 그리고 모터의 부하가 증가하면 자력도 증가하여 진동도 증가한다.

이것을 점검할 때는 모터에 부하를 준 상태에서 주파수 분석기의 필터를 없애고 진동을 측정한다. 측정 시 전원을 끄고 그 진폭이 어떻게 변화하는가를 관찰하여 즉시 소멸하면 전기적인 원인과 아마추어의 편심이고, 서서히 감소하면 언밸런스로 판정된다. 이 두 원인의 차이는 뚜렷하므로 여기서 중요한 것은 필터를 제거하고 측정하는 것이다.

(5) 미끄럼 베어링(sliding bearing), 저널 베어링(journal bearing)

틈새가 큰 미끄럼 베어링은 기계적 헐거움이 원인이 되어 작은 양의 언밸런스, 미스얼라인먼트 및 기타 진동의 원인이 된다. 이 경우 베어링 메탈은 실질적인 원인이 아니고 틈새가 정상적인 경우와 비교하여 보다 많은 진동의 발생을 허용하게 된다. 마모된 메탈은 수평과 수직 방향의 진동을 비교하여 검출하는 경우가 있다.

(6) 오일 휠(oil whirl)

오일 휠은 강제 윤활을 하고 있는 메탈에는 반드시 있는 트러블로서 비교적 고속 운전하는 기계에 $\frac{1}{2f}$ 보다 약간 적은(5~8%) 주파수로 검지된다. 축은 보통 조금 떠 있는데 그 정도는 회전수, 로터의 무게 및 윤활유의 점도, 압력에 의해 좌우된다.

메탈의 중심에 대하여 편심된 상태로 회전하고 있는 축은 오일을 쐐기와 같이 끌어넣어 그 결과로 가압된 축의 하중을 받아 유막이 된다. 이때 외부에서의 충격 하중 등이 일시적인 현상으로 균형 상태가 무너지면 축의 이동 방향으로 빈 공간(space)에 남아 있던 오일이 즉시 보내져 유막의 하중 압력이 증가한다.

유막으로 인하여 발달된 힘에 의해 축은 메탈에 따라 빙글빙글 돌아가는 결과가 되어 회전 중 감소되는 힘이 작용하지 않는 한 돌아가는 것이 계속된다. 이와 같은 현상을 오일 휠이라 한다.

오일 휠 현상의 대책으로는 윤활유의 점도, 압력, 회전수, 로터의 중량 등을 변화시키는 방법이 있다.

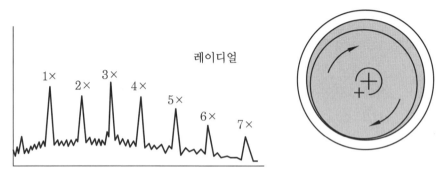

[그림 6-27] 오일 휠 현상

(7) 공진(resonance)

공진 현상이란 고유 진동수와 강제 진동수가 일치할 경우 진폭이 크게 발생하는 현상이다. 기계나 부품에 충격을 가하면 공진 상태가 존재하는데, 공진 상태를 제거하는 방법에는 다음 3가지 방법이 있다.

① 결함 주파수를 기계의 고유 진동수와 다르게 한다(회전수 변경).

② 기계의 강성과 질량을 바꾸고 고유 진동수를 변화시킨다(보강 등).

③ 우발력을 없앤다.

(8) 유체에 의한 진동

① 진동 특성 : 오일, 공기, 물 등의 유체를 취급하는 기계에서는 임펠러(impellar)나 깃(blade)이 유체를 두들기며 그 반동력에 의해 진동·소음이 발생된다. 이 진동은 임펠러나 깃의 날개 수×회전수의 주파수에서 발생되므로 다른 것과 구별이 쉽다.

② 공진이 아니면서 진동이 큰 경우 : 배관이나 덕트(duct)의 설계 불량이 주원인이고 오일, 공기, 물 등 액체의 흐름을 방해하는 경우가 있다(예를 들면 흐름 방향을 90° 바꾸는 경우 진동의 원인이 된다).

③ 유체 기계의 있어서 기타 진동 : 캐비테이션(cavitation), 재순환, 난류 등에 의한 진동 특성은 일반적으로 유사하며, 모두 대단히 불규칙적이고 주파수나 진폭에 특징이 없다.

(9) 마찰(rubbing)

기계의 고장부와 회전부의 마찰에 의해 발생하는 진동이 분수 조화파로 나타난다. 만약 마찰이 연속적으로 발생하면 진동의 원인이 되지 않으나 마찰이 시스템의 고유 진동수를 유발하게 하여 높은 주파수의 소음이 발생하게 된다. 또한 증기 터빈 등 대형 기계의 실(seal)의 마찰이 시스템에 영향을 주지 않아도 운전 시 진폭과 위상의 변화를 가져온다.

(10) 상호 간섭

2개 이상의 다른 진동·소음이 발생하는 경우 상호 간섭이 없어도 진폭과 주파수가 항상 변하는 경우가 있다. 상호 간섭에 의한 맥동(beats) 진동은 2개 또는 그 이상의 다른 주파수로 규칙적으로 간섭에 따라 발생한다. 맥동에 의한 소음과 병행한 진동은 2대 또는 그 이상의 독립된 기계가 관계할 때 발생한다.

3-3 이상 진동 파형 분석

회전 기계의 정밀 진단에 있어서 기본적인 수법은 진동 파형을 성분에 따라 분해하고 이에 관련된 성분이 있는지 조사하는 것으로 그 개념은 [그림 6-28]과 같다. 정밀 진단 방법으로 많이 사용되는 파형 분석에는 시간 파형 평가와 주파수 분석이 있으며, 시간 파형 평가법은 측정 파형 그 자체에서 이상 특징을 볼 수 있는 간편한 방법이다.

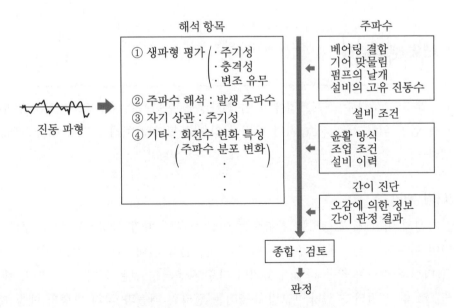

[그림 6-28] 이상 진동의 정밀 진단 내용

[표 6-7]은 진동 진단 시 잘 나타나는 파형의 예를 나타낸 것이다.

[표 6-7] 설비 이상 시 나타나는 파형의 예

	시간 파형	내용	주파수 분석
1	$T = \frac{1}{f}$	축 1회전을 주기로 한 단진동에 가까운 파형으로 블로어, 팬 등에서 언밸런스 발생 시 잘 볼 수 있다.	f
2	$T = \frac{1}{f}$	축 1회전을 주기로 한 파형 중 작은 요철(凹凸)을 볼 수 있는 파형으로 언밸런스, 미스얼라인먼트, 크게 열화된 베어링 이상 등에서 볼 수 있다.	$1f$ $2f$ $3f$
3	$\frac{1}{f_2}$ $\frac{1}{f_1}$	터빈의 임펠러 등의 주파수(f_1)가 회전 주파수(f_2)와 합성된 파형으로 축의 편심 등에서 볼 수 있다.	f_2 f_1
4	$\frac{1}{f_1}$ $\frac{1}{f_2}$	주파수 f_1이 주파수 f_2에 진폭 변조를 받은 파형으로 f_1 또는 f_2의 충격 주파수에 대응한 내용의 이상(기어의 미스얼라인먼트, 베어링 이상 등) 발생 시 볼 수 있다.	f_1 f_1-f_2 f_1+f_2
5	$\frac{1}{f}$	주기적인 충격 피크를 볼 수 있는 파형으로 베어링 이상 등에 잘 나타난다.	처리없음 수kHz 포락선 처리 f_1 $2f$ $3f$

주파수 분석은 주파수 스펙트럼에서 이상 내용을 판단하는 것으로 명료한 주파수 분석 자료를 얻기 위한 각종 신호 처리 방법이 있으나 필터링 처리와 포락선(envelope) 처리가 있다.

(1) 필터링 처리

회전 기계의 이상 시 발생하는 주파수는 이상 내용에 따라 특징적으로 발생하는 주파수 대역이 다르므로 해당되는 주파수 범위의 신호만을 꺼내 처리한 것을 필터링 처리라 한다. 필터링 처리로는 각종 타입이 있지만 자주 사용되는 것은 하이 패스 필터, 밴드 패스 필터, 로 패스 필터가 있다. [그림 6-29]는 필터의 기능과 처리 파형의 예를 나타낸 것이다.

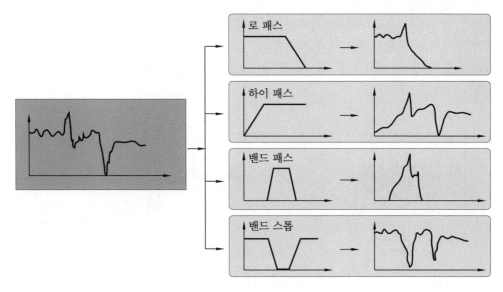

[그림 6-29] 각종 필터 기능과 처리 파형의 예

(2) 포락선(envelope) 처리

[그림 6-30]의 이 처리는 베어링의 결함 등을 검출할 때 사용되는 것이다. 예를 들면 베어링의 외륜에 결함이 있는 경우 볼이 이 위를 통과할 때 충격 진동이 생겨 베어링은 1000~10000 Hz로 진동한다. 링(ring)에 결함이 있는 경우 T_0를 주기로 하는 피크 파형을 볼 수 있다. 이 주파수 스펙트럼은 베어링의 고유 진동수(수 kHz) 부근이 가장 활발한 형이지만, 외륜에 결함이 있는지는 명확하지 않다. 따라서 (b)의 점선이 표시한 파형 (c)로 변환하여(이 파형을 포락선이라 함) 이 스펙트럼을 보면 외륜 결함 주파수($\frac{1}{T_0}$)를 기본 주파수로 하는 스펙트럼 예를 볼 수 있다.

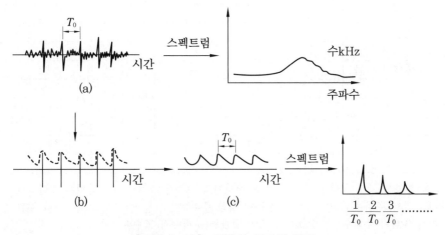

[그림 6-30] 포락선 처리의 원리

포락선 처리로는 피크 위치로 세운 파형이 다음의 피크 위치까지 가는 것이 중요하다. 이것을 표시하는 지표로서 시정수(최초값의 $\frac{1}{e}$로 될 때까지의 시간)가 사용되지만, 적정한 시정수를 정할 필요가 있다. [그림 6-31]은 이상 내용의 포락선 처리의 예를 나타낸 것이다.

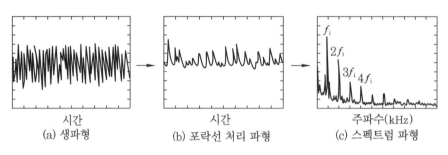

[그림 6-31] 포락선 처리의 예

[표 6-8]은 회전 기계의 이상 모드와 특징 주파수를 나타낸 것이다.

[표 6-8] 회전 기계의 이상 모드와 특징 주파수

구분	현상 / 원인	발생 주파수											
		$\frac{1}{3f}$	$\frac{1}{2f}$	f	$2f$	$3f$	nf	f_o	f_f	f_b	f_r	f_z	f_g
공통	언밸런스			***	**	*							
	미스얼라인먼트			**	**	*	*						
	커플링 마모			**	**	*	*						
	축굴곡			***									
	컷·이완	*	**	*	*	*	*						
	접촉	*	*	*									
구름 베어링	외륜			*				***					
	내륜			***					***				
	전동체			*						***			
	리테이너 결함										**		
	베어링 마모			**			*						
기어	마모											**	*
	절손			**								**	
미끄럼 베어링	마모			***	*	*							
	접촉			**	*	*							

㈜ f : 회전 주파수 nf : 회전 주파수의 고주파 분석 f_o : 외륜 결함 주파수
f_f : 내륜 결함 주파수 f_b : 전동체 결함 주파수 f_r : 리테이너 결함 주파수
f_g : 기어 맞물림 주파수 nf_g : 기어 맞물림 주파수의 고주파 성분
*의 수는 관련 강도를 표시한 것이다.

(3) 상관 함수(correlation function)

상관 함수는 시간에 묻혀 잘 나타나지 않는 주기 신호(특정 주파수)의 존재 확인과 구조물을 통하는 진동 전파 경로 확인 및 진동원 탐지 등 시스템 분석 시 사용되는 시간 영역의 해석 기법으로서 자기 상관 함수와 상호 상관 함수로 구분된다.

[그림 6-32]는 자기 상관 함수에 따라 베어링의 결함을 판정한 사례를 나타낸 것이다. 이 방법은 경우에 따라서는 주파수법에 따라서도 명료하며, 결함의 검출이 가능하다.

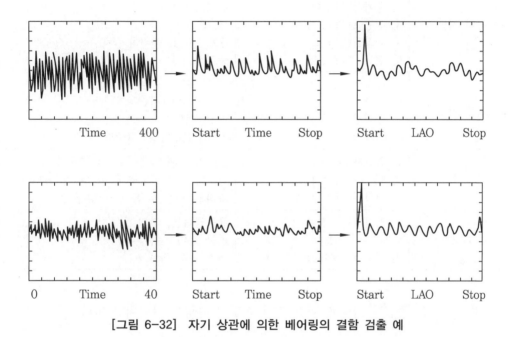

[그림 6-32] 자기 상관에 의한 베어링의 결함 검출 예

3-4 종합적 판정법

실제 회전 기계의 진단에 있어서는 어떤 기준만으로 명확히 판정하는 것은 오히려 적다. 따라서 점검에 대한 정보, 간이 진단 및 정밀 진단 등의 결과를 종합적으로 검토하여 판정을 내리는 것이 통례이다.

설비의 이상을 정확히 판단하려면 경험적인 요소를 필요로 하는 것은 당연하다. 종합적으로 판정할 경우 항목 예를 [표 6-9]에 나타내었다.

이상 발생 시의 특징(경험 이론)을 이 표의 형태로 정리, 축적하여 두는 것이 명확한 판정을 하는 데 필요하다.

[표 6-9] 종합 판정을 위한 항목

구분	항목	고·중·저음
점검 정보	1. 음의 종류 2. 음의 성격 3. 손의 감각	연속·간헐 진동 충격성 유무 온도(통상, 상승) 정상, 주의, 한계
간이 진단	1. 간이 판정 결과 2. 증가 주파수대 3. 진동 증가 경향 4. 파고율(CF) 5. 진동 증가 방향	변위, 속도, 가속도 완만, 급격 대, 소 수평, 수직, 축방향 충격성 유무
파형 평가	1. 충격성 2. 변조 3. 주기성 4. 안정성	변조 유무 주기성 유무(시간주기) 안정, 불안정 기본회전주파수, 고주파
정밀 진단	1. 회전차수분포 2. 이상 주파수의 존재 　(이상 주기의 존재)	분수차 주파수 존재와 그 명료성 f_z, f_o, f_i, f_b의 유무(t_2, t_0, t_1, t_b) 그리스 보충 후 음 변화 유무
기타	1. 점검 관련 정보 2. 유분석 정보 3. 설비 이력 정보	유중금속분, 편의 유무 최근 정비의 유무 과거 고장 정보

[그림 6-33]은 종합적 판정을 위한 진단 과정의 유형을 나타내고 있다.

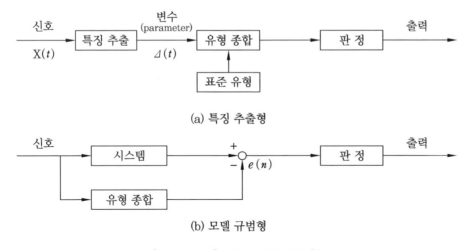

(a) 특징 추출형

(b) 모델 규범형

[그림 6-33] 진단 과정의 유형

4. 베어링의 진단

4-1 ## 구름 베어링의 회전 기구

(1) 구름 베어링의 진동

구름 베어링의 진동은 작은 결함에 기인하며, 오버올(overall) 진동 레벨의 변화는 결함 초기 단계에서는 실제 발견되지 않는다. 그러나 구름 베어링의 유일한 진동 특성은 올바른 센서의 사용과 분석을 통하여 해석된다. 베어링의 결함에 따른 특성 주파수는 베어링의 중력과 회전 속도에 의하여 결함으로 결정된다. 베어링에 결함이 발생한 경우 볼(ball)이 결함 부위를 통과함에 따라 주기적인 충격 진동이 발생하며, 그 주기는 베어링의 결함 발생 유형(내륜, 외륜, 볼, 케이지)에 따라 다르므로 결함에 의한 충격 진동 주파수를 검출하여 결함 발생 유형을 추정할 수 있다. 베어링에서 발생하는 진동 주파수에는 회전축의 설치 상태와 관련된 축의 회전 주파수, 베어링의 결함으로 충격 진동 발생에 의한 통과(pass) 주파수가 있다.

(2) 구름 베어링의 특성 주파수

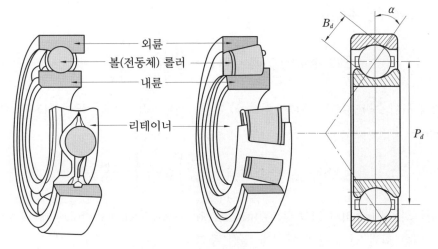

[그림 6-34] 구름 베어링의 구조

- N : 축의 회전수(rpm) • $f\left(=\dfrac{N}{60}\right)$: 축의 회전 주파수(Hz) • Z : 볼의 수
- B_d : 볼의 지름(mm) • P_d : 볼의 피치원 지름(mm)   • α : 볼의 접촉각(°)

  구름 베어링의 경우 외륜을 고정하고 내륜이 회전축과 함께 회전할 때, 궤도륜(내륜 또는 외륜)과 전동체 사이에 미끄럼이 없고 각부의 변형이 없다고 가정하면 기하학적 조건에 의하여 축이 회전함에 따라 다음과 같은 베어링의 진동 특성 주파수가 발생한다.

  [그림 6-34]는 볼 베어링이 $N[\mathrm{rpm}]$으로 회전할 경우 축의 회전 진동 주파수를 $f[\mathrm{Hz}]$라 하면 구름 베어링에서 발생할 수 있는 특성 주파수를 나타내고 있다. 단, 궤도륜과 전동체 사이에는 미끄럼 접촉이 없고 레이디얼 하중과 스러스트 하중을 받았을 때 각부의 변형은 없다고 가정한다.

① 내륜 결함 주파수(ball pass frequency inner ring) : 내륜의 1점이 1개의 전동체와 접촉하는 주파수

$$\text{BPFI } f_i = \frac{f}{2} Z \left(1 + \frac{B_d}{P_d} \cos\alpha\right)$$

② 외륜 결함 주파수(ball pass frequency outer ring) : 외륜의 1점이 1개의 전동체와 접촉하는 주파수

$$\text{BPFO } f_o = \frac{f}{2} Z \left(1 - \frac{B_d}{P_d} \cos\alpha\right)$$

③ 볼의 결함 주파수(ball defect frequency) : 결함이 있는 전동체의 1점이 내륜 또는 외륜과 접촉하는 주파수

$$\text{BDF } f_{bd} = \frac{P_d}{B_d} f \left\{1 - \left(\frac{B_d}{P_d}\right)^2 \cos^2\alpha\right\}$$

④ 볼의 자전 주파수(ball spin frequency) : 전동체의 1점이 내륜 또는 외륜과 접촉하는 주파수

$$\text{BSF } f_{bs} = \frac{P_d}{2B_d} f \left\{1 - \left(\frac{B_d}{P_d}\right)^2 \cos^2\alpha\right\} = \frac{f_{bd}}{2}$$

⑤ 내륜 회전 시 케이지 결함 주파수(fundamental train frequency inner ring) : 외륜 고정, 내륜 회전 시 외륜의 케이지 결함 주파수

$$\text{FTFI } f_{ci} = \frac{f}{2} \left(1 - \frac{B_d}{P_d} \cos\alpha\right) = \frac{f_o}{Z}$$

⑥ 외륜 회전 시 케이지 결함 주파수(fundamental train frequency outer ring) : 내륜 고정, 외륜 회전 시 내륜의 케이지 결함 주파수

$$\text{FTFO } f_{co} = \frac{f}{2}\left(1 + \frac{B_d}{P_d}\cos\alpha\right) = \frac{f_i}{Z}$$

일반적으로 볼의 접촉각 α는 깊은 홈형 볼 베어링의 경우 $\alpha = 0°$이며, 스러스트 볼 베어링의 경우 $\alpha = 90°$가 된다. 또 깊은 홈형 볼 베어링에서 전동체(볼, 롤러) 지름과 피치 원 지름과의 비$\left(\frac{B_d}{P_d}\right)$는 약 $\frac{1}{4}$ 정도이다.

4-2 구름 베어링에서 발생하는 진동

구름 베어링에서 발생되는 진동에는 다음의 4종류의 진동이 있다.
① 베어링의 구조에 기인하는 진동
② 베어링의 비선형성에 의하여 발생하는 진동
③ 다듬면의 굴곡에 의한 진동
④ 베어링의 손상에 의하여 발생하는 진동

이러한 진동의 원인 및 주파수 등에 대하여 종합하면 [표 6-10]~[표 6-13]과 같다. 여기에서 주의할 것은 ①~③의 진동은 저주파 영역의 진동, ④는 고주파 영역의 진동이 된다는 것이다.

[표 6-10] 베어링 구조에 기인하는 진동(저주파)

이상 원인	발생하는 주파수	비 고
축에 굽힘이 있을 경우 또는 베어링이 굽혀서 설치되었을 경우	$f \pm 2f_o$	외륜 주파수의 2배 변조
전동체의 지름이 일정하지 않을 경우	f_o $f_c \pm f$	외륜 주파수 또는 회전 주파수의 변조

[표 6-11]　베어링의 비선형성에 의하여 발생하는 진동(저주파)

이상 원인	발생하는 주파수	비고
① 양베어링 중심선이 불일치 ② 하우징면의 홈, 이물 혼입 ③ 베어링대의 취부 부분의 물림 ④ 베어링 조립 불량	$\frac{1}{2}f$	• 공진 현상이 문제됨 • 볼 베어링에 주로 발생
① 내축 내면의 비진원성 ② 저널의 비진원성 ③ 저널면의 홈, 이물 혼입	$2f$	볼 베어링에 주로 발생

[표 6-12]　표면의 굴곡에 의한 진동(저주파)

이상 원인	발생하는 주파수	비고
내륜의 굴곡	$f \pm nZf_i$	굴곡 산수가 $nZ \pm 1$일 때
외륜의 굴곡	nZf_o	굴곡 산수가 $nZ \pm 1$일 때
전동체의 굴곡	$2nf_{bd} \pm f_o$	굴곡 산수가 $2n$일 때

[표 6-13]　베어링의 손상에 의한 진동(고주파)

이상	원인	발생하는 주파수	비고
내륜 결함	① 편심(마모) ② 홈(spot)	nf_o nZf_i $nZf_i \pm f$ $nZf_i \pm f_o$	고유 진동수 및 고주파 발생
외륜 결함	홈(spot)	nZf_o	
전동체 결함	홈(spot)	$nf_{bd} \pm f_o$ nf_{bd}	

4-3　구름 베어링의 간이 진단

(1) 진단 대상 베어링 및 측정 위치

간이 진단의 대상이 되는 구름 베어링은 회전수가 대체로 100 rpm 이상의 베어링이지만 저속 회전 베어링용 진단 기기를 사용하게 되면 더 낮은 회전수의 구름 베어링도 진단이 가능하다. 진단 대상으로서 선정된 구름 베어링의 진동 측정 위치를 [표 6-14]에 표시하였다. 단, 검출단을 취부할 위치에 따라 측정값이 달라지게 되므로 측정할 때마다 위치가 변하지 않도록 표시를 하여 놓는 것이 좋다.

[표 6-14] 구름 베어링의 진동 측정 위치

베어링의 설치 상황	점검 위치	대상 설비 예
베어링 하우징이 표면에 노출되어 있을 경우	베어링 케이싱	통상의 베어링
베어링 하우징이 내부에 있을 경우	케이싱상의 강성이 높은 부분 또는 기초	감속기 등

㊟ 판정 기준 중 절대값 판정 기준은 추천 기준과 상이하게 됨

간이 진단은 [표 6-14]에 표시한 위치에 검출단을 취부하지만 어떤 측정기를 사용할 경우라도 수평(H), 수직(V), 축 방향(A)의 3방향에 대하여 측정할 필요가 있다. 경우에 따라서 3방향 모두 측정하기 곤란한 경우에는 수평과 축 방향 또는 수직과 축 방향 등 2방향만 측정한다. 특히 구름 베어링으로부터 발생하는 진동은 전 방향에 전파된다고 판단되기 때문 고주파의 진동을 측정할 때는 가장 측정이 용이한 방향(일반적으로는 수직 방향)만을 측정하기도 한다.

(2) 측정 변수(parameter)

주파수 성분을 포함한 진동을 이용하여 진단을 할 경우 진동 속도와 가속도를 측정 변수로 선택한다. 실제로 측정할 경우 진동 속도에 대해서는 1 kHz 이하, 진동 가속도에 대해서는 1 kHz 이상의 주파수 성분에 의한 진단을 하기 위하여 필터 등을 이용하여 각각 필요한 주파수 성분만을 찾아낸다. 단, 여기서 주의해야 할 것은 진동 속도와 진동 가속도로서 검출한 이상의 종류가 다르다는 것이다.

(3) 측정 주기

일반적으로 베어링의 성능 저하는 초기의 단계에서는 서서히 진행되지만 그 시점에서 적절한 처리를 하지 않으면 그 후 급격히 성능이 저하되므로 다른 기계요소보다 측정 주기를 짧게 하는 것이 좋다. 가능하면 매일 측정하는 것이 좋으며, 측정 주기는 항상 일정할 필요는 없다. 예를 들어 판정 기준과 비교하여 아직 충분히 정상인 영역에 해당된다면 주기를 일정하게 유지하고 주의 영역으로 되었을 때는 주기를 짧게 하는 등의 대책을 세우고 실행한다.

(4) 판정 기준

① 절대값 판정 기준 : 고주파 진동, 즉 구름 베어링의 손상을 진단하기 위한 절대값 판정 기준으로는 현재 몇 가지 기준이 실용화되어 있다. 이러한 판정 기준은
- 이상 발생 시 진동 현상의 이론적인 고찰
- 실험에 의한 진동 현상의 해명
- 측정 데이터의 통계적 평가
- 국내외의 참고 문헌, 규격의 조사 등을 기초로 하여 작성한다.

② 상대 판정 기준 : 구름 베어링의 구조에 기인하는 진동 등 낮은 주파수의 진동에 대한 절대 판정 기준은 현재는 일반적으로 사용되지 않는다. 따라서 구조상의 결함 또는 베어링의 손상의 진단에는 상대 판정 기준이 이용되고 있다.

4-4   구름 베어링의 정밀 진단

구름 베어링에 이상이 발생하면 앞서 설명한 바와 같은 주파수의 진동이 발생한다. 정밀 진단에서는 이와 같은 각각의 이상에 대한 특유한 주파수를 찾아냄으로써 이상 원인을 규명하게 된다.

(1) 저주파 진동을 이용한 정밀 진단

간이 진단 항목에서 설명한 바와 같이 구름 베어링의 구조상의 이상은 진동 속도를 측정 해석함으로써 진단할 수 있다. [그림 6-35]와 같이 가속도 진동 검출단(가속도계)에 의하여 진동 가속도를 전기 신호로 검출하고 충진 앰프(charge amp)를 거쳐서 적분기를 통과하게 되면 진동 속도로 된다. 그리고 1 kHz의 로 패스 필터(low pass filter)를 거쳐서 높은 주파수 성분을 제거한 후 신호의 주파수를 분석하게 된다.

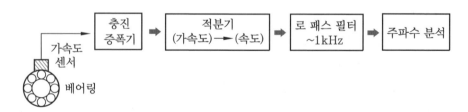

[그림 6-35] 구름 베어링의 저주파 영역 정밀 진단

일례로서 베어링 내륜에 굴곡이 있을 경우에 발생되는 진동 주파수를 분석하면 [표

6-12]와 같은 주파수 성분이 포함되어 있다는 것을 알게 되어 이상 원인을 진단할 수 있다. 단, 회전 기계에 언밸런스, 미스얼라인먼트가 있을 때에도 낮은 주파수의 진동이 발생하므로 원인의 규명에도 충분한 주의를 할 필요가 있다.

(2) 고주파 진동을 이용한 정밀 진단

구름 베어링에 손상이 생기면 높은 주파수가 발생한다. 이 주파수를 이용하여 이상의 원인을 판별할 수가 있다. [그림 6-36]과 같이 가속도계에서 검출된 진동 가속도는 충진 앰프를 거쳐서 1 kHz의 하이 패스 필터(high pass filter)를 통과하면 높은 주파수 성분만을 얻을 수 있다. 따라서 필터링된 파형의 주파수를 분석하면 베어링의 이상 원인을 판별할 수가 있다.

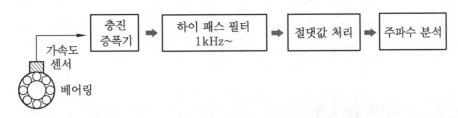

[그림 6-36] 구름 베어링의 고주파 영역 정밀진단

구름 베어링의 스폿(spot), 홈에 의하여 발생하는 주파수(엄밀히는 충격 진동의 간격)는 회전 주파수의 정수 배가 아니므로 회전축의 회전 신호와의 위치 관계는 [그림 6-37]과 같이 일정하지 않다. 일반적인 회전 기계의 이상인 경우에는 이러한 위치 관계가 일정하므로 구름 베어링의 이상을 다른 회전 기계의 이상과 분리할 수 있다. 이와 같은 위치 관계를 위상이라 하고, 이 분석 방법을 위상 분석 또는 동기 분석이라 한다.

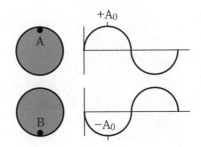

A의 하중점은 B의 하중점으로부터 180°반대 위상이다.

[그림 6-37] 위상 분석

5. 기어의 진단

5-1 **기어의 개요**

서로 맞물리는 기어 중에서 구동축으로부터 운동을 전달하는 쪽의 기어를 구동 기어 (driving gear)라 하고, 서로 물리는 기어 중에서 구동 기어에 의해 운동을 전달받는 기 어를 피동 기어(driven gear)라 한다.

기어는 회전 중 소음과 진동이 발생된다. 마모가 심한 경우나 두 축의 정렬이 불량한 경우 또는 기어의 절손 등이 발생하면 소음 진동은 크게 증가하게 되며, 수명 저하와 함 께 사고의 위험이 발생된다. 따라서 기어에서 발생되는 진동 주파수를 분석하여 기어의 결함 원인을 분석하는 기술이 기어의 정밀 진단 기술이다.

5-2 **기어의 진동 주파수**

기어에서 발생되는 진동 주파수는 각 축의 회전 주파수와 맞물림 주파수이다. [그림 6-38]과 같이 기어의 잇수가 각각 Z_1, Z_2이고 각 축의 회전수가 N_1[rpm], N_2[rpm]일 때 발생되는 진동 주파수는 다음과 같다.

(1) 2축 기어 장치의 진동 주파수

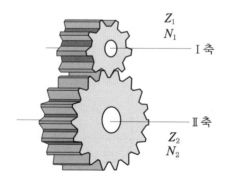

[그림 6-38] 2축 기어 장치

① Ⅰ축의 회전 주파수 $f_1 = \dfrac{N_1}{60}$[Hz]

② Ⅱ축의 회전 주파수 $f_2 = \left(\dfrac{Z_1}{Z_2}\right) \times \dfrac{N_1}{60}$ [Hz]

③ Ⅰ-Ⅱ축의 맞물림 주파수 $f_m = Z_1 \times f_1 = Z_2 \times f_2$ [Hz]

(2) 3축 기어 장치의 진동 주파수

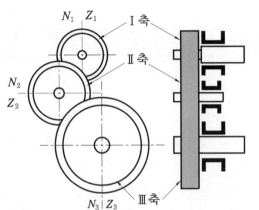

[그림 6-39] 3축 1단 기어 장치

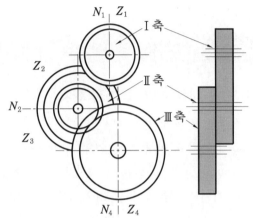

[그림 6-40] 3축 2단 기어 장치

① 3축 1단 기어

- Ⅰ축의 회전 주파수 $f_1 = \dfrac{N_1}{60}$ [Hz]

- Ⅱ축의 회전 주파수 $f_2 = \left(\dfrac{Z_1}{Z_2}\right) \times \dfrac{N_1}{60}$ [Hz]

- Ⅲ축의 회전 주파수 $f_3 = \left(\dfrac{Z_1}{Z_2} \times \dfrac{Z_2}{Z_3}\right) \times \dfrac{N_1}{60} = \dfrac{Z_1}{Z_3} \cdot \dfrac{N_1}{60}$ [Hz]

- Ⅰ-Ⅱ축의 맞물림 주파수 $f_{m1} = Z_1 \times f_1 = Z_2 \times f_2$ [Hz]

- Ⅱ-Ⅲ축의 맞물림 주파수 $f_{m2} = Z_2 \times f_2 = Z_3 \times f_3 = f_{m1}$ [Hz]

- 3축 1단 기어에서 맞물림 주파수 f_{m1}과 f_{m2}는 같으므로 f_m 1개로 발생된다.

② 3축 2단 기어

- Ⅰ축의 회전 주파수 $f_1 = \dfrac{N_1}{60}$ [Hz]

- Ⅱ축의 회전 주파수 $f_2 = \left(\dfrac{Z_1}{Z_2}\right) \times \dfrac{N_1}{60}$ [Hz]

- Ⅲ축의 회전 주파수 $f_3 = \left(\dfrac{Z_1}{Z_2} \times \dfrac{Z_3}{Z_4} \right) \times \dfrac{N_1}{60} \, [\text{Hz}]$

- Ⅰ–Ⅱ축의 맞물림 주파수 $f_{m1} = Z_1 \times f_1 = Z_2 \times f_2 \, [\text{Hz}]$

- Ⅱ–Ⅲ축의 맞물림 주파수 $f_{m2} = Z_3 \times f_2 = Z_4 \times f_3 \, [\text{Hz}]$

- 3축 2단 기어에서 맞물림 주파수는 각각 f_{m1}과 f_{m2}의 2개가 발생된다.

5-3 기어의 간이 진단

(1) 진단 대상 기어 및 측정 위치

진동을 이용하여 기어의 진단을 할 경우 진단 대상이 되는 기어는 주로 회전수가 100 rpm 이상의 기어로 스퍼 기어(spur gear), 헬리컬 기어(helical gear), 더블 헬리컬 기어(double helical gear), 직선 베벨 기어(straight bevel gear) 등이 있다.

웜 기어는 진동에 의한 기어 진단 대상이 되지 않는다. 기어의 간이 진단은 주로 기어의 편심 피치의 오차, 치형 오차, 이면 마모, 이뿌리의 균열 등 기어가 물림에 의하여 발생하는 이상 현상을 찾아낼 수가 있다. 실제로 기어를 진단할 경우 어느 부분의 진동을 측정하면 좋을 것인가를 [표 6-15]에 표시하였고, 방향은 가능한 한 수평, 수직, 축 방향의 3방향을 측정하는 것이 좋다.

[표 6-15] 기어 진동의 측정 위치

베어링의 설치 상황	점검 위치	대상 설비 예
베어링 하우징이 표면에 노출되어 있는 경우	베어링 하우징	통상의 감속기
베어링 하우징이 내부에 있는 경우	케이싱상의 강성이 높은 부분 또는 기초	고속용 증감속기

(2) 측정 변수

기어에서 발생하는 진동에는 1 kHz 이상의 고주파 고유 진동과 기어의 회전 주파수 또는 물림 주파수 성분에 관련된 저주파수 진동이 있다. 이와 같은 넓은 대역의 주파수 성분을 포함하는 진동에 의한 진단을 할 때에는 측정할 진동의 종류를 주파수 대역으로 나누어서 각각의 진동에 의한 진단을 해야 한다.

즉 진동의 주파수가 10 Hz 이상일 때는 변위 레벨, 또 주파수 대역이 10 Hz~1 kHz까지의 진동에 대해서는 속도 레벨, 1 kHz 이상일 때는 가속도 레벨을 판정 기준으로 하여 진단을 실시한다. 따라서 진동을 이용하여 기어를 진단할 경우에는 기어의 회전 주파수 또는 물림 주파수에 관련된 저주파 진동의 경우 측정 변수로 진동 속도를, 고유 진동에 관련한 고주파 진동은 진동 가속도를 이용한다.

단, 진동 속도, 진동 가속도에 의하여 각각 검출된 이상 종류는 약간 다르므로 어느 쪽인가 한쪽만을 이용하는 진단이 아닌 양쪽을 고려한 진단을 할 필요가 있다.

(3) 측정 주기

측정 주기는 일정하지 않고 판정 기준과 비교하여 또 충분히 정상이라고 생각될 때에는 일정 주기를 유지하다가 진동이 크게 되어 주의 영역이 되면 주기를 단축한 후에 대책을 세우는 것이 좋다.

(4) 판정 기준

① 절대 판정 기준 : 기어에 대한 절대 판정 기준은 여러 가지가 있으나 머신 체커의 진동 가속도를 이용한 기어의 판정 기준은 [그림 6-41]과 같다.

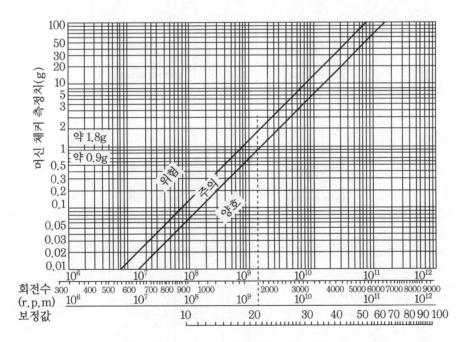

[그림 6-41] 머신 체커에 의한 기어 진동의 한계

② 상대 판정 기준 : 절대 판정 기준이 작성되어 있지 않은 기어에 대해서는 과거의 실적을 포함하여 정상값의 2배가 되면 주의, 4배가 되면 위험으로 하는 상대 판정 기

준을 적용한다. 또 절대 판정 기준만으로 정비를 실시하는 것은 위험성이 크므로 통상 두 가지 판정 기준을 참고로 하는 것이 좋다.

(5) 간이 진단의 실시법

실제 측정에 있어서 주의할 것은 진동 가속도로 측정하는 1~10 kHz의 주파수는 기계의 국부 공진 주파수대이므로 기어 이외의 펌프 베어링, 전동기 등에서도 같은 주파수의 진동이 발생한다는 것이다. 특히 베어링으로서 구름 베어링을 사용하고 있는 경우에는 베어링의 이상으로 오진하는 경우가 있으므로 다음과 같은 방법으로 진단한다.

 ①, ② : 기어

 Ⓐ, Ⓑ, Ⓒ, Ⓓ : 구름 베어링

[그림 6-42]와 같이 기어 및 구름 베어링을 진단하는 경우 Ⓐ~Ⓓ의 각 베어링 하우징부의 측정값이 [그림 6-43]의 (a)와 같이 모두가 같은 크기의 값을 나타낼 때는 기어의 이상이다(단, ①, ② 어느 쪽의 기어가 이상인가의 판정은 불가). 또 4점 중에서 어느 곳의 값이 클 때에는 큰 값을 나타내는 위치의 베어링이 이상이다. (b)에서는 베어링 Ⓒ가 이상이다.

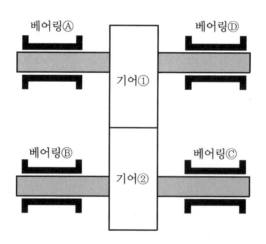

[그림 6-42] 상호 판정법의 예

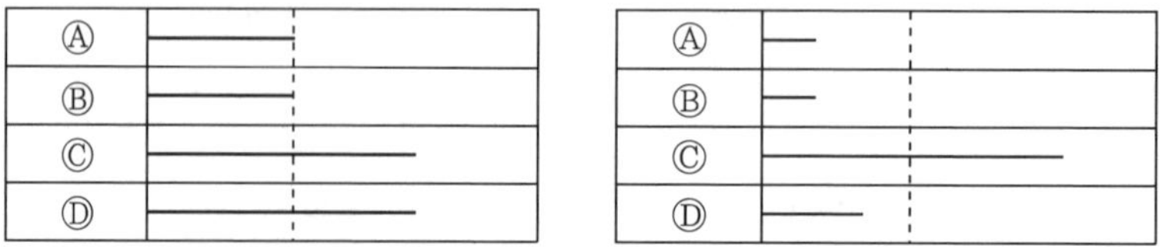

   (a) 기어의 이상일 때   (b) 베어링의 이상일 때

[그림 6-43] 상호 판정법에 의한 진단

| 5-4 | 기어의 정밀 진단 |

1 저주파 진동을 이용한 정밀 진단

낮은 주파수 대역의 진동을 이용하여 기어의 이상 원인을 조사하는 방법은 [그림 6-44]와 같은 방법으로 실시한다. 가속도계로 검출된 진동은 충진 앰프를 통과한 후 적분기에 의하여 진동 가속도를 진동 속도의 전기적 신호로 변환한다. 그리고 2종의 분석 방법에 의하여 이상 원인을 규명한다.

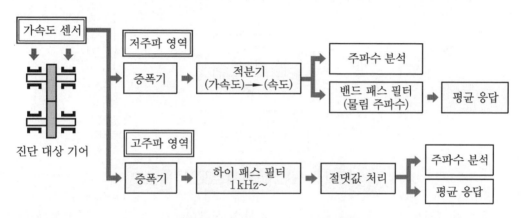

[그림 6-44] 기어의 정밀 진단 순서

(1) 주파수 분석

측정된 진동 속도의 주파수를 분석하게 되면 이상 원인을 알 수가 있다. 기어에서는 그 상태에 따라 각각 특징적인 진동이 발생한다. 이것을 주파수 분석하면 예를 들어 기어 축에 미스얼라인먼트가 있는 경우에는 회전 주파수에서 진폭 변조가 생기므로 물림 주파수 성분의 양측에 이것에 대응하는 측대파(側帶波)가 생긴다. 또 기어가 마모되면 그때까지 정현파이던 물림 파형이 무너지게 된다. 이것을 주파수 분석하게 되면 물림 주파수의 2배, 3배…의 주파수를 갖는 고주파 성분이 발생하는 것을 알 수 있다. 그 밖에 각각의 이상에 대한 특징적인 주파수 성분을 포함한 진동이 발생한다.

(2) 평균 응답 해석

기어의 진동으로부터 물림 주파수 성분만을 추출하여 이것을 기어 축의 회전에 동기한 타이밍으로 가산, 평균화함으로써 특히 기어에 국소적인 이상이 발생할 때에 그 위치를 알아낼 수 있다. 이 해석 방법을 평균 응답 해석이라 부른다.

2 고주파 진동을 이용한 정밀 진단

톱니의 물림에 의하여 기어에는 충격 진동이 발생한다. 따라서 기어에 이상이 생기면 그에 따라 충격 진동의 형태가 변한다. 그 특징을 찾아냄으로써 기어에 발생하고 있는 이상의 원인을 알 수가 있다. 충격 진동이 발생하는 것은 기어의 고유 진동수 성분이므로 [그림 6-44]와 같이 가속도 센서로 검출한 신호를 충진 앰프를 거쳐서 고유 진동 성분만을 검출 해 낼 목적으로 1 kHz의 하이 필터를 통과시킨다.

그렇게 함으로써 [그림 6-45]와 같은 물림 진동 성분 등 기타의 저주파 성분이 제거되고 충격적인 고유 진동 성분만을 얻을 수 있다.

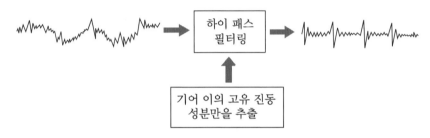

[그림 6-45] 저주파 성분의 제거

충격 진동에서는 그중에 포함되어 있는 주파수 성분이 아니라 충격이 발생하는 간격을 알아내는 것이 중요하므로 그 목적으로 필터링된 신호에 절댓값 처리를 실시한다.

그렇게 함으로써 [그림 6-46]에 표시한 바와 같이 진단에 필요한 주파수 성분이 얻어진다.

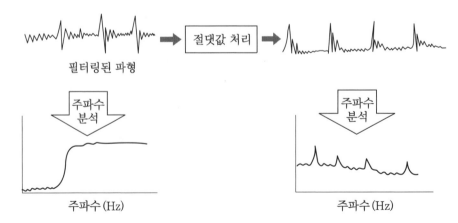

[그림 6-46] 절댓값 처리

(1) 주파수 분석

절댓값 처리된 가속도 진동 파형을 주파수 분석을 하게 되면 기어의 각 이상에 대응하는 주파수 성분이 현저히 나타나게 된다. 여기에 나타난 주파수 성분은 저주파 영역에 포함되어 있는 주파수 성분과 거의 같은 것이므로 이상의 종류에 따라 성분 간의 비율이 다소 다르다. 국소 이상과 같은 충격성이 있는 이상을 알아내는 데는 이와 같은 높은 주파수를 이용하는 것이 유리하다.

(2) 평균 응답 해석

절댓값 처리한 충격 진동에 저주파 영역과 같은 모양의 평균 응답 해석을 함으로써 기어에 발생하고 있는 이상 현상을 확실하게 알아낼 수가 있다. 평균 응답 해석은 넓은 의미로서는 위상 분석의 일종이라 생각된다. 따라서 평균 응답에 의하여 기어의 이상과 같은 충격적인 진동은 발생하지만 회전에 동기하지 않은 구름 베어링의 이상과 구별할 수가 있다. 기타 진동의 진폭 분포를 분석함으로써 충격적인 이상이 발생하고 있는가를 알아낼 수가 있다.

연습 문제

1. 발생 주파수와 이상 현상을 연결하시오.

① 저주파　　　　•　　　　•　㉠ 공동, 유체음 진동

② 중간 주파　　•　　　　•　㉡ 압력 맥동, 러너 블레이드 통과 진동

③ 고주파　　　　•　　　　•　㉢ 언밸런스(unbalance), 미스얼라인먼트
　　　　　　　　　　　　　　　　　(misalignment), 풀림, 오일 휩(oil whip)

2. 주요 진단 대상이 되는 설비를 [보기]에서 모두 고르시오.

┌──────────[보기]──────────┐
　① 생산과 직접 관련된 설비
　② 정비비가 매우 낮은 설비
　③ 고장 발생 시 2차 손실이 예측되는 설비
　④ 부대 설비인 경우라도 고장이 발생하면 큰 손해가 예측되는 설비
└────────────────────────┘

3. 측정 주기의 결정에 대한 다음 사항 중 틀린 것은?

① 측정 주기는 기계 고장이 발생되지 않을 정도로 짧게 선정한다.

② 필요 이상으로 짧은 주기로 측정하는 것은 비경제적이므로 적절한 측정 주기를 찾는다.

③ 측정 주기는 공장 내의 대상 설비의 수, 점검점의 수, 점검점과의 거리 등을 충분히 고려하
여 결정한다.

④ 측정 주기는 항상 일정해야 한다.

4. 설비의 열화와 관련해서는 속도에 대한 판정 기준을 많이 활용하는데, 다음 중 그 이유가
아닌 것은?

① 인체의 감도는 일반적으로 진동 속도에 비례하고, 진동에 의한 설비의 피로는 진동 속도에
반비례한다.

② 진동에 의하여 발생하는 에너지는 진동 속도의 제곱에 비례하고, 에너지가 전달되어 마모
나 2차 결함이 발생한다.

③ 과거의 경험적 기준 값은 대부분 속도가 일정한 경우의 기준이다.

④ 회전수에 관계없이 기준값이 설정될 수 있다.

5. 간이 진단이 가능한 이상 현상의 종류를 [보기]에서 모두 고르시오.

────────[보기]────────

• 질량 불평형(unbalance)   • 축 정렬 불량(misalignment)

• 풀림(looseness)   • 축 굽힘(deflection)

• 오일 휩(oil whip)   • 회전차수 분포

• 공진(resonance)   • 이상 주파수의 존재

6. 주파수 분석을 간단히 설명하시오.

7. 위상 분석을 간단히 설명하시오.

8. 질량 불평형(unbalance, imbalance)에 의한 진동 특성에 대하여 설명하시오.

9. 축 정렬 불량(미스얼라인먼트 : misalignment)의 주요 발생 원인에 대하여 설명하시오.

10. 공진 현상과 제거법 3가지를 설명하시오.

11. 2축으로 된 간단한 기어 진동 측정 장치에서 원동축의 회전수 : 1200 rpm, 원동축 기어 잇수 : 15개, 종동축 기어 잇수 : 49개일 때 기어 장치에서 발생하는 기어의 회전 진동 주파수와 맞물림 진동 주파수는?

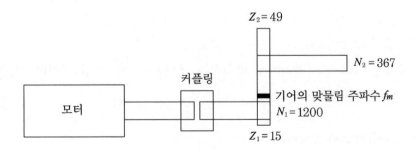

소음 이론

1. 소음의 개요

1-1 소음과 음향

소리(sound)는 음향(acoustic)과 소음(noise)으로 분류할 수 있는데, 음악을 듣는다거나 새의 노랫소리를 듣는 것과 같이 즐거움을 주는 소리를 음향이라 하고, 우리 인간의 귀에 거슬리는 소리, 즉 문이 삐꺽거리는 소리나 기계에서 발생하는 시끄러운 소리를 소음이라 한다.

1-2 소음 용어

(1) 소리(sound)

소리는 공기가 떨리면서 사람의 귀에 들리는 에너지로 기체, 액체, 고체 상태에서 파동으로 전달된다. 조화로운 소리는 사람들이 좋아하지만, 듣기 싫은 소리는 소음이 된다.

(2) 소리의 크기(loudness)

소리는 수많은 주파수의 각각에서 발생하는 에너지의 총체적인 합이며, 소리의 크기는 음압 또는 음압 레벨로 표시한다.

(3) 소리의 속도(sound speed)

소리의 속도는 소리를 전달하는 매질과 주위 환경에 따라 다른데, 진공 속에서는 전달되지 않고 공기 중에서는 344 m, 물속에서는 1,500 m, 철재봉의 경우 5,000 m를 1초에 갈 수 있다.

(4) 소리의 전달(sound transmission)

소리는 공기 입자가 진동하면서 발생하는 파동이 진행되면서 전달되며(공기 전달음 : airborne sound), 소리가 진행하다가 벽면 등 구조체를 만나면 그것을 진동하게 한다. 진동으로 바뀐 소리 에너지(고체 전달음 : structure-borne sound)는 구조체 속에서 공기보다 훨씬 빠르게 전달된 후 반대편 벽면에서 만나는 공기를 진동시켜 소리로 바뀌고, 이 소리가 사람의 귀에 들리게 된다.

(5) 소리의 소멸(decay)

소리는 전달되는 과정에서 자연히 줄어든다. 이는 소리를 옮기는 매질이 진동하면서 소리 에너지가 열에너지로 변환되거나 손실되고 또 소리가 확산되기 때문이다. 예를 들어 100 dB의 음은 10 m 떨어진 지점에서 78 dB로 낮아진다. 일반적으로 어떤 소리를 2A만큼 떨어져서 들으면 A에서 들을 때보다 6 dB만큼 낮아지며, 이것을 음의 역 2승 법칙이라 한다.

(6) 소음(noise)

소음은 듣기 싫은 소리 또는 의미 없는 소리를 말한다. 비행기 소리, 자동차 소리, 생활 소음뿐 아니라 내가 좋아하는 소리도 계속 반복될 때는 다른 사람에게 소음이 될 수 있다. 생활 환경이 아파트 중심으로 바뀌면서 소음 환경에 대한 민감성이 점점 심해지고 있다. 이는 소리가 소멸되기 전에 전달되기 때문인데, 특히 아파트에서는 이웃집과 벽이 연결된 경우가 많아 작은 소음이라도 쉽게 전달된다.

(7) 진동(vibration)

진동은 물체의 반복적인 흔들림이나 떨림을 말하며, 물체에 충격이 가해지거나 에너지의 균형이 깨질 때 발생한다. 진동은 주로 산업 현장에서 발생하는데, 대부분 소음을 동반한다.

(8) 소음 구조(soundproof construction)

소음 구조는 소음 방지를 목적으로 한 구조 또는 메커니즘을 총칭한다. 방음은 흡음과 차음을 포함하는 개념이다.

(9) 방음(soundproof)

방음은 안의 소리가 밖으로 새어 나가거나 밖의 소리가 안으로 들어오지 못하도록 막는 것을 말한다(방음 = 차음 + 흡음 + 제진 + 방진).
- 제진 : 진동하는 물체 자체의 진동을 줄이는 것
- 방진 : 진동이 전달되는 경로에 탄성체 등을 통하여 진동의 전달을 줄이는 것

(10) 흡음(sound absorption)

흡음은 소리를 흡수하여 소리의 크기를 줄이는 것을 말한다. 소리의 파장을 쪼개거나 난반사시켜 소리 에너지를 열에너지로 바꾼다. 주로 다공성 물질을 흡음재로 사용한다. 과거에는 암면, 유리 섬유 등이 흡음재로 사용되었으나, 석면 등과 같이 인체 유해 물질로 알려지면서 사용을 기피하고 있으며, 최근에는 폴리에스테르 흡음재가 대체로 많이 사용되고 있다. 시중에서 많이 사용하는 스티로폼은 흡음 효과가 없다.

(11) 차음(sound insulation)

차음은 두 공간 사이에 소리의 전달을 차단하여 소리가 투과되지 않도록 하는 것을 말한다. 차음은 밀폐하는 물질의 중량이 크고 밀폐의 완성도가 높을 때 효과적이다. 중량이 무거운 석고보드나 시멘트 벽, 차음 시트 등을 차음재로 사용하며, 스티로폼이나 비닐 시트는 가벼워 차음성이 없다.

(12) 투과 손실(transmission loss)

투과 손실은 공기 전달음의 차음 성능을 표시하는 척도이다. 소리가 특정 재료를 통과하면서 잃어버리는 에너지를 음압 레벨(dB)로 나타낸다.

(13) 밀폐(airtightness)

밀폐는 소음이 외부로 새어 나가지 않도록 차단하는 것을 말한다. 밀폐에 대한 평가 기준인 차음 성능은 밀폐 재료의 가장 취약한 부분에 의해 좌우된다. 벽의 일부가 취약하든지, 바닥이나 천장, 덕트 등을 통하여 소리가 새면(flanking path) 다른 부분의 음을 차단하는 능력이 아무리 높아도 투과 손실이 급격히 낮아진다.

(14) 진동 절연(vibration isolation)

진동 절연은 진동을 일으키는 기계나 물건을 격리하는 것을 말한다. 방음 측면에서는 소음이 구조체 진동을 통하여 샐 수 있으므로 소음 발생원의 진동이 최소로 전달되도록 이중벽이나 바닥의 연결 면적을 최소화하고, 가능하면 연결부의 위치가 벽의 가장자리나 모서리 부분에 있도록 한다.

(15) 이중벽 효과(separated partition)

이중벽 효과는 동일한 중량의 벽을 둘로 나누어 이중벽으로 하고 가운데 공기층을 두면 차음 효율이 높아진다. 이때 만약 두 벽 사이를 연결한다면 두 벽의 진동이 일체화되어 이중벽 효과를 잃어버린다.

(16) 공명 효과(resonance)

공명 효과는 차음벽이 어떤 특정 주파수에서 차음력이 현저히 떨어지는 현상으로서 일치 효과(coincidence effect)라고도 한다. 벽이 소리와 공명하기 때문이라고 알려져 있다.

(17) dB(데시벨)

소리는 본질적으로 대기의 작은 압력의 변화를 우리 귀의 고막에 의해서 감지하는 현상이다. 따라서 소리의 크기는 이 압력의 크기로서 정의하면 될 것이다. 그러나 사람이 들을 수 있는 소리의 크기는 최저 가청 압력인 $2 \times 10^{-5} \, N/m^2$에서 통증을 느끼기 시작하는 압력인 $200 \, N/m^2$까지 광범위하기 때문에 소리의 압력 자체로서 소리의 크기를 정의하기 어렵다. 이처럼 넓은 범위에서 변하는 양을 취급하기 위해서 흔히 dB(decibel)의 값을 이용한다.

데시벨(decibel, dB)은 소음의 크기 등을 나타내는 데 사용하는 단위로 전기공학이나 진동·음향 공학 등에서 사용되는 무차원의 단위이다. 데시벨은 국제단위계(SI)에서 'SI와 함께 쓰지만, SI에 속하지 않는 단위'로 규정되어 있다.

(18) 반사(reflection)/투과(transmission)/흡수(absorption)

음파가 장애물에 입사되면 일부는 반사되고, 일부는 장애물을 통과하면서 흡수(장애물이 섬유소 등에 진동을 야기해 이들의 마찰 작용에 의해 열에너지로 변환)되고, 나머지는 장애물을 투과하게 된다.

(19) 가청 주파수

가청 주파수란 정상 청력을 가진 사람이 귀로 들을 수 있는 주파수 대역(10~20000 Hz)을 말한다.

(20) 암소음

어떤 음을 대상으로 할 때 그 음이 아니면서 그 장소에 있는 소음을 대상음에 대한 암소음이라 한다.

(21) 음원

음을 발생시키는 발생원

(22) 음장

음파가 존재하는 공간

(23) 지향성

방향에 따라 응답의 변화가 있는 것을 의미한다.

(24) 마스킹

어떤 음이 다른 음의 듣는 능력을 감쇠시키는 현상을 말한다.

(25) 잔향

실내의 발음체에서 내는 소리가 울리다가 그친 후에도 남아서 들리는 소리를 말한다.

1-3 소음과 진동의 관련성

소음과 진동은 매질 내의 한 부분에 외부 힘을 가할 때 매질의 탄성에 의해서 초기 에너지가 매질의 다른 부분으로 전달되는 현상이다. 예를 들어 대기 중에서 진행하는 음파의 압력은 건물 벽에 외력을 가해 벽을 구성하는 입자들을 움직여 본래의 음파와 동일한 주파수의 진동을 발생시킨다. 이와는 반대로 진동을 하는 벽은 벽 바로 앞의 대기 입자에 힘을 가해서 소음을 발생시킨다.

[그림 7-1]은 기계를 가동할 때 소음과 진동이 공장 한 구석에 있는 부분 차폐실 내로 전달되는 과정이다. 소음 1의 경우 대기를 통해서 직접 또는 천장으로부터의 반사에 의해서 차폐실 내로 전달되고 나머지는 차폐실의 벽을 통해서 전달된다. 소음 2의 경우 차폐실 내부로 전달된 소음은 일단 차폐실 벽의 진동 과정을 거친다. 반면에 기계에 의한 진동은 공장 바닥을 통해서 차폐실로 전달되며, 차폐실 벽과 바닥에 진동을 가함으로써 내부에 소음을 발생시킨다. 바닥을 통한 진동의 일부는 표면 진동의 형태로 바닥에서 직접 공장 내부로 소음을 발생시키기도 한다.

이와 같이 소음과 진동은 진행 과정에서 상호 변환되어 발생되므로 효과적인 공장 소음 대책은 소음과 진동을 동시에 고려하는 것이다. 그러나 실제로 소음 측정은 대기 중에서 행하여지고, 진동 측정은 고체를 대상으로 이루어지기 때문에 소음과 진동의 측정과 분석 방법에는 큰 차이가 있다.

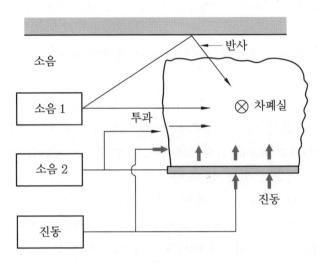

[그림 7-1] 소음과 진동의 전달 과정

2. 소음의 물리적 성질

2-1 소음의 물리적 성질

(1) 파동(wave motion)

음에너지의 전달은 매질의 운동 에너지와 위치 에너지의 교번 작용으로 이루어진다. 즉 매질 자체가 이동하는 것이 아니라 매질의 변형 운동으로 이루어지는 에너지 전달을 파동이라 한다.

참고

매질 : 파동을 전달하는 물질

(2) 파면(wave front)

파동의 위상이 같은 점들을 연결한 면이다.

(3) 음선(sound ray)

음의 진행 방향을 나타내는 선으로 파면에 수직한다.

(4) 음파(sound wave)

매질 개개의 입자가 파동의 진행하는 방향의 앞뒤로 진동하는 종파(longitudinal wave)이다.

① 평면파(plane wave) : 음파의 파면들이 서로 평행한 파 ⑩ 긴 실린더의 피스톤 운동에 의해 발생하는 파

② 발산파(diverging wave) : 음원으로부터 거리가 멀어질수록 더욱 넓은 면적으로 퍼져나가는 파(즉, 음의 세기가 음원으로부터 거리에 따라 감소하는 파)

③ 구면(형)파(spherical wave) : 음원에서 모든 방향으로 동일한 에너지를 방출할 때 발생하는 파 ⑩ 공중에 있는 점 음원

④ 진행파(progressive wave) : 음파의 진행 방향으로 에너지를 전송하는 파

⑤ 정재파(standing wave) : 둘 또는 그 이상의 음파의 구조적 간섭에 의해 시간적으로 일정하게 음압의 최고와 최저가 반복되는 패턴의 파 ⑩ 튜브, 악기, 파이프 오르간, 실내 등에서 발생한다.

(5) 음의 회절(diffraction of sound wave)

장애물 뒤쪽으로 음이 전파하는 현상이다. 음의 회절은 파장과 장애물의 크기에 따라 다르며, 파장이 크고, 장애물이 작을수록(물체의 틈 구멍에 있어서는 그 틈 구멍이 작을수록) 회절은 잘 된다.

(6) 음의 굴절(refraction of sound wave)

음파가 한 매질에서 다른 매질로 통과할 때 구부러지는 현상이다. [그림 7-2]와 같이 한 매질에서 다른 매질로 음파가 전파될 때 그 매질 중의 음속은 서로 다르다.

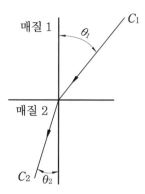

[그림 7-2] 음의 굴절

입사각을 θ_1, 굴절각을 θ_2라 하면 그때의 음속 비 $\dfrac{C_1}{C_2} = \dfrac{\sin\theta_1}{\sin\theta_2}$ (snell의 법칙)이 된다. 이 식으로부터 굴절 전과 후의 음속차가 크면 굴절도 커짐을 알 수 있다.

① 온도 차에 의한 굴절 : 대기의 온도 차에 의한 굴절로 온도가 낮은 쪽으로 굴절한다. 즉 낮(지표 부근의 온도가 상공보다 고온)에는 상공 쪽으로 굴절하며, 밤(지표 부근의 온도가 상공보다 저온)에는 지표 쪽으로 굴절한다. 따라서 낮에 거리 감쇠가 커짐을 알 수 있다.

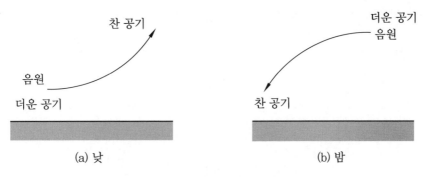

[그림 7-3] 낮과 밤의 온도차에 따른 굴절

② 풍속 차에 의한 굴절 : 음원보다 상공의 풍속이 클 때 풍상 측에서는 상공으로, 풍하 측에서는 지면 쪽으로 굴절하므로 풍상 측에서 감쇠가 크다.

(7) 음의 간섭(interference of sound wave)

서로 다른 파동 사이의 상호 작용으로 나타나는 현상으로 중첩의 원리는 다음과 같다.

① 보강 간섭 : 여러 파동이 마루는 마루끼리, 골은 골끼리 만나면서 엇갈려 지나갈 때 그 합성파의 진폭은 개개의 어느 파의 진폭보다 크게 된다.

② 소멸 간섭 : 여러 파동이 마루는 골과, 골은 마루와 만나면서 엇갈려 지나갈 때 그 합성파의 진폭은 개개의 어느 파의 진폭보다 작게 된다.

③ 맥놀이 : 주파수가 약간 다른 두 개의 음원으로부터 나오는 음은 보강 간섭과 소멸 간섭을 교대로 이루어 어느 순간에 큰 소리가 들리면 다음 순간에는 조용한 소리로 들리는 현상으로, 맥놀이 수는 두 음원의 주파수 차와 같다(beat라고도 함).

🔍 참고

중첩의 원리 : 둘 또는 그 이상의 같은 성질의 파동이 동시에 어느 한 점을 통과할 때 그 점에서의 진폭은 개개의 파동의 진폭을 합한 것과 같다.

(8) 반사율, 투과율, 흡음률

평탄한 장애물이 있을 경우 입사파와 반사파는 동일 매질 내에 있고, 입사각과 동일한 것을 반사 법칙이라 한다. [그림 7-4]의 법선 방향으로 수직 입사하는 음압을 P_i(음의 세기 I_i), 경계면에서 반사되는 음압을 P_r(반사음의 세기 I_r), 흡수되는 음의 세기를 I_a (흡수 음압 P_a), 투과되는 음의 세기를 I_t(투과 음압 P_t)라 할 때

① 반사율(α_r) : 경계면에서는 경제 조건(음압 동일, 입자 속도 동일)이 만족되므로,

$I = \dfrac{p^2}{\rho c}$ 의 관계로부터 반사율 $\alpha_r = \dfrac{\text{반사음의 세기}}{\text{입사음의 세기}} = \dfrac{I_r}{I_i} = \left(\dfrac{\rho_2 c_2 - \rho_1 c_1}{\rho_2 c_2 + \rho_1 c_1} \right)^2$ 이 된다.

여기서 ρ_1, c_1은 입사 측 매질, ρ_2, c_2는 다른 매질의 고유 음향 임피던스이며, 이 임피던스의 차가 크면 반사율도 커진다.

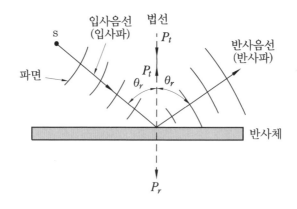

[그림 7-4] 음의 반사 원칙

② 투과율(τ) : $\tau = \dfrac{\text{투자음의 세기}}{\text{입사음의 세기}} = \dfrac{I_t}{I_i} = 1 - \alpha_r = \dfrac{4(\rho_1 c_1 \times \rho_2 c_2)}{(\rho_2 c_2 + \rho_1 c_1)^2}$

한편, 투과 손실(TL)은 $TL = 10\log\left(\dfrac{1}{\tau}\right)$이다.

③ 흡음률(흡수율)(a) : $a = \dfrac{\text{입사음의 세기} - \text{반사음의 세기}}{\text{입사음의 세기}} = \dfrac{I_i - I_r}{I_i}$이다.

(9) 호이겐스(Huyghens) 원리

하나의 파면상의 모든 점이 파원이 되어 각각 2차적인 구면파를 사출하여 그 파면들을 둘러싸는 면이 새로운 파면을 만드는 현상이다.

(10) 도플러(Doppler) 효과

발음원(또는 수음자)이 이동할 때 그 진행 방향 쪽에서는 원래 발음원의 음보다 고음으로, 진행 반대쪽에서는 저음으로 되는 현상이다.

(11) 마스킹(masking) 효과

크고 작은 두 소리를 동시에 들을 때 큰 소리만 듣고 작은 소리는 듣지 못하는 현상으로 음파의 간섭에 의해 일어난다.

① 마스킹의 특징
   • 저음이 고음을 잘 마스킹한다.
   • 두 음의 주파수가 비슷할 때는 마스킹 효과가 대단히 커진다.
   • 두 음의 주파수가 거의 같을 때는 맥동이 생겨 마스킹 효과가 감소한다.
② 마스킹의 이용
   • 작업장 안에서의 배경 음악(back music)
   • 자동차 안의 스테레오 음악 등

2-2 음의 제량 및 단위

(1) 파장(wave length)

[그림 7-5]에서 압력이 제일 높은 곳(마루)과 다음의 제일 높은 곳(마루) 간의 거리 또는 위상의 차이가 360°가 되는 거리를 말하며, 음파의 한 주기에 대한 거리로 정의된다. 표기 기호는 λ, 단위는 m이다. 음의 전달 속도를 음속 c[m/s]라 하면, 파장 $\lambda = \dfrac{c}{f}$ 이다.

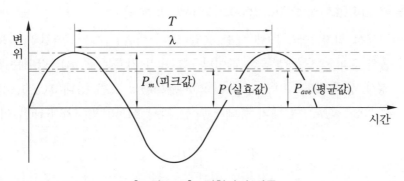

[그림 7-5] 정현파의 파동

(2) 주파수(frequency)

한 고정점을 1초 동안에 통과하는 마루(산) 또는 골(곡)의 평균수, 또는 1초 동안의 사이클(cycle)수를 말하며, 그 표기 기호는 f, 단위는 Hz(C/s)이다.

$$f = \frac{1}{T} = \frac{c}{\lambda} \ [\text{Hz}]$$

(3) 주기(period)

한 파장이 전파되는 데 소요되는 시간을 말하며, 그 표기 기호는 T, 단위는 초(s)이다.

$$T = \frac{1}{f} \ [\text{s}]$$

(4) 변위(displacement)

진동하는 입자(공기)의 어떤 순간에서의 위치와 그것의 평균 위치와의 거리로, 입자 변위라고도 하며, 그 표기 기호는 D, 단위는 m이다.

(5) 진폭(amplitude)

진동의 진폭과 같이 진동하는 입자에 의해 발생하는 최대 변위값을 말하며, 그 표기 기호는 A(소음에서는 P_m), 단위는 m이다. 음파에 의한 공기 입자의 진동 진폭은 실제로 매우 적어 10^{-7} mm~수 mm 정도이다.

(6) 입자 속도(particle velocity)

시간에 대한 입자 변위의 미분 값으로 그 표기 기호는 V, 단위는 m/s이다.

(7) 고유 음향 임피던스(specific acoustic impedance)

주어진 매질에서 입자 속도(V)에 대한 음압(P)의 비를 말하며, 매질의 밀도 ρ에 그 매질에서의 음의 전파 속도 c를 곱한 값이다. 그 표기 기호는 $Z(\rho c)$, 단위는 rayls(kg/m²·s)이다. 정상 상태(20℃, 10^5 Pa, $\rho = 1.205$ kg/m³)와 표준 상태(0℃, 1.013×10^5 Pa =1기압, $\rho = 1.293$ kgf/m³)의 대기 중에서 ρc는 각각 413.8 및 428.6 rayls이다.

$$Z(\rho c) = \frac{P}{V} [\text{rayls}]$$

(8) 음의 전파 속도(speed of sound)

음속은 음파가 1초 동안에 전파하는 거리를 말하며, 그 표기 기호는 c, 단위는 m/s이다. 공기 중에서의 음속은 기압과 공기 밀도에 따라 변하지만 지상 부근에서 음의 속도는 $c = 331.5 + 0.6t$[m/s]이고, 여기서 t는 공기의 온도이다.

$$c = \sqrt{\frac{kp}{\rho}} \ \text{[m/s]}$$

여기서, k : 비열비($\frac{C_P}{C_V} \fallingdotseq 1.402$), p : 대기압(N/m^2), ρ : 공기 밀도(kg/m^3)

고체 및 액체 중에서의 음속 c는

$$c = \sqrt{\frac{E}{\rho}} \ \text{[m/s]}$$

여기서, E : 매질의 세로 탄성계수(N/m^2), ρ : 매질의 밀도(kg/m^3)

(9) 음압(sound pressure)

음에너지에 의해 매질에는 미소한 압력 변화가 생기며, 이 압력 변화 부분을 음압이라 하고, 그 표기 기호는 P, 단위는 N/m^2(=Pa)이다. 정현파에서 음압진폭 P_m(피크값)과 음압실효값(rms값) P와의 관계는 다음과 같다.

$$P = \frac{P_m}{\sqrt{2}} \ \text{[N/m}^2\text{]}$$

(10) 음의 세기(sound intensity)

음의 전파는 매질의 진동 에너지가 전달되는 것이므로 음의 진행 방향에 수직하는 단위 면적을 단위 시간에 통과하는 음에너지를 음의 세기라 하며, 그 표기 기호는 I, 단위는 W/m^{2}이다. 음의 세기 I와 음압실효값(통상 음압이라 함) P 간에는 $I = P \times v = \dfrac{P^2}{\rho c}$ [W/m^2]의 관계가 있다.

(11) 음향 출력(acoustic power)

음원으로부터 단위 시간당 방출되는 총 음에너지를 말하며, 그 표기 기호는 W, 단위는 W(watt)이다. 음향 출력 W의 무지향성 음원으로부터 r[m] 떨어진 점에서의 음의 세기를 I라 하면,

$$W = I \times S \ \text{[W]}$$

여기서, S : 표면적(m^2)

① 음원이 점 음원(point source)인 경우

　• 음원이 자유 공간(공중 또는 구면파라고도 함)에 있을 때,

$$W = I \times 4\pi r^2 \ [\text{W}]$$

　• 음원이 반자유 공간(반사율 1인 바닥 또는 반구면파라고도 함)에 있을 때,

$$W = I \times 2\pi r^2 \ [\text{W}]$$

② 음원이 선 음원(line source)인 경우

　• 음원이 자유 공간에 있을 때,

$$W = I \times 2\pi r \ [\text{W}]$$

　• 음원이 반자유 공간에 있을 때,

$$W = I \times \pi r \ [\text{W}]$$

2-3 　소음의 단위 및 제량

(1) 데시벨(dB, deciBel)

　데시벨은 소리의 어떤 기준 전력에 대한 전력 비의 상용로그 값을 벨(bel)로, 그것을 다시 10분의 1(=데시(d))배한 변환이다. 벨(bel)의 10분의 1이란 의미에서 데시벨(dB)이며, 벨이 상용에서는 너무 큰 값이기에 그대로 쓰기는 힘들기 때문에 통상적으로는 데시벨을 이용한다. 소리의 강함(음압 레벨, SPL)·전력 등의 비교나 감쇠량 등을 에너지 비로 나타낼 때에도 사용된다. 어떤 기준값 A에 대하여 B의 데시벨 값 L_B은

$$L_B = 10\log_{10}\frac{B}{A} \ [\text{dB}]$$

이 된다.

　연산 증폭기 등의 증폭기의 입력 및 출력 전압비(이득, gain)를 나타내는 단위로도 사용하며, 다음 환산식에 적용하여 값을 구한다.

$$G = 20\log_{10}\frac{y}{x} \ [\text{dB}]$$

　　여기서, G : 데시벨로 환산한 입력/출력비, x : 입력, y : 출력

$$1\text{dB} = 10\log\left(\frac{\text{power}}{\text{기준 power}}\right)$$

여기서, $\log\left(\dfrac{\text{power}}{\text{기준 power}}\right)$는 전화 발명자 Alexander Graham Bell을 의미하여 "Bell"이라 하고, 이 단위의 $\dfrac{1}{10}$을 deciBel이라고 한다.

전압비의 제곱이 전력비이므로, 앞의 전력비의 정의식을 전압비로 다시 쓰면 로그의 계수가 2배의 20이 된다. 입력과 출력의 차이는 0에 가까운 수치에서부터 100만 단위의 큰 수치까지 폭넓은 범위를 가질 수 있으므로, 이러한 방법을 쓴다.

전력은 전압(또는 전류)의 제곱에 비례하므로, 10배의 전압(전류)비는 100배의 전력비가 되고, 데시벨로 나타내면 20 dB가 된다. 음압 레벨에 대해서도 같다. 음압 레벨, 진동 가속도 레벨은 각각 음압(Pa) 및 진동의 가속도(m/s^2)에 기초해 정의된, 레벨화하여 표현한 양(절대 데시벨)이다. 전자파의 감쇄량은 상대비를 데시벨로 표현한 것(상대 데시벨)이다.

(2) 음압도(SPL, Sound Pressure Level)

음향에서 dB는 power 대신에 음의 세기 레벨을 사용하며,

$$SPL = 10\log\left(\frac{I}{I_0}\right)$$

로 정의한다. 여기서 I_0는 기준 세기로서, 최저 가청 압력 $P_0 = 2 \times 10^{-5}\,\text{N/m}^2$에 해당하는 세기 $I_0 = 10^{-12}\,\text{W/m}^2$로 정의하며 I는 대상음의 세기이다.

$$SPL = 10\log\left(\frac{P^2}{P_0^2}\right) = 20\log\left(\frac{P}{P_0}\right)$$

이처럼 dB는 어떤 기준값에 의해 정의된 상대적인 양으로 세기와 음압은 모두 rms값이다. [그림 7-6]에서 각 경우에 대한 절대 음압이 $10^{-6}\,\text{N/m}^2$의 단위로서 나타나 있고, 절대 음압의 큰 차이가 dB에서는 다루기 쉬운 작은 차이로서 나타나 있음을 볼 수 있다. P_0는 정상 청력을 가진 사람이 1000 Hz 가청할 수 있는 최소 음압 실효값(2×10^{-5} N/m^2), P는 대상음의 음압 실효값이다. 가청 한계는 60 N/m^2, 즉 130 dB 정도임을 알 수 있다.

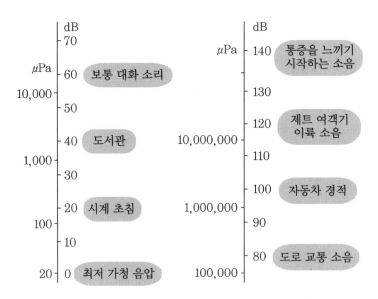

[그림 7-6] 음압도의 예(Pa = Pascal = N/m^2)

(3) 음향 파워 레벨(sound power level : PWL)

$$PWL = 10\log\left(\frac{W}{W_0}\right) [\text{dB}]$$

W : 대상 음원의 음향 power, W_0 ; 기준 음향 power(10^{-12} W)

(4) 음의 세기 레벨(SIL, Sound Intensity Level)과 SPL

$$SIL = 10\log\left(\frac{P^2/\rho c}{I_0}\right) [\text{dB}]$$

$\rho c \fallingdotseq 400$ rayls, $I_0 = 10^{-12}$ W/m^{2}를 대입해서 풀면,

$$SIL = 10\log\left(\frac{P^2}{4 \times 10^{-10}}\right) = 10\log\left(\frac{P}{2 \times 10^{-5}}\right)^2 = SPL$$

즉, 음의 세기 레벨과 음압 레벨은 서로 같으며, 이 음압 레벨은 대부분의 소음계에서 청감 보정 회로를 통하지 않고, 다시 말해서 소음계의 청감 보정 회로를 Lin(또는 Flat)에 놓고 측정한 값이다.

예를 들어 음의 세기가 10^{-5} W/m^{2}일 때 음의 세기 레벨은 다음과 같다.

$$SIL = 10\log\left(\frac{10^{-5}}{10^{-12}}\right) = 70\log_{10}10 = 70 \text{ dB}$$

(5) 음압도(SPL)와 음향 파워 레벨(PWL)의 관계

$$PWL = 10\log\left(\frac{IS}{10^{-12}}\right) = 10\log\left(\frac{I}{10^{-12}}\right) + 10\log S$$

$$= SIL(\text{or } SPL) + 10\log S$$

여기서, S : 표면적(m^2)

따라서 $SPL = PWL - 10\log S$가 된다.

(6) 음의 크기 레벨(loudness level : L_L)

감각적인 음의 크기를 나타내는 양으로 임의의 음에 대한 음의 크기 레벨이다. phone 이란 그 음을 1000 Hz 순음의 크기와 평균적으로 같은 크기로 느끼는 1000 Hz 순음의 음의 세기 레벨로 나타낸 것이다. 1000 Hz 순음의 음의 세기 레벨(또는 음압 레벨)은 phone값과 같으며, 그 표기 기호는 L_L, 단위는 phone이다.

(7) 음의 크기(loudness : S)

1000 Hz 순음의 음의 세기 레벨 40 dB의 음의 크기를 1 sone, 즉 1000 Hz 순음 40 phone을 1 sone으로 정의하며, 그 표기 기호는 S, 단위는 sone이다.

$$S = 2^{(L_L - 40)/10} \text{ [sone]}$$

S의 값이 2배, 3배로 증가하면 감각량의 크기도 2배, 3배로 증가한다.

(8) 소음 레벨(소음도, sound level : SL)

소음계의 청감 보정 회로로 A, B, C 등을 통하여 측정한 값을 소음 레벨이라 하며, 그 표기 기호는 SL, 단위는 dB(A), dB(B) 등으로 한다. 귀로 느끼는 감각량을 계측기로 측정한 값으로 SL은,

$$SL = SPL + L_R \text{ [dB(A)]}$$

여기서, L_R : 청감 보정 회로에 의한 주파대역별 보정값

(9) 등청감 곡선(equal loudness contours)

음의 물리적 강약은 음압에 따라 변화하지만 사람이 귀로 듣는 음의 감각적 강약은 음압뿐만 아니라, 주파수에 따라 변한다. 따라서 같은 크기로 느끼는 순음을 주파수별로 구하여 [그림 7-7]과 같이 작성하는 것을 등청감 곡선이라 한다. 이 그림에서 1000 Hz 순음의 음압도 20 dB은 20 phone으로 느끼나, 100 Hz 순음의 음압도 20 dB은 귀로 들을 수 없으며, 그 음압도가 36 dB일 때 20 phone으로 느낀다.

사람의 귀로는 주파수 범위 20~20000 Hz의 음압 레벨 0~130 dB 정도를 가청할 수 있고, 이 청감은 4000 Hz 주위의 음에서 가장 예민하여 100 Hz 이하의 저주파 음에서는 둔하다.

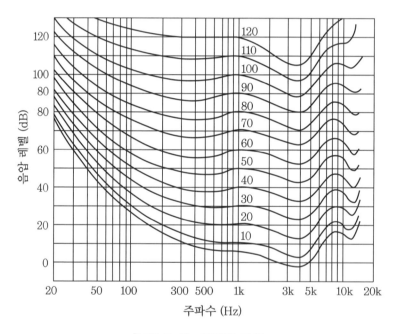

[그림 7-7] 등청감 곡선

(10) 청감 보정 회로

음향 측정 장비에는 기본 음압도의 측정뿐만 아니라, 기계적으로 측정된 음압도를 사람이 실제 느끼는 레벨로 맞추기 위하여 등청감 곡선을 역으로 한 청감 보정 회로(weighting network)를 포함하여 근사적인 음의 크기 레벨을 측정한다.

청감 보정 곡선은 소리의 세기를 3등분하여 중간 이하의 소리에서는 A 특성 곡선을 사용하고, 그 이상의 소리의 세기에 대해서는 B, C 특성 곡선을 차례로 사용한다.

일반적으로 인간의 청각에 대응하는 음압 레벨의 측정은 A 특성을 사용한다. C 특성은 전 주파수 대역에 평탄 특성(flat)으로서 자동차의 경적 소음 측정에 사용된다. 현재 잘 사용하지 않는 B 특성은 A 특성과 C 특성의 중간 특성을 의미하며, ISO 규격에는 항공기 소음 측정을 위한 D 특성이 있다.

소음계에서 A 보정은 40 phon 곡선(SPL<55 dB), B 보정은 70 phon(55 dB<SPL<85 dB), C 보정은 100 phon(85 dB<SPL)을 기준으로 하고 있다. 또한 D 보정은 1~10 kHz 범위에서 보정 특성을 가진다.

현재 A 특성 측정값이 감각과 잘 대응한다 하여 대부분의 소음 측정에는 A 특성을 사용하며, 측정 레벨은 dB(A) 또는 dBA로 표시한다.

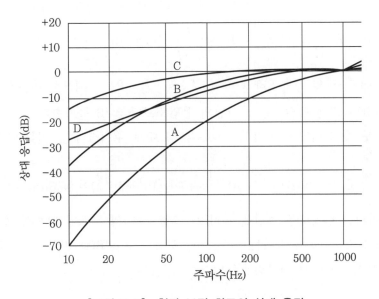

[그림 7-8] 청감 보정 회로의 상대 응답

2-4 dB 대수법

dB로 정의된 두 개 이상의 양을 취급할 때는 이들을 일단 본래의 물리량으로 바꾸어 더하거나 빼야 한다. 이때 우리는 본래의 물리량으로서 세기(intensity)와 압력을 고려한다. 그러나 실효값 세기(rms intensity)는 에너지 보존 법칙에 의해서 직접 더할 수가 있으나, rms 압력은 직접 더할 수가 없다(주의 : rms 값이 아닌 순간 압력들은 물리 법칙에 의해 직접 더할 수 있다). 따라서 dB를 계산할 때는 세기로 환산하는 방법을 써야 한다.

두 개의 음압도 L_{P1}과 L_{P2}가 아래와 같이 주어진 경우 이들의 합성음은 다음과 같이 계산된다.

$$L_{P1} = 10\log\left(\frac{I_1}{I_0}\right) = 10\log\left(\frac{P_1^2}{P_0^2}\right)$$

$$L_{P2} = 10\log\left(\frac{I_2}{I_0}\right) = 10\log\left(\frac{P_2^2}{P_0^2}\right)$$

위의 두 식을 합하면

$$L_P = L_{P1} + L_{P2} = 10\log\left(\frac{I}{I_0}\right) = 10\log\left(10^{\frac{L_{P1}}{10}} + 10^{\frac{L_{P2}}{10}}\right)$$

특별한 경우로서 만일 $I_1 = I_2$라고 하면, $I = I_1 + I_2 = 2I_1$이 되므로 세기가 같은 두 개의 음파를 합하면 전체 음압도는 하나만의 음압도보다 3 dB 증가한다.

예를 들어 두 개의 음압도가 각각 90 dB와 94 dB로 주어졌다면, 이들의 합성음은

$$L_P = 10\log\left(10^{\frac{90}{10}} + 10^{\frac{94}{10}}\right) = 10\log(10^9 + 10^{9.4}) \fallingdotseq 95.5\,dB$$

실제로는 이러한 번거로운 계산을 피하고 [그림 7-9]의 차트에 의해서 예로 55 dB과 51 dB를 더해 보자. 이들의 차이는 4 dB이다. 수평축의 4 dB에 해당하는 수직축의 값은 1.4 dB이다. 이를 55 dB에 더하면 56.4 dB를 얻는다.

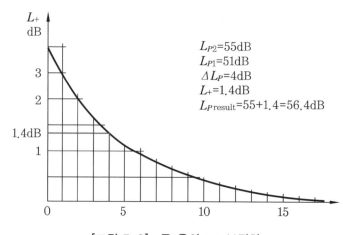

[그림 7-9] 두 음의 dB 보정치

3. 음(소음)의 발생과 특성

3-1 음의 3요소

우리가 들을 수 있는 소리의 성분은 크게 세 가지로 분류하는데, 이것을 음의 3요소라 하며, 음의 높이(pitch), 음의 세기(loudness) 및 음색(timber)이 해당된다.

(1) 음의 높이(고주파수, 저주파수[Hz])

음파의 주파수에 따라 음의 높고 낮음을 감지하며, 높은 주파수는 파장이 짧아 음을 높게 느끼고, 낮은 주파수는 파장이 길어서 음을 낮게 느낀다. 인간의 가청 주파수가 20 Hz에서 20,000 Hz 범위이므로 20 Hz 이하의 낮은 주파수는 초저주파수라 하고, 20,000 Hz 이상의 높은 주파수는 초음파라 부른다.

음의 중심 주파수는 회화 명료음(인간의 귀에 가장 잘 들리는 주파수 대역의 음)으로서 1,000 Hz를 기준으로 하고 있다. 예를 들어 똑같은 음압 레벨로 회화하더라도 1,000 Hz 대역의 회화음이 500 Hz 대역의 회화음보다 더 크고 명료하게 들리게 된다.

(2) 음의 세기(큰 소리, 작은 소리[dB])

음의 세기는 진폭과 관계가 있는데, 큰 소리일수록 진폭은 커지며 작은 소리일수록 진폭은 작아진다. 즉, 음압(sound pressure)에 따른 차이로서 진폭의 크기에 따르며, 예를 들면 큰 소리와 작고 조용한 소리를 의미하며, 음의 크기는 음압 레벨의 단위인 데시벨(dB)로 표시할 수 있다.

(3) 음색(파형의 시간적 변화)

음색이란 소리의 맵시로서 음파의 시간적 변화에 따른 차이를 의미한다. 같은 높이, 같은 크기의 소리라도 발음체의 종류가 다르면 소리의 질이 다르게 된다. 또한 같은 종류의 발음체라도 주의해서 들으면, 각각의 발음체에서 나오는 소리에는 그 발음체 고유의 특징이 있다. 예를 들면, 피아노와 기타 소리의 차이를 의미한다. 우리가 듣는 피아노의 '도' 음이나 기타의 '도' 음은 실제로는 많은 배음을 지닌 합성파이다.

이때 만들어지는 합성파의 모양이 다르면 음색이 다르게 느껴진다. 즉 소리의 높이는 주로 그 소리의 기본음의 주파수에 의해서 결정되지만, 상음의 구성이 다르면 같은 높이라도 음색의 차이로 이를 분간하게 된다.

3-2   음의 발생

(1) 고체음

고체음은 기계의 진동이 기초대의 진동을 수반하여 발생하는 음과 기계 자체의 진동에 의한 음으로 분류된다. 예를 들면 북이나 타악기 및 스피커 음 등이 있다.

① 일체 고체음 : 기계의 진동이 지반 진동을 수반하여 발생하는 소리
② 이차 고체음 : 기계 본체의 진동에 의한 소리

(2) 기체음(기류음)

직접적인 공기의 압력 변화에 의한 유체 역학적 원인에 의해 발생하는 것으로 나팔 등의 관악기, 폭발음, 음성 등이다.

① 난류음 : 선풍기, 송풍기 등의 소리
② 맥동음 : 압축기·진공펌프·엔진의 배기음 등

(3) 공명

2개의 진동체(말굽쇠 등)의 고유 진동수가 같을 때 한쪽을 울리면, 다른 쪽도 울리는 현상이다. [표 7-1]은 간단한 구조의 진동체의 공명음 주파수(기본음)를 구하는 식으로 진동체의 길이와 두께 등이 변화하면 그 주파수도 변화함을 알 수 있다.

[표 7-1] 진동체의 기본음(공명음) 주파수

진동체	기본음의 주파수	기호 설명
봉의 종진동	$\dfrac{1}{2l}\sqrt{\dfrac{E}{\rho}}$	
봉의 횡진동	$\dfrac{k_1 d}{l^2}\sqrt{\dfrac{E}{\rho}}$	l : 길이, E : 영률 ρ : 재료의 밀도 k_1 : 정수
일단 개구관	$\dfrac{c}{4l}$	d : 각봉의 1변 또는 원봉의 지름 c : 공기 중의 음속 h : 관의 두께
양단 개구관	$\dfrac{c}{2l}$	a : 원판 반지름 σ : 푸아송비
주변 공원관	$\dfrac{3.2^2 h}{4\pi a^2}\sqrt{\dfrac{E}{3\rho(1-\sigma^2)}}$	

3-3 진동에 의한 고체음 방사

진동하는 원판[반지름 r(m)]으로부터 2 m 떨어진 점에서의 대략적인 SPL은,

$$SPL \fallingdotseq VAL + 20\log\left(\frac{r^2}{l}\right) + 50 \text{ dB}$$

여기에서 VAL은 진동 가속도 레벨($VAL = 20\log\dfrac{a}{1\text{gal}}$, 1 gal=1 cm/s^2=10^{-2} m/s^2, a : 진동판의 가속도 실효값)이다.

한편 진동판의 면적 S[m^2]의 전 음향 파워레벨 PWL은 근사적으로 $l \gg r$일 때,

$$PWL \fallingdotseq SPL + 10\log S - 20\log\left(\frac{r}{l}\right) + 3 \text{ dB}$$이 된다.

3-4 기류에 의한 공기음 방사

(1) 개구부로부터의 방사음

흡입구 또는 토출구 등으로부터 방사되는 음의 방사 파워 W는,

$$W = U^2 R[\text{W}]$$

여기서, U : 체적 속도($U = v + S$), v : 진동 속도 실효값(m/s^2),
S : 방사면의 면적(m^2), R : 방사저항

(2) 개구부의 기류음

개구부에서 고속으로 분출될 때 발생하는 기류음의 방사 파워 W는,

$$W = \eta R \omega^n S[\text{W}]$$

여기서, η : 방사계수(보일러 증기의 분출음의 경우 $3\times10^{-5} \sim 3\times10^{-4}$),
R : 방사저항(ρc^{-5}), ω : 분출 속도, n : 일반적으로 3~8(음속 정도인 경우 8)

3-5 음의 지향성

(1) 지향계수(directivity factor : Q)

특정 방향에 대한 음의 지향도를 나타낸 것으로, 예를 들어 스피커에서 나오는 소리는

스피커 앞쪽이 뒤쪽보다 크므로 지향성은 스피커 앞이 크게 된다. 지향계수 Q는,

$$Q = \log^{-1}\left(\frac{SPL_0 - \overline{SPL}}{10}\right)$$

여기서, $\overline{SPL}$: 음원에서 반지름 r[m] 떨어진 구형면 상의 여러 지점에서
측정한 SPL의 평균값
SPL_0 : 동일 거리에서 어떤 특정 방향의 SPL

(2) 지향지수(directivity index : DI)

$$DI = SPL_0 - \overline{SPL} \text{ [dB]} \quad \text{또는} \quad DI = 10\log Q \text{ [dB]}$$

무지향성 점음원이라도 [그림 7-10]과 같이 음원의 위치에 따라 지향성을 갖게 된다.

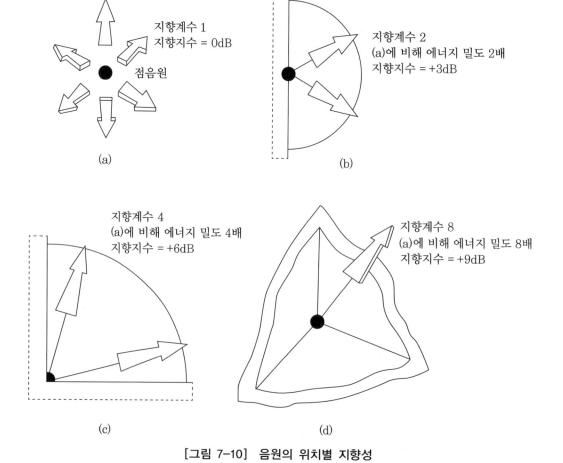

[그림 7-10] 음원의 위치별 지향성

연습 문제

1. 소음의 물리적인 성질과 설명을 연결하시오.

① 파동(wave motion) •　　　• ⊙ 파동의 위상이 같은 점들을 연결한 면

② 파면(wave front) •　　　• ⓒ 매질의 변형 운동으로 이루어지는 에너
지 전달

③ 음선(sound ray) •　　　• ⓒ 매질 개개의 입자가 파동의 진행하는 방
향의 앞뒤로 진동하는 종파

④ 음파(sound wave) •　　　• ② 음의 진행 방향을 나타내는 선으로 파면
에 수직

2. 다음의 ①～⑤에 들어갈 알맞은 말을 [보기]에서 골라 완성하시오.

- 장애물 뒤쪽으로 음이 전파하는 현상은 (①)이다.
- 음파가 한 매질에서 다른 매질로 통과할 때 구부러지는 현상은 (②)이다.
- 하나의 파면상의 모든 점이 파원이 되어 각각 2차적인 구면파를 사출하여 그 파면들을
둘러싸는 면이 새로운 파면을 만드는 현상을 (③)라 한다.
- 발음원(또는 수음자)이 이동할 때 그 진행 방향 쪽에서는 원래 발음원의 음보다 고음으
로, 진행 반대쪽에서는 저음으로 되는 현상을 (④)라 한다.
- 크고 작은 두 소리를 동시에 들을 때 큰 소리만 듣고 작은 소리는 듣지 못하는 현상을
(⑤)라 한다.

────────── [보기] ──────────

- 음의 굴절(refraction of sound wave)　　• 음의 회절(diffraction of sound wave)
- 마스킹(masking) 효과　　　　　　　　• 호이겐스(Huyghens) 원리
- 도플러(Doppler) 효과

3. 음의 3요소를 쓰시오.

4. 공명에 대하여 설명하시오.

5. 서로 다른 파동 사이의 상호 작용으로 나타나는 현상인 음의 간섭(interference of sound wave)에 대한 내용이 옳으면 ○, 틀리면 ×로 표기하시오.

음의 간섭	O/×
① 둘 또는 그 이상의 같은 성질의 파동이 동시에 어느 한 점을 통과할 때 그 점에서의 진폭은 개개의 파동의 진폭을 합한 것과 같다는 것이 맥놀이이다.	
② 여러 파동이 마루는 마루끼리, 골은 골끼리 만나면서 엇갈려 지나갈 때 그 합성파의 진폭은 개개의 어느 파의 진폭보다 크게 되는 것을 보강 간섭이라 한다.	
③ 여러 파동이 마루는 골과 골은 마루와 만나면서 엇갈려 지나갈 때 그 합성파의 진폭은 개개의 어느 파의 진폭보다 작게 되는 것을 소멸 간섭이라 한다.	
④ 주파수가 약간 다른 두 개의 음원으로부터 나오는 음은 보강 간섭과 소멸 간섭을 교대로 이루어 어느 순간에 큰 소리가 들리면 다음 순간에는 조용한 소리로 들리는 현상을 중첩의 원리라 한다.	

6. 다음의 ①~④에 들어갈 공식을 [보기]에서 골라 쓰시오.

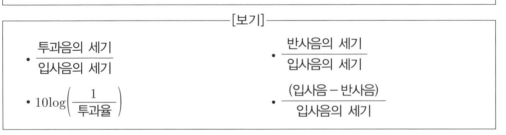

- 반사율(α_r) = (①)   - 투과율(τ) = (②)
- 흡음률(흡수율)(a) = (③)   - 투과 손실(TL) = (④)

────────────[보기]────────────

- $\dfrac{\text{투과음의 세기}}{\text{입사음의 세기}}$ - $\dfrac{\text{반사음의 세기}}{\text{입사음의 세기}}$

- $10\log\left(\dfrac{1}{\text{투과율}}\right)$ - $\dfrac{(\text{입사음} - \text{반사음})}{\text{입사음의 세기}}$

7. 청감 보정 회로에 대하여 설명하시오.

8. 소음 방지 방법 다섯 가지를 설명하시오.

9. 두 음이 65 dB과 67 dB일 때 음의 합성을 차트에 의해서 구하시오.

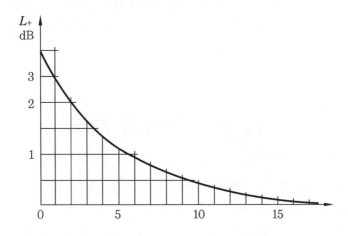

10. 두 개의 음압도 L_{P1}과 L_{P2}가 [보기]와 같이 주어진 경우 이들의 합성음 공식을 쓰시오.

────────[보기]────────

$$L_{P1} = 10\log\left(\frac{I_1}{I_0}\right) = 10\log\left(\frac{P_1^2}{P_0^2}\right)$$

$$L_{P2} = 10\log\left(\frac{I_2}{I_0}\right) = 10\log\left(\frac{P_2^2}{P_0^2}\right)$$

11. 소음원 주변지역의 음장에서 음원의 직접음과 벽에 의한 반사음이 중복되는 구역을 무엇이라고 하는가?

12. 인체가 들을 수 있는 최저 가청 음압(N/m^2)은 얼마인가?

13. 음의 진행 방향에 수직하는 단위 면적을 단위 시간에 통과하는 음의 에너지를 무엇이라 하는가?

소음 측정

1. 소음 측정의 개요

소음 측정 방법은 크게 두 가지로 구별할 수 있는데, 첫째 방법은 주관적 방법으로 우리 인간의 귀를 이용하여 소음의 크기를 감지하는 것이다. 둘째 방법은 객관적인 방법으로 측정 기기를 사용하는 것이다. 이는 일반적으로 소음원, 전파 경로, 수음점 등 여러 곳에서 측정하며 소음원을 측정 조사할 때는 그 소음의 파워 레벨, 스펙트럼, 지향성 등을, 그리고 전파 경로로서 공장 내 음향 효과, 벽면 등의 차음성, 주변 암소음의 시간 및 공간 분포를 조사한다.

1-1 소음 측정의 목적과 계획

1 측정 목적

소음을 측정할 때는 반드시 어떤 동기가 있어야 한다. 측정할 때 우선 문제가 제기된 배경 및 이유를 검토하여 목적을 명확히 할 필요가 있다. 측정하는 목적에 따라 측정 방법, 측정 지점의 선정, 측정기의 종류 그리고 측정 시간 등이 달라진다. 일반적으로 행하는 소음 측정의 목적이나 필요성은 다음과 같이 대별된다.

(1) 대외적 문제 처리상 측정을 필요로 하는 경우

① 규제 기준값 내에 들어가는지의 여부를 측정 확인할 필요가 있는 경우
② 발생 소음 레벨이 높고, 방지 설계상 필요한 데이터를 준비할 필요가 있을 경우

(2) 대내적(음원 대책상) 문제 처리상 측정을 필요로 하는 경우

① 기계 자체의 재료·부품의 피로의 정도 파악상 필요한 경우
② 작업자의 노동위생상 관점에서 필요한 경우

2 측정 계획

배출 시설별의 소음 발생 상태에 따라 다소 차이가 있을 수 있으나 원칙적으로 그 측정 계획은 환경오염공정시험법(소음)에 준하여 입안한다. 소음 측정 조사의 일반적인 순서와 조사 계획을 수립할 때 결정할 사항, 내용 및 안을 만드는 순서는 [표 8-1]과 같다.

[표 8-1] 계획의 검토 사정

검토 사항	결정 사항	유사 사항
① 무엇 때문에 하는가?	목적·목표의 설정	평가 기준 : 소음 레벨인가 음질인가를 확인한다.
② 어디서 하는가?	측정 장소의 선정과 확인	측정 환경 조건의 용이성, 기재, 인원이동의 난이
③ 무엇에 대하여 어떤 측정을 하는가?	측정 대상·측정 항목의 설정, 정도의 결정	대상·항목의 종별에 따라 규제 기준 및 KS에 준하여 선정한다.
④ 어떻게 하는가?	측정 방법의 선정, 측정 지점의 위치 및 수	소음원과 수음점 위치와의 배치 관계, 측정 지점에 표적을 박아 계속 측정의 필요시에는 그 측정점을 명확히 한다. ①의 목적 및 음원의 질에 따라 선정한다.
	측정기, 보조 기구, 측정 정확도	데이터의 판독수는 규제 기준에 따라 결정한다.
	측정 순서	측정 조건의 조합, 기록계 주파수 분석계
	측정 지휘 계통	연락 방법(무전기 등의 준비)
⑤ 언제하는가?	측정 일시·측정 기간	
⑥ 누가 하는가?	측정 인원·관계자	측정 기술, 경험의 정도를 검토 배치
⑦ 계획의 작성	측정 실시 세목의 일람표	

공장의 소음을 조사할 때는 조사의 목적과 대상을 명확하게 하고 도면이나 공장에 관계되는 자료에 따라 그 공장에 대한 예비 지식을 얻으며 가능하면 현지의 예비 조사를 실시한다. 이때 산업 현장에서 준비해야 할 자료를 보면 다음과 같다.

- 공장 주변도
- 공장 배치도
- 공장 평면도
- 기계 배치도
- 공장 건물 설치도
- 작업 공정도
- 기계 장치의 성능, 출력, 회전수 등의 일람표

예비 조사를 실시한 후 도면상에 측정 방법, 측정 항목 등을 검토하여 필요한 측정기, 측정 인원, 측정 시간 등을 결정한다.

3 측정 계획의 블록 다이어그램

측정 계획 입안의 대상이 공장 소음인가 생활 소음인가 등에 따라서 또는 동일 공장 소음이라도 계획의 블록 다이어그램은 상이하게 된다.

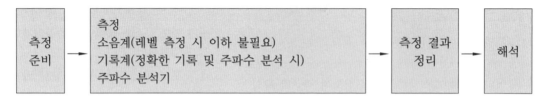

(1) 정상 소음(공장 설비, 기계 등의 소음)

① 소음 레벨

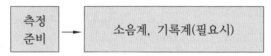

② 주파수 분석

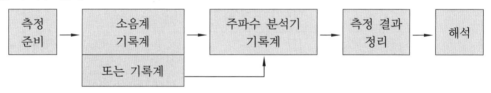

(2) 변동 소음

① 불규칙한 변동, 발생 시간이 긴 소음(교통량이 많은 도로 교통 소음)

• 소음 레벨

• 주파수 분석

② 충격 소음(폭발 소음, 항타기 소음, 프레스 및 단조기 등의 소음)

• 소음 레벨

※ 발생 지속 시간이 0.25초 이하의 경우는 충격 소음계

• 주파수 분석

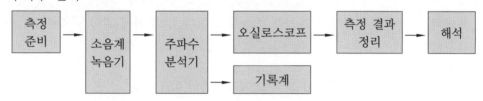

2. 소음 측정

2-1 소음계

(1) 소음의 측정

음압 레벨은 물리량이지만 인간의 청감에 대한 보정을 하여 소리의 크기 레벨에 근사한 값으로 측정할 수 있도록 한 측정기를 소음계라 한다. "원하지 않는 소리"를 소음으로 규정하고 있지만 소음계로 듣기 좋은 소리, 예를 들어 오케스트라 음악을 측정하면 높은 레벨을 나타낸다. 따라서 소위 말하는 소음의 정의에 따른 범주의 음원에 관하여만 국한한다.

(2) 소음계의 구분

소음 측정을 위해서는 KS C 1502에서 정한 보통 소음계 또는 KS C 1505에서 정한 정밀 소음계와 동등 이상의 성능을 갖는 기기를 이용하여 수행한다. 원래 소음계는 귀로 비교하여 그 음의 크기 레벨을 측정하여 아는 것을 목적으로 하며, 다음 2종류를 생각할 수 있다.

① 청취식 : 표준 발음기로부터 발생한 어떤 음과 알고자 하는 음의 크기를 귀로 비교

하여 그 음의 크기 정도를 아는 것으로 정밀한 소음값이 필요한 곳에는 사용되지 않는다.

② 지시식 : 지침 및 디지털 방식으로 대부분의 소음계가 여기에 해당한다. 이러한 지시식 소음계는 구조 및 성능에 따라 간이 소음계, 보통 소음계 및 정밀 소음계 등으로 분류된다.

소음계는 측정 범위와 어떤 규격에 따를 것인지에 따라 사용될 계측기의 종류가 결정된다. 소음계의 종류는 매우 다양하므로 단지 dB(A) 레벨의 소음 측정과 같은 단순한 소음 조사에서부터 등가 소음 레벨, 소음 노출 레벨(SEL), 최대, 최소, 충격 및 피크값 등이 요구되는 정밀한 측정까지 가능한 소음계가 있다. 소음계에 관한 규격은 [표 8-2]에 나타나 있다.

[표 8-2] 소음계의 종류와 적용 규격

종 류	적용 규격	검정 공차	주파수 범위	용 도
간이 소음계	KS C 1503	–	70~6000Hz	–
보통 소음계	KS C 1502	±2dB	31.5~8000Hz	일반용
정밀 소음계	KS C 1505	±1dB	20~12500Hz	정밀 측정용

(3) 적분형 소음계

적분형 소음계(integrating sound level meter)는 등가소음도(L_{eq})를 측정할 수 있는 소음계로서 집적 회로를 내장하고 있어 소음의 표본을 얻고자 할 때 유용하게 사용된다.

(4) 소음계의 구조

① 마이크로폰과 전치 증폭기 : 마이크로폰(microphone)은 지향성이 작은 압력형으로 하며, 기기의 본체와 분리가 가능해야 한다. 일반적으로 안정성과 정밀도가 높은 콘덴서형 마이크로폰을 사용하며 신호 처리를 하기 전에 전치 증폭기로 신호를 증폭한다. 전치 증폭기(pre-amplifier)는 마이크로폰에 의하여 음향 에너지를 전기 에너지로 변환시킨 양을 증폭시키는 것을 말한다.

② 교정 장치 : 소음계의 감도를 교정하는 장치가 내장되어 있으며, 80 dB(A) 이상이 되는 환경에서도 교정이 가능해야 한다.

③ 소음 레벨 변환기 : 대상음의 소음도가 지시계기의 범위 내에 있도록 하기 위한 감쇄기로서 유효 눈금 범위가 30 dB 이하 되는 구조의 것은 변환기에 의한 레벨의 간격이 10 dB 간격으로 표시되어야 한다.

④ 청감 보정 회로 : 청감 보정 회로는 인간의 귀의 특성과 유사한 주파수 특성을 갖게 하기 위한 회로로, 1000 Hz를 기준으로, A 특성은 인체의 주파수 보정 특성에 따라 나타내는 것이고, C 특성은 자동차 소음 측정, D 특성은 충격음이나 항공기 소음 측정에 사용된다.

- A 보정 회로 : 40폰의 등청감 곡선을 이용(55 dB 이하)
- B 보정 회로 : 70폰의 등청감 곡선을 이용(55 dB 이상 85 dB 이하)
- C 보정 회로 : 85폰의 등청감 곡선을 이용(85 dB 이상인 경우에 사용)
- D 보정 회로 : 항공기 소음 측정용으로 PNL을 측정에 사용

⑤ 필터 : 복합된 소리를 주파수별로 나누는 주파수 분석, 1/1 옥타브, 1/3 옥타브 대역폭

⑥ 검파기 : 지시계기의 반응 속도를 빠름 및 느림의 특성으로 조절할 수 있는 조절기로서 RMS 검파기로 검출하며, 검출 방식에는 FAST(125 ms)와 SLOW(1 s)의 조절 기능이 있다.

⑦ 지시 및 출력부 : 녹음기 또는 플로터에 전송할 수 있는 교류 단자가 있고, 지시계기는 지침형 또는 숫자 표시형이다. 지침형의 유효 지시 범위는 15 dB 이상이고, 각각의 눈금은 1 dB 이하를 판독할 수 있다. 또한, 1 dB의 눈금 간격이 1 mm 이상으로 표시되고, 숫자 표시형에는 소수점 한 자리까지 숫자가 표시된다.

(5) 마이크로폰

마이크로폰(microphone)은 음향적 압력 변동을 전기적인 신호로 변환하는 장치이다. 이렇게 변환된 전기적 신호는 다시 전치 증폭기(pre-amplifier)에서 증폭된다.

마이크로폰의 종류는 음장에서 응답에 따라 자유 음장형, 압력형, 랜덤 입사형 등 3가지로 분류된다.

① 자유 음장형 마이크로폰 : 마이크로폰이 음장에 놓이기 전에 존재하는 음압에 대하여 동형의 주파수 응답을 갖는 특징이 있다. 이 마이크로폰은 소리가 한쪽 방향에서 오는 경우에 사용된다. 그러므로 마이크로폰을 음원 방향에 직접 설치한다. 일반적으로 음의 반사가 적으므로 옥내외의 한쪽 방향의 음원 측정에 사용되며, 옥내인 경우 무향실에서의 측정이 대표적이다.

② 압력형 마이크로폰 : 실제의 소음도에 대하여 동형의 주파수 응답을 갖도록 설계되어 있으며 소리의 진행 방향에 대하여 90°가 되도록 설치한다. 이 마이크로폰은 주로 밀폐된 좁은 공간에서 측정 시 사용된다. 청력계의 보정 및 벽과 표면에서의 측정에 이용되며, 진동판이 주변 표면과 같은 위치에 놓이도록 설치한다.

③ 랜덤 입사형 마이크로폰 : 모든 각도로부터 동시에 도착하는 신호에 대하여 동일하게 응답할 수 있도록 설계되어 있으며, 잔향실 측정뿐만 아니라, 음이 벽이나 천장 등에 반사가 많은 옥내에서 이용된다.

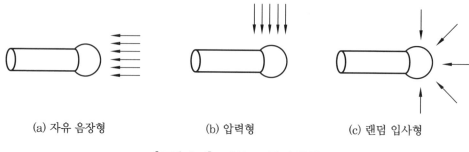

(a) 자유 음장형   (b) 압력형   (c) 랜덤 입사형

[그림 8-1] 마이크로폰의 종류

2-2   소음 측정

(1) 소음의 측정

소음이라 판단되는 음의 물리량에 청감 보정을 등청감 곡선에 따라 보정된 수량으로 측정하는 것을 일반적인 소음 측정이라 한다. 때문에 다음과 같은 조건이 따른다.

① 시끄러움·불쾌함 등의 주관량과 결부된 것으로서 가청 주파수 범위에 한한다.

② 귀의 감각 특성을 고려해도 거의 정확도를 요하지 않는 경우, 귀의 판단 능력 이상, 예를 들면 1 dB 이하인 세기의 변화나 주파수의 미소 변화를 조사해도 의미가 없다.

③ 음의 물리적 세기보다는 되도록이면 근사적으로 귀로 느끼는 크기 레벨 또는 시끄러움에 결부된 양을 구한다.

일반적으로 소음 레벨의 측정에 의해 법에 정한 각종 기준 이내인가 또는 초과하는가를 판정하고 있지만 방음 설계를 위해서는 주파수 분석기에 의한 측정이 필수적이다.

(2) 소음 측정 방법

① 소음 측정은 KS C 1502에 정한 보통 소음 계급 이상으로 측정하여 소음계의 A, B, C 등의 청감 보정 회로를 통하여 측정한 값을 소음 레벨이라 하고, 그 단위는 dB(A), dB(B), dB(C), dB(D)로 표시한다.

② 소음 측정은 보통 A 특성을 사용하여 측정하며, 녹음이나 주파수 분석을 하는 경우에는 C 특성을 사용한다.

③ 지시계기의 지침 속도를 조절하기 위한 미터의 동특성은 FAST와 SLOW 모드가
   있다.

④ FAST 모드는 모터, 기어 장치 등 회전 기계와 같이 변동이 심한 짧은 시간의 신호
   와 펄스 신호에 대해서 사용한다.

⑤ SLOW 모드는 환경 소음과 같이 대상음의 변동이 적어 응답이 늦고 낮은 소음도
   값으로 지시된다.

⑥ 연속적인 소리에 대해서는 FAST 모드와 SLOW 모드가 같은 값을 나타내며, 소
   음계에 내장된 교정 신호나 피스톤 폰(piston phone)을 이용하여 소음계를 교정
   한다.

[표 8-3] 보통 소음계의 반응

옥타브 밴드 중심 주파수(Hz)	KS 보통 소음계			
	A	B	C	허용오차
31.5	−39.2	−17.2	−3.0	±5.0
63	−26.1	−9.4	−0.8	±3.5
125	−16.1	−43	−0.2	±2.0
259	−8.6	−1.4	0	±1.0
500	−3.2	−0.3	0	±2.0
1000	0	0	0	±2.0
2000	+1.2	−0.2	−0.2	+3.0 −2.5
4000	+1.0	−0.8	−0.8	+4.5 −4.0
8000	−1.1	−3.0	−3.0	+6.0 −5.5
16000	−6.5	−8.3	−8.4	+6.0 −∞

(3) 소음계 측정 시 유의 사항

① 암소음(주위의 환경 소음)에 대한 영향은 [표 8-4]의 보정값을 적용해야 한다. 예
   를 들어 암소음이 60 dB이고 대상음이 65 dB인 경우 지시값의 차이가 5 dB이므로
   보정값 −2를 적용하면 실제 대상음은 63 dB가 된다.

[표 8-4] 암소음 보정표

대상음의 유무에 따른 지시값의 차	1	2	3	4	5	6	7	8	9	10
보 정 값	–		−3	−2			−1			–
계 산 값	−6.9	−4.4	−3.0	−2.3	−1.7	−1.25	−0.95	−0.75	−0.60	−0.45

② 반사음의 영향 : 마이크로폰 주위에 벽체와 같은 장애물이 없도록 한다.

③ 청감 보정 회로를 이용한 주파수 성분 파악 : 소음기의 청감 보정 회로에서 A 특성 및 C 특성의 비교를 통하여 개략적인 주파수 성분을 판별할 수 있다. 예를 들면 동일한 소음을 A 특성과 C 특성에 각각 놓고 측정한 결과 다음과 같을 경우,

- dB(A) ≈ dB(C) : 고주파 성분이 많다.
- dB(A) ≪ dB(C) : 저주파 성분이 많다.

이와 같은 이유는 dB(A)가 저주파 성분의 값을 (−)값으로 크게 보정하기 때문이다.

(4) 마이크로폰의 사용법

① 마이크로폰의 기본적인 사용법 : 원칙적으로 마이크로폰은 소음계 본체에서 분리하여 연장 코드를 사용하여 삼각대에 장치한다. 마이크로폰이 소음계 본체에 부착된 것은 측정자 등의 인체로부터의 반사음에 의해 지시값에 오차가 발생하기 쉽다.

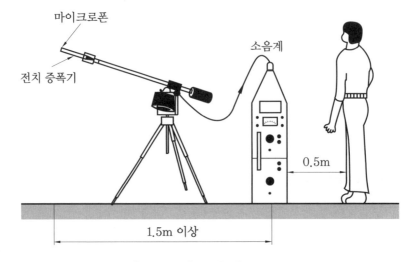

[그림 8-2] 소음 측정 방법

② 소음계에 마이크로폰을 부착한 채 삼각대에 장치하는 방법 : 일반적으로 소음계 본체에는 삼각대용 나사가 있으므로 이것을 사용한다. 이 경우에 지시차를 판독하기 위해 너무 가까이 접근하면 지시에 오차가 일어나기 때문에 주의를 한다.

③ 소음계를 손으로 잡고 측정하는 방법 : 마이크로폰이 부착된 소음계를 그대로 잡고 측정할 경우에는 몸의 앞 좌우 방향으로 소음계를 이동시키면서 반사음의 영향을 신중히 확인한다.

2-3 주파수 분석기

(1) 개요

소리를 들을 때 시간 영역에서 인지되는 소리는 높은 음이나 낮은 음이 서로 중첩되어 있으므로 복합된 하나의 음으로 인식된다. 그러므로 이와 같이 합성된 소음에 대하여 각각의 특성을 알기 위해서는 주파수 분석을 하게 된다.

주파수 분석은 특정 시간 영역에서 샘플링된 음압을 고속 푸리에 변환한 후, 음압 성분을 구성하고 있는 주파수를 분석하게 된다. 이때 샘플링 시간에 따라 분석 가능한 주파수 영역이 결정된다.

(2) 소음계의 주파수 응답 특성

소음의 주파수 분석을 위한 장비의 선택을 위해서는 우선 소음의 시간 변화 특성을 알아야 한다. 시간에 따라 거의 변하지 않는 정상 소음에 대해서는 필터 분석기를 사용할 수 있다.

필터 분석기는 근본적으로 직렬로 연결된 밴드 패스 필터로 구성되어 있어 소음 신호를 각 주파수 밴드에 대응하는 필터에 차례로 통과시켜 분석한다. 이 같은 분석 방법에는 실시간 주파수 분석기를 사용한다. 이는 밴드 패스 필터를 병렬로 연결하여 모든 주파수 밴드의 분석을 동시에 수행하므로 분석에 걸리는 시간이 극히 짧다.

소음의 특성을 결정하는 또 하나의 중요한 요소는 주파수 특성이다. 소음의 주파수 분석은 1/1 옥타브 밴드 또는 1/3 옥타브 밴드에 의해 이루어진다.

이외에도 정밀 분석이 필요한 경우에는 협대역 분석기를 사용하기도 한다. 대부분의 소음계와 정밀 소음 분석기에 내장되어 있는 청감 보정 회로는 옥타브 밴드 필터에 의해서 주파수 분석을 하여 그 밴드에 대응하는 청감 보정을 하며, 이에 의해서 측정된 소음도를 총 소음도라 하는데, 소음의 모든 주파수 성분을 대수 합산한 값이다.

소음의 주파수 분석은 소음 방지 대책 강구에 필수적이며, 소음 방지에 쓰이는 차음재나 흡음재 등의 효과는 소음의 주파수에 따라 다르다. 즉 모든 주파수에 효과적인 방지 대책을 강구하기는 대단히 힘들므로 차선의 방법으로 소음의 주파수 분석에 의해서 가장 문제가 되는 주파수 밴드를 찾아 이 밴드에 특히 효과적인 방지 대책을 강구하는 것이다.

일반적으로 사용되는 주파수 분할 방식은 IEC-225 규격에 의해 정해진다. 1/3 옥타브 분석기는 옥타브 분석기의 한 밴드를 3개로 다시 분할하여 분석하므로 정밀 분석이 가능하다.

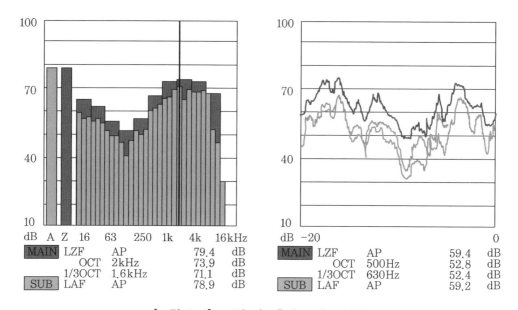

[그림 8-3] 1 및 1/3 옥타브 밴드 분석

2-4 기록계

소음계, 옥타브 분석기 등에 의한 측정 시에 지시값이 항상 일정하지 않기 때문에 기록계가 필요하며, 시시각각의 변화를 기록할 수 있다. 기록계를 소음계 및 주파수 분석기와 조합하여 소음 레벨 및 밴드 레벨의 기록 측정이 가능하다.

소음계에서는 지시계기의 지시값을 판독해야 하지만 레벨 기록계는 자동 기록 측정되므로 판독 및 장시간 측정에 편리하다.

널리 사용되는 휴대용 레벨 기록계는 직접 1/1 옥타브와 1/3 옥타브 분석의 구성을 기록하는 데 사용될 수 있다.

2-5 교정기

소음을 측정하기 전 모든 마이크로폰을 비롯하여 모든 계측 장비에 대하여 교정을 하는 것이 매우 중요하다. 교정은 각 측정 전에 반드시 수행되어야 신뢰성 있는 정확한 측정 데이터를 얻을 수 있다. 소음계에는 교정 신호 발생 회로가 내장되어 있는 교정기가 일정한 주파수(예를 들어 250 Hz, 1,000 Hz)에서 일정한 레벨의 음압을 발생시킨다.

기준 음압을 마이크로폰에 가하는 음향 교정기에는 피스톤폰과 스피커 방식의 음압 레벨 교정기가 있다. 피스톤폰은 모터에 의해 2개의 작은 피스톤을 구동시켜 공동부의 용적 변화로써 음압을 발생시킨다. 이 작동으로 인하여 250 Hz에서 124 dB의 음압 레벨이 발생된다. 피스톤폰으로 높은 정밀도의 교정을 얻기 위해서는 대기 압력과 관련된 보정치를 가감해야 한다.

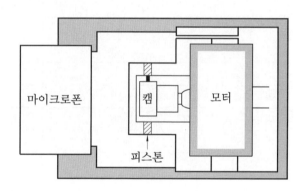

[그림 8-4] 피스톤폰 교정기의 원리

음압 레벨 교정기는 스피커와 함께 작동하는데 1 kHz에서 94 dB(약 1 Pa)의 음압 레벨을 발생시킨다. 이 같은 교정기를 완성된 측정 시스템의 마이크로폰에 부착시켜 가동시키면서 음압 레벨을 조절하여 교정한다.

 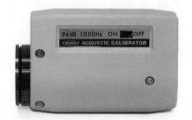

[그림 8-5] 음향 교정기

3. 소음 평가

소음을 측정한 후 목적과 대상에 적합하게 소음을 평가할 수 있다.

3-1 평가 기준

(1) 소음 환경 평가 기준(환경정책기본법 시행령 제2조 환경 기준)

[표 8-5] 소음 환경 평가 기준 　　　　　　　[단위 : L_{eq}dB(A)]

지역 구분	적용 대상 지역	기준	
		낮(06:00~22:00)	밤(22:00~06:00)
일반 지역	"가" 지역	50	40
	"나" 지역	55	45
	"다" 지역	60	55
	"라" 지역	70	65
도로변 지역	"가" 및 "나" 지역	65	55
	"다" 지역	70	60
	"라" 지역	75	70

① 지역 구분별 적용 대상 지역의 구분은 다음과 같다.
- "가" 지역
  - 「국토의 계획 및 이용에 관한 법률」 제36조 제1항 라목에 따른 녹지지역
  - 「국토의 계획 및 이용에 관한 법률」 제36조 제1항 제2호 가목에 따른 보전관리지역
  - 「국토의 계획 및 이용에 관한 법률」 제36조 제1항 제3호 및 제4호에 따른 농림지역 및 자연환경보전지역
  - 「국토의 계획 및 이용에 관한 법률 시행령」 제30조 제1호 가목에 따른 전용주거지역
  - 「의료법」 제3조 제2항 제3호 마목에 따른 종합병원의 부지경계로부터 50 m 이내의 지역
  - 「초·중등교육법」 제2조 및 「고등교육법」 제2조에 따른 학교의 부지경계로부터 50 m 이내의 지역

　　　－「도서관법」제2조 제4호에 따른 공공도서관의 부지경계로부터 50 m 이내의 지역
　・"나"지역
　　　－「국토의 계획 및 이용에 관한 법률」제36조 제1항 제2호 나목에 따른 생산관리
　　　　지역
　　　－「국토의 계획 및 이용에 관한 법률」제30조제 1호 나목 및 다목에 따른 일반주
　　　　거지역 및 준주거지역
　・"다"지역
　　　－「국토의 계획 및 이용에 관한 법률」제36조 제1항 제1호 나목에 따른 상업 지역
　　　　및 같은 항 제2호 다목에 따른 계획관리지역
　　　－「국토의 계획 및 이용에 관한 법률 시행형」제30조 제3호 다목에 따른 준공업
　　　　지역
　・"라"지역
　　　「국토의 계획 및 이용에 관한 법률 시행령」제30조 제3호 가목 및 나목에 따른 전
　　　용 공업지역 및 일반공업지역
　② "도로"란 자동차(2륜 자동차는 제외한다)가 한 줄로 안전하고 원활하게 주행하는
　　데에 필요한 일정 폭의 차선이 2개 이상 있는 도로를 말한다.
　③ 이 소음 환경 기준은 항공기 소음, 철도 소음 및 건설 작업 소음에는 적용하지 않는다.

(2) 생활 소음 규제 평가 기준(소음진동관리법 제20조)

　① 소음의 측정 및 평가 기준은 「환경분야 시험·검사 등에 관한 법률」제6조 제1항 제
　　2호에 해당하는 분야에 따른 환경 오염 공정 시험 기준에서 정하는 바에 따른다.
　② 대상 지역의 구분은 「국토의 계획 및 이용에 관한 법률」에 따른다.
　③ 규제 기준치는 생활 소음의 영향이 미치는 대상 지역을 기준으로 하여 적용한다.
　④ 공사장 소음 규제 기준은 주간의 경우 특정 공사 사전 신고 대상 기계·장비를 사용
　　하는 작업 시간이 1일 3시간 이하일 때는 +10 dB을, 3시간 초과 6시간 이하일 때는
　　+5 dB을 규제 기준치에 보정한다.
　⑤ 발파 소음의 경우 주간에만 규제 기준치(광산의 경우 사업장 규제 기준)에 +10 dB
　　을 보정한다.
　⑥ 2010년 12월 31일까지는 발파 작업 및 브레이커·항타기·항발기·천공기·굴삭기
　　(브레이커 작업에 한한다)를 사용하는 공사 작업이 있는 공사장에 대하여는 주간에
　　만 규제 기준치(발파 소음의 경우 ⑥에 따라 보정된 규제 기준치)에 +3 dB을 보정
　　한다.

[표 8-6] 생활 소음 규제 평가 기준 　　　　　[단위 : dB(A)]

대상 지역	소음원	시간대별	아침, 저녁 (05:00~07:00, 18:00~22:00)	주간 (07:00~18:00)	야간 (22:00~05:00)
가. 주거지역, 녹지지역, 관리지역 중 취락지구·주거개발진흥지구 및 관광·휴양개발진흥지구, 자연환경보전지역, 그 밖의 지역에 있는 학교·종합병원·공공 도서관	확성기	옥외 설치	60 이하	65 이하	60 이하
		옥내에서 옥외로 소음이 나오는 경우	50 이하	55 이하	45 이하
	사업장	공장	50 이하	55 이하	45 이하
		동일 건물	45 이하	50 이하	40 이하
		기타	50 이하	55 이하	45 이하
	공사장		60 이하	65 이하	50 이하
나. 그 밖의 지역	확성기	옥외 설치	65 이하	70 이하	60 이하
		옥내에서 옥외로 소음이 나오는 경우	60 이하	65 이하	55 이하
	사업장	공장	60 이하	65 이하	55 이하
		동일 건물	50 이하	55 이하	45 이하
		기타	60 이하	65 이하	55 이하
	공사장		65 이하	70 　이하	50 이하

⑦ 공사장의 규제 기준 중 다음 지역은 공휴일에만 −5 dB을 규제 기준치에 보정한다.

　• 주거지역

　• 「의료법」에 따른 종합 병원, 「초·중등교육법」 및 「고등교육법」에 따른 학교, 「도서관법」에 따른 공공 도서관의 부지 경계로부터 직선 거리 50 m 이내의 지역

⑧ "동일 건물"이란 「건축법」 제2조에 따른 건축물로서 지붕과 기둥 또는 벽이 일체로 되어 있는 건물을 말하며, 동일 건물에 대한 생활 소음 규제 기준은 다음 각 목에 해당하는 영업을 행하는 사업장에만 적용한다.

　• 「체육시설의 설치·이용에 관한 법률」 제10조 제1항 제2호에 따른 체력단련장업, 체육도장업, 무도학원업 및 무도장업

　• 「학원의 설립·운영 및 과외교습에 관한 법률」 제2조에 따른 학원 및 교습소 중 음악교습을 위한 학원 및 교습소

　• 「식품위생법 시행령」 제21조 제8호 다목 및 라목에 따른 단란주점영업 및 유흥주점영업

- •「음악산업진흥에 관한 법률」 제2조 제13호에 따른 노래연습장업
- •「다중이용업소 안전관리에 관한 특별법 시행규칙」 제2조 제4호에 따른 콜라텍업

(3) 공장 소음 배출 허용 기준(소음진동관리법 제8조)

[표 8-7] 공장 소음 배출 허용 평가 기준   [단위 : dB(A)]

대상 지역	시간대별		
	낮 (06:00~18:00)	저녁 (18:00~24:00)	밤 (24:00~06:00)
가. 도시지역 중 전용주거지역 및 녹지지역(취락지구·주거개발진흥지구 및 관광·휴양개발진흥지구만 해당한다), 관리지역 중 취락지구·주거개발진흥지구 및 관광·휴양개발진흥지구, 자연환경보전지역 중 수산자원보호구역 외의 지역	50 이하	45 이하	40 이하
나. 도시지역 중 일반주거지역 및 준주거지역, 도시지역 중 녹지지역(취락지구·주거개발진흥지구 및 관광·휴양개발진흥지구는 제외한다)	55 이하	50 이하	45 이하
다. 농림지역, 자연환경보전지역 중 수산자원보호구역, 관리지역 중 가목과 라목을 제외한 그 밖의 지역	60 이하	55 이하	50 이하
라. 도시지역 중 상업지역·준공업지역, 관리지역 중 산업개발진흥지구	65 이하	60 이하	55 이하
마. 도시지역 중 일반공업지역 및 전용공업지역	70 이하	65 이하	60 이하

① 소음의 측정 및 평가 기준은「환경분야 시험·검사 등에 관한 법률」제6조 제1항 제2호에 해당하는 분야에 대한 환경오염공정시험기준에서 정하는 바에 따른다.
② 대상 지역의 구분은「국토의 계획 및 이용에 관한 법률」에 따른다.
③ 허용 기준치는 해당 공장이 입지한 대상 지역을 기준으로 하여 적용한다. 다만, 도시지역 중 녹지지역(취락지구·주거개발진흥지구 및 관광·휴양개발진흥지구는 제외한다)에 위치한 공장으로서 해당 공장 200 m 이내에 위 표 가목의 대상지역이 위치한 경우에는 가목의 허용 기준치를 적용한다.
④ 충격음 성분이 있는 경우 허용 기준치에 −5 dB을 보정한다.
⑤ 관련시간대(낮은 8시간, 저녁은 4시간, 밤은 2시간)에 대한 측정소음발생시간의 백분율이 12.5% 미만인 경우 +15 dB, 12.5% 이상 25% 미만인 경우 +10 dB, 25% 이

상 50% 미만인 경우 +5 dB, 50% 이상 75% 미만인 경우 +3 dB을 허용 기준치에 보정한다.

⑥ 위 표의 지역별 기준에도 불구하고 다음 사항에 해당하는 경우에는 배출 허용 기준을 다음과 같이 적용한다.

- 「산업입지 및 개발에 관한 법률」에 따른 산업단지에 대하여는 마목의 허용 기준치를 적용한다.
- 「의료법」에 따른 종합 병원, 「초·중등교육법」 및 「고등교육법」에 따른 학교, 「도서관법」에 따른 공공 도서관, 「노인복지법」에 따른 노인전문병원 중 입소규모 100명 이상인 노인전문병원 및 「영유아보육법」에 따른 보육시설 중 입소규모 100명 이상인 보육시설(이하 "정온시설"이라 한다)의 부지경계선으로부터 50 m 이내의 지역에 대하여는 해당 정온시설의의 부지경계선에서 측정한 소음도를 기준으로 가목의 허용 기준치를 적용한다.
- 가목에 따른 산업단지와 나목에 따른 정온시설의 부지경계선으로부터 50 m 이내의 지역이 중복되는 경우에는 특별자치도지사 또는 시장·군수·구청장이 해당 지역에 한정하여 적용되는 배출허용기준을 공장소음 배출허용기준 범위에서 정할 수 있다.

(4) 교통 소음 관리 기준(소음진동관리법 제25조, 제26조)

① 도로
- 대상 지역의 구분은 「국토의 계획 및 이용에 관한 법률」에 따른다.
- 대상 지역은 교통 소음·진동의 영향을 받는 지역을 말한다.

[표 8-8] 교통 소음 관리 기준(도로)

대상 지역	구분	한도	
		주간 (06:00~22:00)	야간 (22:00~06:00)
주거지역, 녹지지역, 관리지역 중 취락지구·주거개발진흥지구 및 관광·휴양개발진흥지구, 자연환경보전지역, 학교·병원·공공 도서관 및 입소규모 100명 이상의 노인의료복지시설·영유아보육시설의 부지 경계선으로부터 50 m 이내 지역	소음 (LeqdB(A))	68	58
상업지역, 공업지역, 농림지역, 생산관리지역 및 관리지역 중 산업·유통개발진흥지구, 미고시지역	소음 (LeqdB(A))	73	63

② 철도
- 대상 지역의 구분은 「국토의 계획 및 이용에 관한 법률」에 따른다.
- 정거장은 적용하지 아니한다.
- 대상 지역은 교통 소음·진동의 영향을 받는 지역을 말한다.

[표 8-9] 교통 소음 관리 기준(철도)

대상 지역	구분	한도	
		주간 (06:00~22:00)	야간 (22:00~06:00)
주거지역, 녹지지역, 관리지역 중 취락지구·주거개발진흥지구 및 관광·휴양개발진흥지구, 자연환경보전지역, 학교·병원·공공 도서관 및 입소규모 100명 이상의 노인의료복지시설·영유아보육시설의 부지 경계선으로부터 50 m 이내 지역	소음 $(L_{eq}dB(A))$	70	60
상업지역, 공업지역, 농림지역, 생산관리지역 및 관리지역 중 산업·유통개발진흥지구, 미고시지역	소음 $(L_{eq}dB(A))$	75	65

3-2 소음 평가 방법

소음 평가 방법에는 실내 소음 평가법과 환경 소음 평가법이 있다.

(1) 실내 소음 평가법

실내 소음은 벽, 바닥, 창 등으로부터 들어오는 소리와 실내에서 발생되는 소리를 의미하며, 실내 소음 평가법은 이러한 실내 소음을 평가하는 방법이다.
① A 보정 음압 레벨(L_A, A weighted sound level) : 청감 보정 회로 A를 통하여 측정한 레벨로서 실내 소음 평가 시 최댓값이나 평균값을 사용한다.
② AI(ariculation index) : 회화 명료도 지수로서 회화 전송의 주파수 특성과 소음 레벨에서 명료도를 예측하는 것으로서 회화 전달 시스템의 평가 기준이다.
③ 회화 방해 레벨(SIL : speech interference level) : 명료도 지수(AI)를 간략화한 회화 방해에 관한 평가법으로서, 소음을 600~1200 Hz, 1200~2400 Hz, 2400~4800 Hz의 3개의 주파수 영역으로 분석한 음압 레벨의 산술 평균값으로 정의한다.

④ NC(noise criteria) 곡선 : 사무실의 실내 소음을 평가하기 위한 척도로서 1/1 옥타브 분석으로 실내 소음을 평가하는 방법이다. 영화관에서 실내 소음의 허용값이 NC-30이라면 1/1 옥타브 밴드 음압 레벨이 NC-30 곡선의 이하가 된다.

[표 8-10] 실내 소음 평가(NC의 허용 기준)

실의 종류	NC값	dB(A)	실의 종류	NC값	dB(A)
방송 스튜디오	15~30	25~30	가정	30	40
콘서트홀	15~20	25~30	영화관	30	40
극장(500석) (확성 장치 없음)	20~25	30~35	병원	30	40
음악실	25	35	교회	30	40
교실(확성 장치 없음)	25	35	도서관	30	40
아파트, 호텔	25~30	35~40	상점	35~40	45~50
회의장(확성 장치 있음)	25~30	35~40	식당	45	55

⑤ PNC(preferred Noise criteria) 곡선 : NC 곡선의 단점을 보완하여 저주파수 대역 및 고주파수 대역에서 엄격하게 평가되었으며, 음질에 대한 불쾌감을 고려한 곡선이다.

⑥ NR(noise rating) 곡선 : 소음을 총력장애, 회화 방해, 시끄러움 등 3가지 면에서 평가한 곡선이다.

(2) 환경 소음 평가법

환경 소음 평가법으로 등가 소음 레벨이 널리 사용되고 있으며, 현재 소음 진동 관리법에도 등가 소음 레벨이 사용되고 있다.

① 등가 소음 레벨(L_{eq} : equivalent sound level) : 변동이 심한 소음의 평가 방법으로 널리 사용된다. 즉, 변동하는 소음을 일정한 시간 동안 변동하지 않는 평균 레벨의 크기로 환산하는 방법으로서 A 보정 회로의 값을 기본으로 사용한다.

② 소음 통계 레벨(L_N : percentile noise level) : 전체 측정 시간의 N[%]를 초과하는 소음 레벨로서 L_{50}이란 전체 측정시간의 50%를 초과하는 소음 레벨을 의미한다. 이 %의 값이 작을수록 큰 소음 레벨을 나타내므로 $L_{10} > L_{50} > L_{100}$의 관계가 성립된다.

③ 교통 소음 지수(TNI : traffic noise index) : 도로 교통 소음을 인간의 반응과 관련시켜 정량적으로 구한 값으로서 24시간 측정된 A 보정 통계 소음 레벨 L_{10}, L_{90}을 기준으로 다음과 같이 산출한다.

$$TNI = 4(L_{10} - L_{90}) + L_{90} - 30$$

④ 주야 평균 소음 레벨(L_{dn} : day-night average sound level) : 야간 소음 레벨의 문제점을 고려하여 하루의 매 시간당 등가 소음 레벨을 측정하여 야간(22:00 ~ 07:00)의 매 시간 측정값에 10 dB를 가산하여 구한다.

⑤ 소음 공해 레벨(L_{NP} : noise pollution level) : 변동 소음의 에너지와 변동에 의한 불만의 증가치를 합하여 평가하는 방법으로 다음 식과 같다.

$$L_{NP} = L_{eq} + 2.56\sigma$$

여기서, σ : 측정 소음의 표준 편차

⑥ NNI(noise and number index) : 영국의 항공기 소음 평가 방법으로 다음 식으로 나타낸다.

$$NNI = *PNL + 16\log_{10}N - 80$$

여기서, $*PNL$: 하루 중 전체 항공기의 통과 시 PNL의 평균값
N : 하루 중 항공기의 총 이착륙 횟수

⑦ 감각 소음 레벨(PNL, perceived noise level) : 공항 주변의 항공기 소음을 평가하는 척도로서, 소음을 0.5초 이내의 간격으로 옥타브 분석하여 각 대역별 레벨을 구하여 사용하며, 다음과 같이 구한다.

$$PNL = dB(A) + 13 \text{ 또는 } PNL \fallingdotseq dB(D) + 7$$

3-3 소음 및 진동 관련 법제

소음·진동 관련 법제로는 「환경정책기본법」, 「소음·진동관리법」, 「주택법」, 「공항소음 방지 및 소음대책지역 지원에 관한 법률」, 「환경분야 시험·검사 등에 관한 법률」 등이 있다. 「소음·진동관리법」은 소음·진동의 주된 대상을 생활 소음·진동, 교통 소음·진동, 공장 소음·진동, 항공기 소음으로 구분하고 있다.

1 환경정책기본법

(1) 「환경정책기본법」의 목적

「환경정책기본법」은 환경 보전에 관한 국민의 권리·의무와 국가의 책무를 명확히 하고 환경 정책의 기본 사항을 정하여 환경 오염과 환경 훼손을 예방하고 환경을 적정하고

지속 가능하게 관리·보전함으로써 모든 국민이 건강하고 쾌적한 삶을 누릴 수 있도록 함을 목적으로 하고 있다(「환경정책기본법」 제1조).

(2) 환경 기준의 설정

① 「환경정책기본법」은 국가로 하여금 환경 기준을 설정하도록 하고 있다(「환경정책기본법」 제12조 제1항).

② 소음 분야는 항공기 소음, 철도 소음 및 건설작업장 소음을 제외한 소음을 대상으로 하고 있다(「환경정책기본법」 제12조 제2항, 「환경정책기본법 시행령」 제2조 및 별표).

③ 소음 환경 기준은 일반 지역과 도로변 지역으로 구분하며, 이를 다시 소음으로부터 보호를 받아야 할 시설을 기준으로 대상 지역별로 낮과 밤으로 구분하여 정하고 있다(「환경정책기본법」 제12조 제2항, 「환경정책기본법 시행령」 제2조 및 별표).

2 소음·진동관리법

(1) 「소음·진동관리법」의 목적

「소음·진동관리법」은 공장·건설공사장·도로·철도 등으로부터 발생하는 소음·진동으로 인한 피해를 방지하고 소음·진동을 적정하게 관리하여 모든 국민이 조용하고 평온한 환경에서 생활할 수 있게 함을 목적으로 하고 있다(「소음·진동관리법」 제1조).

「소음·진동관리법」에서 말하는 소음(騷音)이란 기계·기구·시설, 그 밖의 물체의 사용 또는 공동주택 등 다음의 장소에서 사람의 활동으로 인해 발생하는 강한 소리를 말하며, 진동(振動)이란 기계·기구·시설, 그 밖의 물체의 사용으로 인하여 발생하는 강한 흔들림을 말한다(「소음·진동관리법」 제2조 제1호, 제2호 및 「소음·진동관리법 시행규칙」 제2조).

- 「주택법」 제2조 제3호에 따른 공동주택
- 「음악산업진흥에 관한 법률」 제2조 제13호에 따른 노래연습장업
- 「체육시설의 설치·이용에 관한 법률」 제10조 제1항 제2호에 따른 신고 체육시설업 중 체육도장업, 체력단련장업, 무도학원업 및 무도장업
- 「학원의 설립·운영 및 과외교습에 관한 법률」 제2조 제1호 및 제2호에 따른 학원 및 교습소 중 음악교습을 위한 학원 및 교습소
- 「식품위생법 시행령」 제21조 제8호 다목 및 라목에 따른 단란주점영업 및 유흥주점영업

• 「다중이용업소 안전관리에 관한 특별법 시행규칙」 제2조 제3호에 따른 콜라텍업

(2) 생활 소음·진동의 관리

「소음·진동관리법」에서는 대상 지역별, 시간대별로 사업장, 공사장 등에서 발생하는 생활 소음·진동을 관리하고 있으며 이동 소음원에 대해서도 이동 소음규제 지역을 지정하여 이동 소음원의 사용을 금지하거나 사용 시간 등을 제한하고 있다(「소음·진동관리법」 제21조 및 제24조).

※ 이동 소음원이란 ① 이동하며 영업이나 홍보를 하기 위하여 사용하는 확성기, ② 행락객이 사용하는 음향 기계 및 기구, ③ 소음 방지 장치가 비정상이거나 음향 장치를 부착하여 운행하는 이륜 자동차 등을 말한다(「소음·진동관리법」 제24조 제2항, 「소음·진동관리법 시행규칙」 제23조 제1항).

(3) 층간 소음의 관리

「소음·진동관리법」에서는 환경부 장관과 국토교통부 장관은 공동으로 공동주택에서 발생되는 층간 소음(인접한 세대 간 소음을 포함함)으로 인한 입주자 및 사용자의 피해를 최소화하고 발생된 피해에 관한 분쟁을 해결하기 위해 층간 소음 기준을 정하여 관리하고 있다(「소음·진동관리법」 제21조의 2).

(4) 교통 소음·진동의 관리

「소음·진동관리법」에서는 교통 소음·진동 관리 지역을 지정하고 도로 및 철도의 소음·진동 한도를 설정하고 있으며, 제작 자동차 및 운행 자동차에 대해서도 소음 기준을 설정하여 관리하고 있다(「소음·진동관리법」 제26조, 제27조, 제30조 및 제35조).

(5) 공장 소음·진동의 관리

「소음·진동관리법」에서는 소음·진동 배출 시설을 설치한 공장에 대해 배출 허용 기준을 설정하여 사업자로 하여금 준수 의무를 부여하고 있다(「소음·진동관리법」 제7조, 제12조 제2항 및 제14조).

(6) 항공기 소음의 관리

항공기 소음에 대해서도 소음 한도를 설정하고 필요한 경우 관계 기관의 장에게 방음 시설의 설치 등을 요청할 수 있도록 규정하고 있다(「소음·진동관리법」 제39조).

3 주택법 및 주택건설기준 등에 관한 규정

「주택법」 및 「주택건설기준 등에 관한 규정」에서는 공동주택을 건설하는 지점의 소음 도가 65 dB 이상인 경우에는 방음벽·수림대 등의 방음시설을 설치하여 해당 공동주택의 건설 지점의 소음도가 65 dB 미만이 되도록 소음 방지 대책을 수립하고 있으며, 세대 간 의 경계벽 및 시설 간의 경계벽 등에 대해서도 별도의 기준을 정하여 입주민이 소음으로 부터 보호되어 쾌적한 생활을 누릴 수 있도록 규정하고 있다(「주택법」 제42조, 「주택건 설기준 등에 관한 규정」 제9조 및 제14조).

4 공항 소음 방지 및 소음 대책 지역 지원에 관한 법률

「공항 소음 방지 및 소음 대책 지역 지원에 관한 법률」에서는 공항 소음을 방지하고 소음 대책 지역의 주민 지원 사업을 효율적으로 추진하기 위해 소음 대책 지역을 지정· 고시하고, 해당 지역에 관한 공항 소음 대책 사업을 수립·시행하도록 하고 있다(「공항 소음 방지 및 소음 대책 지역 지원에 관한 법률」 제1조, 제5조 및 제8조).

5 환경 분야 시험·검사 등에 관한 법률

① 측정 업무를 대행하는 영업을 하고자 하는 자는 「환경 분야 시험·검사 등에 관한 법률」에 따라 기술능력·시설 및 장비를 갖추어 특별시장·광역시장·도지사에게 등 록해야 한다(「환경분야 시험·검사 등에 관한 법률」 제16조).
② 측정대행업 등록을 받은 자는 「환경 분야 시험·검사 등에 관한 법률」에 따른 측정 대행업자의 준수 사항을 준수해야 하며, 측정대행 업무를 담당하는 기술 인력에 대 해서는 환경부 장관이 실시하는 전문 교육을 받도록 해야 한다.(「환경분야 시험·검 사 등에 관한 법률」 제24조).

6 국외 소음 관련 기준

① OSHA(Occupational Safety and Health Administration) : 각종 산업 분야 안전 및 소 음 노출 기준 및 허용량 제시(www.osha.gov 참고)
② ISO 1374 : 2009 Noise Exposure Safety Standards : 소음 노출 기준 허용량 제 시(www.iso.org 참고)

3-4 소음 측정 및 평가 관련 서식

환경 소음 측정 자료 평가표

작성 연월일 :   년   월   일

1. 측정 연월일	년 월 일 요일	시 분부터 시 분까지
2. 측정 지역	소재지:	
3. 측정자	소속 : 직명 : 성명 : (인) 소속 : 직명 : 성명 : (인)	
4. 측정 기기	소음계명 : 기록기명 : 부속장치 : 삼각대, 방풍망	
5. 측정 환경	반사음의 영향 : 풍속 : 진동, 전자장의 영향 :	

6. 소음 측정 현황

지역 구분	측정 지점	측정 시각	주요 소음원	측정 지점 약도
		시 분		

7. 측정 자료 분석 결과(기록지 등 첨부)

  가. 측정 소음도 :   dB(A)

공장 소음 측정 자료 평가표

작성 연월일 :　　　년　　　월　　　일

1. 측정 연월일	년　월　일　요일	시　　　분부터 시　　　분까지
2. 측정 대상 업소	소재지 : 명 칭 :　　　　　사업주 :	
3. 측정자	소속 :　　　직명 :　　　성명 :　　(인) 소속 :　　　직명 :　　　성명 :　　(인)	
4.　측정 기기	소음계명 : 소음도 기록기명 : 부속장치 :　　　　　삼각대, 방풍망	
5. 측정 환경	반사음의 영향 : 바람, 진동, 전자장의 영향 :	

6. 측정 대상 업소의 소음원과 측정 지점

소음원(기계명)	규　격	대　수	측정 지점 약도

7. 측정 자료 분석 결과(기록지 첨부)

　가. 측정 소음도 :　　　　　　dB(A)

　나. 암소음도　:　　　　　　dB(A)

　다. 대상 소음도 :　　　　　　dB(A)

생활 소음 측정 자료 평가표

작성 연월일 :   년 월 일

1. 측정 연월일	년 월 일 요일 시 분까지 시 분부터
2. 측정 대상	소재지 : 명 칭 :
3. 측정자	소속 : 직명 : 성명 : (인) 소속 : 직명 : 성명 : (인)
4. 측정 기기	소음계명 : 기록기명 : 부속장치 : 삼각대, 방풍망
5. 측정 환경	반사음의 영향 : 풍속 : 진동, 전자장의 영향 :

6. 측정 대상의 소음원과 측정 지점

소 음 원	규 격	대 수	측정 지점 약도
			(지역 구분 :)

7. 측정 자료 분석 결과(기록지 등 첨부)

　가. 측정 소음도 :   dB(A)

　나. 암소음도   :   dB(A)

　다. 대상 소음도 :   dB(A)

도로 교통 소음 측정 자료 평가표

작성 연월일 :   년   월   일

1. 측정 연월일	년 월 일 요일 시 분부터 시 분까지
2. 측정 대상	소재지 : 도로명 :
3. 관리자	
4. 측정자	소속 : 직명 : 성명 : (인) 소속 : 직명 : 성명 : (인)
5. 측정 기기	소음계명 : 기록기명 : 부속장치 : 삼각대, 방풍망
6. 측정 환경	반사음의 영향 : 풍속 : 진동, 전자장의 영향 :

7. 측정 대상과 측정 지점

도로 구조	교통 특성	측정 지점 약도
차선수 : 도로 유형 : 구 배 : 기 타 :	시간당 교통량 (대/h) 대형차 통행량 (대/h) 평균차속 (km/h)	 (지역 구분 :)

8. 측정 자료 분석 결과(기록지 등 첨부)

  측정 소음도 :   dB(A)

철도 소음 측정 자료 평가표

작성 연월일 :   년   월   일

1. 측정 연월일	년 월 일 요일	시 분부터 시 분까지
2. 측정 대상	소 재 지 : 철도선명 :	
3. 관리자		
4. 측정자	소속 : 직명 : 성명 : (인) 소속 : 직명 : 성명 : (인)	
5. 측정 기기	소음계명 : 기록기명 : 부속장치 : 삼각대, 방풍망	
6. 측정 환경	반사음의 영향 : 풍속 : 진동, 전자장의 영향 :	

7. 측정 대상과 측정 지점

도로 구조	교통 특성	측정 지점 약도
철도선 구분 : 구 배 : 기 타 :	시간당 교통량 : (대/h) 평균 열차속도 : (km/h)	 (지역 구분 :)

8. 측정 자료 분석 결과(기록지 등 첨부)

측정 소음도 : L_{eq}(1h) dB(A)

항공기 소음 측정 자료 평가표

작성 연월일 :   년   월   일

1. 측정 연월일	년 월 일 요일	시 분부터 시 분까지
2. 측정 대상	소재지 :	
3. 측정자	소속 : 직명 : 성명 : (인) 소속 : 직명 : 성명 : (인)	
4. 측정 기기	소음계명 : 기록기명 : 부속장치 : 삼각대, 방풍망	
5. 측정 환경	반사음의 영향 : 풍속 : 진동, 전자장의 영향 :	

6. 측정 대상과 측정 지점

지역 구분	측정 지점	일별 WECPNL	비행 횟수	측정 지점 약도
		1일차 : 2일차 : 3일차 : 4일차 : 5일차 : 6일차 : 7일차 :	낮 저녁 밤	

7. 측정 자료 분석 결과(기록지 등 첨부)

  가. 평균 지속 시간 :   초(30초 이상일 때)

  나. 항공기 소음 평가 레벨 :   WECPNL dB(A)

발파 소음 측정 자료 평가표

작성 연월일 : 년 월 일

1. 측정 연월일	년 월 일 요일	시 분부터 시 분까지
2. 측정 대상	소재지 : 명 칭 :	
3. 사업주	주소 : 성명 : (인)	
4. 측정자	소속 : 직명 : 성명 : (인) 소속 : 직명 : 성명 : (인)	
5. 측정 기기	소음계명 : 기록기명 : 부속장치 : 삼각대, 방풍망	
6. 측정 환경	반사음의 영향 : 풍속 : 진동, 전자장의 영향 :	

7. 측정 대상의 소음원과 측정 지점

폭약의 종류	1회 사용량	발파 횟수	측정 지점 약도
	kg	낮 : 밤 :	(지역 구분 :)

8. 측정 자료 분석 결과(기록지 등 첨부)

  가. 측정 소음도 : dB(A)

  나. 암소음도 : dB(A)

  다. 대상 소음도 : dB(A)

연습 문제

1. 소음에 관한 것 중 관계있는 것끼리 연결하시오.

① 소음계   •

② 마이크로폰   •

③ 전치 증폭기   •

•   ㉠ 전기적 신호를 증폭하는 장치

•   ㉡ 음향적 압력 변동을 전기적인 신호로 변환하는 장치

•   ㉢ 인간의 청감에 대한 보정을 하여 소리의 크기 레벨에 근사한 값으로 측정할 수 있도록 한 측정기

2. 등가 소음도(L_{eq})를 측정할 수 있는 소음계로서 집적 회로를 내장하고 있어 소음의 표본을 얻고자 할 때 유용하게 사용되고 있는 소음계는?

① 자유 음장형 소음계   ② 압력형 소음계

③ 랜덤 입사형 소음계   ④ 적분형 소음계

3. 인체의 주파수 보정 특성에 따라 나타내는 것으로 40폰의 등청감 곡선을 이용(55 dB 이하)을 하는 회로는 어느 것인가?

① A 보정 회로   ② C 보정 회로

③ B 보정 회로   ④ D 보정 회로

4. 검파기는 지시계기의 반응 속도를 빠름 및 느림의 특성으로 조절할 수 있는 조절기로서 RMS 검파기로 검출한다. 검파기 반응 특성으로 모터, 기어 장치 등 회전 기계와 같이 변동이 심한 짧은 시간의 신호와 펄스 신호에 대해서 사용하는 것은?

5. [보기]의 설명 중 ①, ②에 알맞은 수치를 쓰시오.

─────[보기]─────

마이크로폰은 소음계 본체에서 분리하여 연장 코드를 사용하여 삼각대에 장치하며, 마이크로폰이 소음계 본체에 부착된 경우 반사음에 의해 지시값에 오차가 발생하기 쉽기 때문에 (①)m 이상 거리를 두어야 하며, 측정자와 소음계는 (②)m 이상 거리를 주어야 한다.

6. 소음 측정에서 주파수 분석을 하는 이유를 설명하시오.

소음 제어

1. 공장 소음과 진동의 발생원

1-1   개요

환경 소음을 크게 분류하면 일반적으로 기계 소음과 교통 소음이 있다.
- 기계 소음(공장 소음, 공사장 소음)
- 교통 소음(도로 소음, 철도 소음, 항공기 소음)

도시의 환경 소음의 대표적인 것은 교통 소음이다. 교통 소음의 소음원은 차나 항공기 등이 이동하는 상태에서 소음을 발생시키는 선 음원이다. 그러나 교통 소음과는 반대로 기계 소음은 소음원이 일반적으로 이동하지 않기 때문에 점 음원으로 취급된다.

소음은 매질에 따라 다양하게 발생하고 전파 경로도 매우 복잡하므로 소음 방지 대책을 수립하기 위해서는 제반 기술 및 경제적인 조건을 고려해야 한다.

1-2   기계 소음의 발생원

(1) 마력

기계에 의해서 발산되는 소음은 기계에 공급되는 전동기 마력과 직접적인 관계가 있다. 소음과 마력의 관계는 기계 종류에 따라서 다를 수 있기 때문에 이를 하나의 관계식으로 정립하기는 불가능하다.

일반적으로 기계에 공급되는 동력의 일부분이 소음으로 변한다. 즉, 기계는 마력이 증가함에 따라서 소음 발생 효율이 증가하게 된다.

경험과 실험에 의해서 마력 증가에 따른 소음 증가를 다음과 같은 근사식으로 간단하게 예측할 수 있다.

$$\text{소음도 증가량(dB)} = 17\log_{10}(\text{마력 증가비})$$

(2) 회전 속도

고속 회전 기계는 저속 회전 기계보다 소음이 크게 발생한다. 회전 속도에 따른 소음 증가는 기계 종류, 설치 방법, 회전체 질량, 기계 정비 상태 등에 의해서 결정된다. 마력과 소음의 관계도 기계 종류에 따라서 실험적으로 관계식을 유도하는 것이 바람직하다. 참고로 압축기, 송풍기, 펌프 등의 소음은 회전 속도 증가비의 상용대수에 20 내지 50배 증가한다.

$$\text{소음도 증가량(dB)} = (20 \sim 50)\log_{10}(\text{회전 속도 증가비})$$

(3) 회전체의 불균형

회전체의 불균형은 크게 재료의 밀도 차와 기공 등에 의한 불균형과 편심이나 조립 불량 등의 기하학적 치수의 불균형으로 나눌 수 있다. 이들 불균형은 궁극적으로 회전체의 질량 중심과 회전체 축과의 상대적 변위를 초래한다. 이에 의해 회전 속도(rpm)에 비례하는 주파수의 강제 진동이 발생하며, 소음을 쉽게 발생시킬 수 있는 기계의 다른 부위로 전달되어서 궁극적으로 소음 발생원이 된다.

따라서 회전체의 불균형은 기계의 안전 운전뿐만 아니라 소음, 진동 방지 측면에서도 신중히 고려되어야 하고, 회전체의 불균형을 바로 잡기 위한 밸런싱(balancing) 기술이 요구된다.

$$f = \frac{n}{60} \ [\text{Hz}]$$

여기서, n : 회전수(rpm)

(4) 구조물의 공진 현상

모든 구조물은 각각의 고유 진동 주파수를 갖는다. 만일 구조물에 가해지는 힘이 고유 진동 주파수와 동일한 주파수를 갖는다면 구조물의 큰 진동과 함께 소음이 발생할 수 있다. 이와 같은 상태를 공진(resonance)이라 하며, 공진이 발생하면 구조물의 수명이 저하되거나 시스템이 불안정해지므로 공진의 방지 대책이 필요하게 된다. 이러한 공진 현상은 회전체의 불균형, 충격, 마찰 등에 의해서 발생되는 주기적 힘이 해당 구조물에 전달됨으로써 일어난다.

구조물의 공진 현상을 방지하는 최선의 방법은 감쇠 계수가 큰 주철재와 같은 재료로 변경하거나, 구조를 변경하여 강제 진동 주파수과 고유 진동 주파수가 일치하지 않도록 설계하는 것이다.

(5) 충격

기계 표면에 가해지는 대기 중의 충격음은 표면을 진동시키고, 이 진동은 기계 다른 부위로 전달되어서 다시 소음의 형태로 발산될 수 있다.

(6) 기어

기어 소음은 설계, 제작에 따른 허용 공차, 가동 방법 등과 관련되어 있다. 두 개의 맞물린 기어의 접촉 부분에서는 항상 금속 사이에 미끄럼이 발생하며, 이에 의해서 소음과 진동이 발생한다. 따라서 기어 소음 방지를 위해서는 기어 치형 간격의 정밀도를 유지하는 것이 중요하다.

치형이 부정확하다면 하나의 이(齒)에서 다음 이로 물려 들어갈 때 작은 가속도의 변화가 생긴다. 이는 곧 회전 속도의 변화를 초래하고 이에 의해서 기어의 레이디얼(radial) 방향과 접선 방향에 힘이 가해진다. 이 힘은 축에 비틀림 진동을 발생시켜 기계의 다른 부품에 강제 진동을 발생시킬 수 있다. 반면에 만일 이(齒) 간격이 부정확하다면 기어 이에 작은 충격이 가해지면서 소음이 발생한다.

기어가 회전할 때 이와 이 사이의 마찰은 기어 소음의 가장 중요한 발생 원인이 된다. 따라서 기어 소음 방지의 최선의 방법은 마찰력이 작은 재료를 사용하는 것이며, 이를 위해 합성수지 기어가 최근에 많이 개발되고 있다.

(7) 베어링

베어링 소음은 베어링이 회전할 때 전동체와 회전체의 표면 불균형으로 발생된다. 이들 베어링 요소들의 표면상의 불균일한 점들은 베어링의 회전 속도에 의해서 정해지는 주파수를 갖는 충격음을 발생시킨다. 따라서 베어링 소음은 이들 주파수 부근에서 큰 값을 갖는 경향이 있으며, 이 특성을 활용한 베어링 소음의 주파수 분석을 통해서 문제가 되는 요소를 찾아낼 수 있다. 또한 베어링의 설치 방법은 소음과 직접 관련이 있으므로 베어링에 작용하는 하중의 크기와 방향을 고려한 적절한 배치 및 정밀 축 정렬(alignment)이 중요하다.

r_1 =내륜의 반지름, r_2 =외륜의 반지름, r_B =볼(ball) 또는 롤러(roller)의 반지름, m =볼(ball) 또는 롤러(roller)의 수, n_r =내륜의 회전 속도(rps)일 때 소음 주파수는 다음과 같다.

① 베어링의 편심 또는 불균형에 의한 회전 소음 주파수

$$f_r = n_r$$

② 볼, 롤러 또는 케이스(case) 표면의 불균일에 의한 소음 주파수

$$f_c = n_r \frac{r_1}{(r_1 + r_2)}$$

③ 볼 또는 롤러의 자체 회전에 의한 소음 주파수(볼 표면의 불균일한 점에 의해서 발생)

$$f_B = \frac{r_2}{r_B} n_r \frac{r_1}{(r_1 + r_2)}$$

④ 내륜 표면의 불균일에 의한 소음 주파수

$$f_1 = n_r \left(1 - \frac{r_1}{r_1 + r_2}\right) m$$

⑤ 외륜 표면의 불균일에 의한 소음 주파수

$$f_2 = n_r \frac{r_1}{(r_1 + r_2)} m$$

(8) 기계의 패널

기계를 덮고 있는 패널(panel)들은 기계의 다른 부위에서 발생되어 전달된 소음이나 진동에 의해서 진동을 할 수 있으며, 이에 의해서 소음이 발생된다. 저주파 소음 발생이 되는 큰 패널은 작은 부분으로 나눔으로써 소음을 감소시킬 수 있다. 또 하나의 방법으로 패널에 구멍을 뚫어서 패널 양쪽으로 공기의 흐름을 분산시키면 저주파 소음 발생을 방지할 수 있다.

(9) 공기 동력학적 발생원

압축기, 송풍기에서 발생하는 기계류의 소음 특성은 기계 자체의 소음보다는 공기 운동에 의해서 발생되는 소음이 더 중요한 경향이 있다.

공기를 동력원으로 하는 기계의 소음 발생 원인은 주로 추진 날개에 의해서 공기를 밀어낼 때 발생하는 난류의 흐름이다. 난류는 그 자체가 소음 발생원이기도 하지만 파이프(pipe), 케이스(case) 등과 작용하여 소음이 발생된다.

공기 동력학적 기계의 소음 발생에 영향을 주는 요소는 이외에도 여러 가지 있다.

① 추진 날개의 회전 속도 : 소음도 증가량은 대체로 속도증가비와의 상용대수의 20 내지 50배이다.

② 날개 통과 주파수 : 회전 주파수에 날개수를 곱한 주파수가 발생한다.

③ 불균일한 날개 간격 : 날개 간격을 불균일하게 하여 주파수의 소음을 방지할 수 있으나 기계의 동적 균형과 제작 비용 등의 문제로 실용적이지 못하다.

④ 날개의 수 : 날개수를 증가시킴에 따라서 소음은 감소한다. 특히 날개수가 적고 날개 면적이 작은 경우에는 날개수 증가에 의한 소음도 감소는 대체로 날개수 증가비의 상용대수의 10배로 주어진다.

$$소음도 \ 감소량(dB) = 10\log 10(날개수 \ 증가비)$$

(10) 왕복 운동형 내연 기관

발전기 등 내연 기관을 사용하는 기계에서 발생되는 소음은 일반적으로 공기 역학적 원인과 기계적 원인으로 나눌 수 있다. 공기 역학적 소음 발생은 주로 공기 흡입과 배기 과정이 큰 원인이다. 소음의 가장 큰 몫을 차지하는 배기 소음은 일반적으로 내연 기관의 피스톤 점화 주파수에서 발생하며, 흡입 소음보다 대체로 8~10 dB 정도 높다.

기계적 소음은 대체로 마력의 상용대수의 10배에 비례해서 증가한다. 즉 마력을 두 배 증가시키면 소음도는 3 dB 정도 증가한다. 또한 내연 기관 가동 속도는 기계적 소음과 직접적인 관련이 있으며, 대체로 속도증가비의 상용대수의 30배 증가한다. 즉 속도를 두 배 증가시키면 소음도는 9 dB 정도 증가한다.

2. 공장 소음 방지 대책

2-1 개요

소음 방지의 최선의 방법은 기계 설계 및 제작 과정에서 근본적으로 소음 대책을 고려해야 한다. 그러나 많은 경우에 이 방법은 현실적으로 기대하기 힘들며, 더욱이 경우에 따라서는 일단 완성된 기계에 대해서 소음 방지 대책을 강구하는 것이 더욱 효과적이고 경제적이다. 소음 방지가 필요하다고 인정된 때에는 우선 소음이 주로 발생되는 기계와 이 소음이 전달되는 경로를 확인한 후, 다음 단계로서 소음 방지 대책을 강구한다. 소음 방지 방법으로서는 다음의 세 가지 기본 방법을 들 수 있다.

① 흡음　　② 차음　　③ 소음기(silencer)

이 방법들은 각각 독립된 것이나 효과적인 소음 방지는 이들과 진동 차단, 진동 댐핑의 적당한 조합 사용에 의해서 이루어질 수 있다.

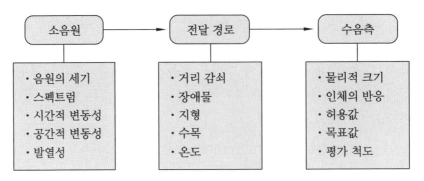

[그림 9-1] 소음 방지 대책의 흐름도

2-2 흡음

임의의 재료에 음파가 입사하면 입사 에너지 일부는 반사되고 나머지는 흡수된다. 이때 흡수되는 음의 에너지가 마찰 저항이나 진동 등에 의하여 열에너지로 변하는 현상을 흡음(sound absorption)이라 한다.

1 흡음률의 정의

모든 재료는 입사 에너지의 일부를 흡수한다. 일반적으로 부드럽고 다공성 표면을 갖는 재료는 음 에너지를 많이 흡수하게 되는데, 입사 에너지 중 흡수되는 에너지의 비를 흡음율(α)이라 하며 0~1의 값을 갖는다.

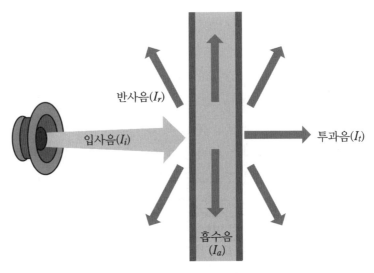

[그림 9-2] 흡음 재료에 의한 흡음

$$흡음률(\alpha)= \frac{흡수된\ 에너지}{입사\ 에너지}= \frac{(입사음-반사음)의\ 세기}{입사음의\ 세기}= \frac{I_i-I_r}{I_i}=1-\frac{I_r}{I_i}$$

흡음률이 0.8이라는 것은 예를 들면 1000 Hz의 음이 흡음 재료 속으로 입사하여 그 에너지가 80% 흡수되고 20%가 반사된 것이다. 일반적으로 시멘트 벽돌이나 콘크리트의 입사 에너지의 흡수는 5% 이하이므로 흡음률은 0.05 이하가 된다. 이와 같이 흡음률이 좋은 재료는 반사가 일어나지 않는 다공성 재료임을 알 수 있다. 또한 흡음률은 같은 재료에 대해서도 입사음의 주파수, 재료 표면에 대한 음의 입사 조건, 재료의 면적 등에 따라 다른 값을 나타낸다. 따라서 흡음률을 나타내는 경우에는 이것들의 조건을 명시해야 한다.

2 흡음률의 주파수 특성

흡음률은 음의 주파수와 관계되므로 흡음률의 데이터는 각 주파수별로 각각 다른 데이터를 갖게 된다. 흡음률은 백분율이므로 완전 반사이면 흡음률이 0이 되고, 완전 흡음이면 1이 되며, 그 사이를 100으로 분할하여 주파수의 관계로 나타낸다. 흡음률이 1이 된다는 것은 반사음의 에너지가 0일 때이므로 입사음의 에너지가 100% 재료에 흡수된다는 뜻이다. 흡음 재료는 125, 160, 200, 250 Hz 등으로 한 1/3 옥타브 간격의 주파수로 표시되지만 흡음 처리나 음향 설계로 사용되는 흡음 재료는 표와 같이 125, 250, 500, 1000, 2000, 4000 Hz의 한 옥타브 간격의 주파수로 표시되는 것이 일반적이다.

[표 9-1] 대표적인 건축 재료의 흡음률

구분 재료	주파수(Hz)					
	125	250	500	1000	2000	4000
	흡음 계수					
① 셀룰로오스 파이버 셀링타일#1 마운팅	.50to.10	.20to.25	.50to.80	.50to.99	.45to.99	.30to.70
② 상동	.30to.40	.30to.45	.35to.65	.45to.99	.50to.90	.50to.75
③ 미네랄 파이버 셀링타일#1 마운팅	.02to.10	.15to.25	.55to.75	.60to.99	.60to.99	.50to.90
④ 상동, #7 마운팅	.40to.70	.40to.95	.40to.95	.55to.99	.65to.99	.50to.95
⑤ 중카펫	.02to.06	.05to.25	.15to.55	.35to.70	.50to.75	.60to.75
⑥ 경카펫	.10	.05	.10	.20	.65	.60
⑦ 드레퍼류	.03to.15	.04to.35	.10to.55	.15to.75	.35to.65	.35to.65
⑧ 페인트 없는 콘크리트 블록	.05to.15	.05to.45	.05to.40	.05to.40	.05to.25	.05to.25
⑨ 페인트된 블록	.01to.02	.01to.02	.01to.03	.02to.04	.20to.05	.20to.70
⑩ 스프레이된 절연재	.03to.08	.10to.30	.02to.75	.25to.99	.25to.95	.20to.75
⑪ 유리, 폴리우드와 다른 패널	.05to.35	.04to.18	.05to.35	.03to.12	.02to.10	.01to.10

3 흡음 재료

흡음 재료로 천장과 벽을 처리한 경우에 음파가 이들 면에서 반사될 때마다 일정 비율의 소음 에너지가 흡수되어 궁극적으로 소멸된다. 흡음 재료의 사용은 일차적으로 실내 소음을 낮추기 위한 것이지만, 소음 방지 대상 기계 주위에 시멘트 벽 등을 사용하는 경우에는 기계를 접한 차음벽 안쪽을 흡음 재료로 처리함으로써 차음벽의 차음 효과를 상대적으로 높일 수 있다.

흡음 재료는 일반적으로 주파수, 재료의 구성, 표면 처리, 두께 등에 따라 흡음 특성이 다르게 나타나며, 흡음재의 용도는 다음과 같다.
- 산업용 : 보온 재료, 보랭 재료 등
- 건축용 : 단열·보온 재료, 실내 장식 재료, 실내 음향 재료
- 공해 방지용 : 실내 흡음 처리, 방음 처리, 소음기 내부 재료 등

흡음 재료에 의한 내부 처리 방법은 주로 작업장 내에서의 소음원과 주음정 사이의 거리와 작업장의 기하학적 구조에 달려 있다. 작업장 내의 소음은 크게 두 성분으로 구성된다. 하나는 소음원으로부터 직접 오는 소음이고 또 하나는 벽에 부딪쳐 반사되어 오는 소음이다. 직접 오는 소음은 소음원으로부터의 거리가 2배 증가하면 6 dB 감소한다.

흡음재에 의한 벽면 처리는 반사음 감소를 목적으로 한 것이며, 따라서 내부의 흡음 처리는 일반적으로 소음원으로부터 먼 곳에서 주로 효과가 있음을 의미한다. 벽면의 흡음 처리에 의한 반사음 감소 효과는 흡음 처리 전과 후의 실내 흡음력을 각각 A_1과 A_2라 할 때 실내 평균 흡음 계수가 0.3 이하인 경우에 다음과 같이 근사적으로 적용될 수 있다.

$$NR = 10\log\left(\frac{A_2}{A_1}\right) \text{[dB]}$$

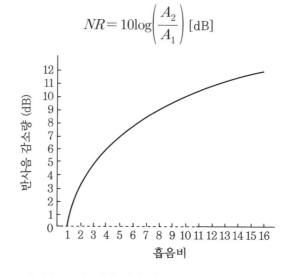

[그림 9-3] 흡음비에 따른 반사음 감소 효과

(1) 다공질형 흡음재

다공질형 흡음 재료는 입사 음파가 무수히 많은 세공을 통해 재질 내부로 흡수되는 재료이다. 글라스 울(glass wool)과 같은 재료나 미세 조직을 가진 섬유 재료와 같이 모세관이나 많은 기포가 있는 재료들은 음 에너지가 입사되면 흡수되어 나올 때까지 많은 시간이 소요되면서 열에너지로 변환되어 음이 감쇠되는 효과를 나타낸다. 이와 같은 재료는 세공이 많을수록 흡음 효과가 좋아지며, 흡음 특성은 저주파 영역보다는 고주파 영역에서 우수하다.

다공질형 흡음재는 일반적으로 벽에 밀착하거나 공기층을 두어 설치한다. [그림 9-4]는 두께가 다른 다공질형 흡음재를 견고한 벽면에 밀착시킨 경우 (a)와 흡음재와 벽면에 2.5 cm, 5 cm, 10 cm의 공기층을 둔 경우 (b)에 대하여 주파수별 흡음 특성을 나타내고 있다.

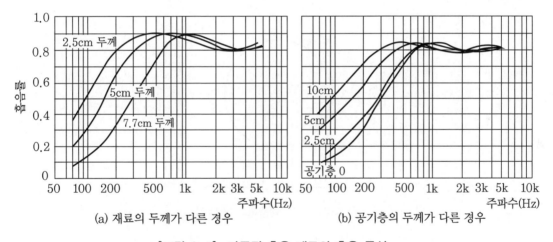

[그림 9-4] 다공질 흡음 재료의 흡음 특성

(2) 얇은 판의 흡음재

합판이나 석고보드 판처럼 얇은 판에 음 에너지가 입사되면 판 진동이 발생하여 음 에너지의 일부가 판의 내부 마찰로 인한 열에너지로 바뀌게 된다.

판의 고유 진동수는 재료 및 구조와 크기에 따라 다르지만 대부분 80~300 Hz 사이의 고유 진동 주파수를 갖게 되며, 이 주파수 대역에서 최대 흡음률은 0.2~0.5 정도, 다른 주파수 대역에서는 0.1 정도가 된다.

이와 같이 얇은 판의 흡음 특성은 저주파 대역의 공명 주파수에서 최대가 되지만 흡음률은 낮게 나타난다.

얇은 판 흡음재가 벽체와 공기층의 간격 d[m]를 두고 밀폐된 경우 얇은 판의 공명 주파수 f_o는 다음과 같다.

$$f_o = \frac{c}{2\pi} \sqrt{\frac{\rho}{md}} \simeq \frac{60}{\sqrt{md}}$$

여기서, c : 공기 중의 음속(m/s), ρ : 공기 밀도(kg/m^3),
m : 판의 단위 면적당 질량(kg/m^2), d : 공기층 간격(m)

(3) 공명기형 흡음재

공명기형 흡음재는 사무실이나 가정의 거실 등에 널리 보급되어 있으며, 흡음 재료는 판 모양의 수없이 작은 구멍을 뚫어 놓은 것으로서, 석면 슬레이트판, 알루미늄판, 연질 섬유판 등이 있다. 이와 같은 원리로 만든 흡음기를 헬름홀츠 공명기(Helmholz resonator)라 한다.

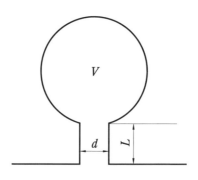

[그림 9-5] 헬름홀츠 공명기

견고한 벽면으로 이루어진 공동(cavity)과 외부로 연결되는 입구로 이루어져 헬름홀츠 공명기에 음파가 입사되면, 공기 입자가 진동하여 공명 주파수 부근에서 공기가 심한 진동을 하게 되고, 그 마찰열로 인하여 음 에너지가 열에너지로 바뀌게 되며, 공동 속의 공기는 스프링 작용을 한다. 이 공명기는 어떤 임의의 주파수에서도 공진이 되도록 제작이 가능하다. 그러나 보통 50~400 Hz 대역의 저주파 영역에서 주로 사용된다.

공명형 흡음재의 공명 주파수 f_o는 다음과 같다.

$$f_o = \frac{c}{2\pi} \sqrt{\frac{S}{V(L+\delta)}}$$

여기서, S : 뚫린 구멍의 단면적(m^2), V : 내부 체적(m^3), L : 목의 길이(m)
δ : 관단보정($\delta = 0.8d$), d : 작은 입구 구멍 지름(m)

(4) 유공판 흡음재

유리섬유와 암면같은 섬유성 재료들은 넓은 주파수 범위에서 좋은 흡음 특성을 갖는 장점이 있으나, 부식과 훼손 등 내구성 면에서는 약한 단점이 있다. 이를 피하기 위해서 이들 재료를 합성수지 필름(film)으로 싸는 방법을 흔히 쓴다. 이 경우에 고주파 소음의 흡음이 영향을 받는 경향이 있으나 저주파 흡음 특성은 오히려 개선될 수 있다.

유공판 흡음재는 벽면과 일정한 간격을 두고 설치할 경우 헬름홀츠 공명기의 한 종류로 볼 수 있다. 벽체에 공기층을 갖도록 헬름홀츠 공명기의 주요 흡음 주파수 영역은 저주파 영역이지만 유공판은 단일 공명기형 흡음기의 성능을 확장시켜 경제적인 면에서 장점이 있다.

훼손의 가능성이 심한 경우에는 유공판으로서 흡음재의 앞면을 보호할 수 있다. 유공판(perforated panel)의 재료로서는 철판, 알루미늄판, 합판 등이 사용된다. 유공판의 일차적인 목적은 소음을 내부의 흡음재로 통과시키는 것이므로 재료의 종류보다는 유공판의 소음 투과 특성을 결정하는 개공률과 구멍의 크기 및 배치 방법이 중요하다.

유공판 흡음재의 공명 주파수는 다음과 같다.

$$f_o = \frac{c}{2\pi} \sqrt{\frac{p}{L(t+\delta)}}$$

여기서, p : 유공판의 개공률(유공 면적의 합/유공판 전체 면적),
L : 유공판에서 벽체까지 공기층의 두께, t : 유공판의 두께
δ : 보정값($\delta = 0.8d$), d : 유공판의 구멍 지름

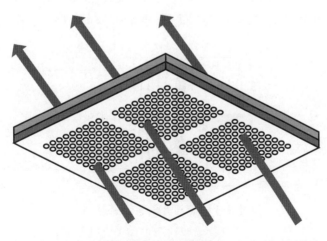

흡음공을 통해 음을 흡수

[그림 9-6] 유공 흡음판

유공판의 공명 주파수는 개공률이 클수록, 즉 단위 면적당 구멍의 수가 많을수록 높아지며, 유공판의 두께와 공기층의 두께가 증가할수록 낮아진다.

30% 정도의 개공률은 소음을 거의 완전히 통과시킨다. 동일한 개공률에 대해서는 몇 개의 큰 구멍을 주는 것보다 많은 작은 구멍을 균일하게 분포시키는 것이 일반적으로 더욱 효과적이다.

흡음판은 벽이나 천장에 직접 부착시킬 수도 있으나 백스페이스(backspace)를 두고 설치하면 저주파 흡음 특성을 흡음재 본래의 그것보다 증가시킬 수 있다. 흡음판은 일종의 영구 시설물이기 때문에 그 형태의 선정과 설치 방법에 신중을 기해야 한다.

2-3 차음

차음이란 공기 속을 전파하는 음을 벽체 재료로 감쇠시키기 위하여 음을 반사 또는 흡수하도록 하여 입사된 음이 벽체를 투과하는 것을 막는 것을 의미한다. 차음 성능은 dB 단위의 투과 손실(TL : Transmission Loss)로 나타내며, 그 값이 클수록 차음 성능이 좋은 재료가 된다. 투과 손실이란 재료의 표면에 A[dB]라는 강도의 음 에너지가 입사되어 통과해서 나오는 투과 음 에너지가 B[dB]라 할 때 그 강도의 차이를 의미한다. 따라서 투과 손실은 $TL = A - B$[dB]이다.

예를 들어 100 dB의 음 에너지가 입사되어 70 dB의 음이 투과되었다면 투과 손실은 30 dB가 된다. 즉, 투과 손실은 투과되지 않고 반사되거나 흡수된 에너지를 의미한다.

기계 소음 방지의 손쉬운 방법은 기계 주위에 차음벽을 설치하여 소음 전파를 차단하는 것이다. 차음벽의 차음 효과는 투과율에 의해서 정해진다.

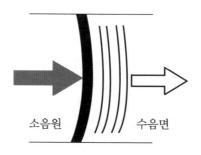

소음원 수음면

[그림 9-7] 고체벽을 통한 소음 투과

고체벽을 통한 음파의 투과는 입사 음파에 의한 벽의 강제 진동에 의해서 이루어지며, 소음 투과율(τ)은 다음과 같다.

$$투과율(\tau) = \frac{투과된\ 에너지}{입사\ 에너지} = \frac{I_t}{I_i}$$

재료의 투과 손실(TL)은 투과율(τ)을 이용하면 다음과 같이 표현된다.

$$TL = 10\log_{10}\frac{1}{\gamma} = 10\log_{10}\frac{입사\ 에너지}{투과된\ 에너지} = 10\log_{10}\frac{I_i}{I_t}\ [dB]$$

즉, 투과 손실은 입사 소음의 소음도(dB)와 투과 소음의 소음도의 차이로서, 재료의 차음 효과를 통상적인 데시벨의 개념으로 나타낸다.

1 단일벽의 차음 투과 손실

(1) 음 에너지가 벽면에 수직 입사할 경우 투과 손실

$$TL = 20\log_{10}(mf) - 43\,[dB]$$

여기서, m : 벽체의 단위 면적당 질량(kg/m^2), f : 음의 입사 주파수(Hz)

(2) 음 에너지가 벽면에 랜덤으로 입사할 경우 투과 손실

음 에너지가 벽면의 법선 방향으로 θ각으로 입사할 때의 투과 손실을 TL_θ라 하면,

① $\theta = 0 \sim 90°$일 때 투과 손실은 $TL_\theta = TL_o - 10\log_{10}(0.23\,TL)\,[dB]$가 된다. 음장 입사 질량 법칙(field incidence mass law)은 실제 음장과 같이 음 에너지가 입사하는 경우 벽체의 질량이나 주파수가 두 배로 증가하면 투과 손실도 비례하여 6 dB씩 증가하는 법칙이다.

② $\theta = 0 \sim 78°$일 때 투과 손실은 $TL_\theta = TL_o - 5 = 20\log_{10}(mf) - 48\,[dB]$가 된다.

(3) 입사음의 파장과 굴곡파의 파장이 일치할 때

실제 벽은 굴곡 운동을 하며, 벽체의 굴곡 운동의 진폭과 입사음의 진폭이 동일한 크기로 진동할 때를 일치(coincidence) 효과라 한다. 파장 λ의 음파가 벽면의 입사각 θ로 입사될 때 벽체로 전달되는 음의 파장 λ'은 $\lambda' = \dfrac{\lambda}{\sin\theta}$이 되고, 음의 파장 λ'에 의해 벽체에 발생된 소밀파의 전파 속도를 c'이라 하면, $c' = \dfrac{c}{\sin\theta}$가 되어 벽체가 굴곡 운동을 하게 된다.

따라서 θ가 90°일 때 일치 효과를 일으키는 최저 주파수를 임계 주파수 f_c라 하면, 다음과 같이 표현된다.

$$f_c = \frac{c^2}{2\pi \cdot h \cdot \sin^2\theta} \cdot \sqrt{\frac{12\rho(1-\sigma^2)}{E}} \ [\text{Hz}]$$

여기서, h : 벽체의 두께(m), E : 벽체의 세로 탄성 계수(N/m^2),
ρ : 벽체의 밀도(kg/m^3), σ : 푸아송비($\sigma \fallingdotseq 0.3$)

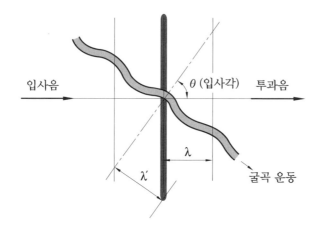

[그림 9-8] 일치 효과

2 이중벽의 차음 특성

단일벽인 경우 음장 입사 질량 법칙(field incidence mass law)에 따라 벽체의 질량이나 주파수가 두 배로 증가하면 투과 손실도 비례하여 6 dB씩 증가하게 된다. 그러나 실제로는 무게 증가에 의한 효과는 4~5 dB 정도이다.

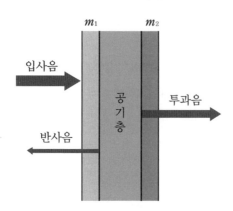

[그림 9-9] 이중벽의 구조

또한 단일벽의 두께를 두 배 증가시키면 질량 법칙에 따라 차음 효과는 증가하지만 일치 효과가 저주파수에서 발생하므로 차음 성능의 저하를 초래할 수 있다. 따라서 두 개의 얇은 벽이라 할지라도 공기층을 사이에 두어 진폭을 억제하면 질량 법칙의 효과뿐만 아니라, 고주파 성분 등에 높은 차음 효과를 얻을 수 있다.

(1) 저음역에서 공명 주파수

중공 이중벽의 경우 투과 손실은 저음역에서 공명 투과 손실이 발생하므로 공기층 내에 암면이나 유리면 등을 충진하면 3~10 dB 정도 투과 손실이 개선된다. 두 벽체의 질량을 각각 m_1, m_2라 할 때, 질량이 동일한 경우 질량을 m이라 하면 저음역에서 공명 주파수는 $f_L = \dfrac{c}{2\pi} \sqrt{\dfrac{2\rho}{md}}$ [Hz]가 된다.

만약 두 벽체의 질량이 각각 다른 경우 저음역에서 공명 주파수는

$$f_L \fallingdotseq 60 \sqrt{\frac{m_1 + m_2}{m_1 \times m_2} \cdot \frac{1}{d}} \ [\text{Hz}]$$

여기서, d : 이중벽의 두께(m), m_1, m_2 : 두 벽체의 질량(kg)

(2) 고음역에서 투과 손실

고음역에서 이중벽의 투과 손실은 다음과 같다.

① 최소 투과 손실 $TL_{\min} = 10\log\left\{1 + \left(\dfrac{\omega \cdot m}{\rho \cdot c}\right)^2\right\}$ [dB]

② 최대 투과 손실 $TL_{\max} = 10\log\left\{1 + \dfrac{1}{4}\left(\dfrac{\omega \cdot m}{\rho \cdot c}\right)^4\right\}$ [dB]

여기서, ω : 각속도($\omega = 2\pi f$), m : 벽체의 질량(kg), ρ : 공기의 밀도(kg/m³),
c : 공기 중 음속(m/s)

3 공진 현상

강성에 의해서 투과 손실이 결정되는 저주파 성분보다 높은 주파수에 대해서는 차음벽의 공진 현상에 의해서 투과 손실에 변화가 생긴다. 차음벽은 일종의 패널이므로 패널에 존재할 수 있는 고유 진동 모드의 주파수에서 입사한 소음과 공진한다.

공진은 처음 패널의 고유 진동수에서 발생한다. 대체로 100 Hz 이상 주파수에서 일어나며, 공진 주파수의 소음 성분은 거의 손실됨이 없이 투과한다. 차음벽의 공진 현상에

는 파동의 합치(wave coincidence) 현상이 있는데, 이들 공진 현상에 의한 소음 투과는 투과 손실에 대한 차음벽 무게의 효과를 제한하는 큰 요소이므로 차음벽 설계 시에 반드시 고려되어야 한다.

4 소음의 주파수

소음의 주파수는 차음벽의 차음 효과를 결정하는 또 하나의 요소이다. 일반적으로 차음벽의 무게나 내부 댐핑에 의한 차음 효과는 주파수가 증가함에 따라서 증가한다. 그러나 공진 현상의 효과는 일반적으로 고주파에서 더욱 크기 때문에 고주파 소음의 차단을 방해한다.

차음벽의 차음 효과를 결정하는 제반 요소들은 차음 대상이 되는 기계의 소음 특성에 따라서 면밀하게 고려되어야 하며, 차음 밀폐실을 설계하는 데 직접 이용될 수 있다. 잘 설계된 밀폐식 차음벽은 60 dB까지의 투과 손실을 기대할 수 있어서 특별히 문제가 되는 소음 발생 기계에 개별적으로 설치할 수 있다. 많은 차음 밀폐실의 경우에 최저 공진 주파수는 대상 기계의 문제가 되는 주파수보다 낮다. 이 경우에 차음 효과는 주로 재료의 무게에 의해서 결정되나 작은 차음 밀폐실의 경우에는 문제가 되는 주파수가 벽의 공진 주파수보다 낮을 수 있다. 따라서 차음 밀폐실의 설계에는 적절한 주파수 범위가 고려되어야 한다.

그러나 발전기, 압축기, 분쇄기 등 외의 설비는 완전 밀폐식 차음벽 사용이 불가능하므로 기계와 소음 방지가 필요한 지역 사이에 방음벽을 설치함으로써 10 내지 30 dB 정도의 소음 감소 효과를 얻을 수 있다. 방음벽은 특히 넓은 옥외 지역을 특정 소음원으로부터 보호하고자 할 때 효과적으로 이용된다. 차음 재료의 투과 손실 특성에 의해서 차음 효과가 결정되는 차음 밀폐실과는 달리, 부분 방음벽의 효과는 주로 모서리에서의 음파의 회절 현상에 의해서 제한된다. 충분한 무게의 재료를 사용하는 한 재료의 투과 손실은 회절 효과에 비해서 무시할 수 있다.

따라서 방음벽의 효과는 회절 효과만을 고려해서 Fresnel수에 의거한 이론적 공식에 의해서 계산할 수 있다.

$$\text{방음 효과(dB)} = 20\log\left[\frac{\sqrt{2\pi N}}{\tanh\sqrt{2\pi N}}\right] + 5 \text{ [dB]}$$

여기서, $N = \frac{2}{\pi}(A + B - d)$: Fresnel수, λ＝파장, A, B, d는 [그림 9-10]에서 주어진 거리이다.

이 식은 주위에 반사체가 없고, 또한 방음벽의 길이가 충분히 길어서 방음벽 위에서만 회절이 일어나는 이상적인 경우에만 적용 가능하다. 이러한 경우에도 방음벽의 효과는 대체로 20 dB에서 제한된다.

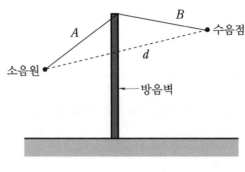

[그림 9-10] 방음벽

5 차음 대책

(1) 경계벽 근처의 차음

칸막이벽으로 구성된 인접하는 경계벽 근처의 음압 레벨은 다음과 같다.

$$SPL_2 = SPL_1 - TL + 10\log\left(\frac{1}{4} + \frac{S}{R}\right) \text{[dB]}$$

여기서, SPL_1 : 음원실의 음압 레벨(dB), TL : 투과 손실(dB),
S : 칸막이벽의 면적(m^2), R : 실정수(m^2),
S/R : 잔향음 성분으로 잔향음이 없으면 0이 된다.

(2) 경계벽에서 떨어진 곳의 차음

칸막이벽으로 구성된 경계 벽에서 떨어진 곳의 음압 레벨은 다음과 같다.

$$SPL_3 = SPL_1 - TL + 10\log\left(\frac{S}{R}\right) \text{[dB]}$$

(3) 외부 소음에 대한 차음

외부의 소음이 유리창을 통해 실내로 들어오게 되면 실내에서는 산란파로 변형되어 소음 감소로 인한 차음도(NR)는 다음과 같다.

$$NR = TL + 10\log\left(\frac{A}{S}\right) - 6 \, [\text{dB}]$$

여기서, TL : 창의 투과 손실(dB), A : 실내의 흡음 면적(m²),
S : 차음 면으로 된 창의 면적(m²)

따라서 실내 음압 레벨 SPL_4는 다음과 같다.

$$SPL_4 = PWL - 20\log r - TL - 10\log\left(\frac{A}{S}\right) - 2 \, [\text{dB}]$$

여기서, PWL : 음향 파워 레벨(dB), r : 음원에서의 거리(m)

(4) 벽의 틈새에 의한 누설음

차음에 큰 영향을 미치는 것은 틈새이므로 벽의 틈새에 의한 누설음은 차음의 성능을 크게 저하시킨다. 만약 벽체에 틈새가 없다면 벽면 바깥쪽의 음압 레벨 SPL_5는 다음과 같다.

$$SPL_5 = SPL_0 - TL \, [\text{dB}]$$

여기서, SPL_0 : 벽면 안쪽의 음압 레벨(dB)

만약 전체 벽 면적의 $1/N$ 정도의 틈새가 있다면 벽면 바깥쪽의 음압 레벨 SPL_5는 다음과 같다.

$$SPL_5 = SPL_0 - 10\log_{10}N \, [\text{dB}]$$

(5) 차음 대책 수립 시 유의 사항

① 틈새는 차음에 큰 영향을 미치므로 틈새 관리와 대책이 중요하다.
② 차음 재료는 질량 법칙에 의해 벽체의 질량이 큰 재료를 선택한다.
③ 큰 차음 효과를 위해서는 다공질 재료를 삽입한 이중벽 구조로 시공하고, 일치 (coincidence) 효과와 공명 주파수에 유의한다.
④ 벽체에 진동이 발생할 경우 차음 효과가 저하하므로 방진 처리 및 제진 처리가 요구된다.
⑤ 효율적인 차음 효과를 위하여 음원의 발생부에 흡음재 처리를 한다.
⑥ 콘크리트 블록을 차음벽으로 사용할 경우 한쪽 표면에 모르타르를 도포하면 5 dB 의 투과 손실이 증가하고, 양쪽 면에 모르타르를 도포하면 10 dB의 투과 손실의 증가 효과가 있다.

2-4　소음기(silencer)

　　소음기(muffler, silencer)란 내연 기관이나 환기 장치로부터 나오는 소음을 줄이기 위한 장치로, 금속제의 원통이나 직사각형의 상자 모양을 하고 있다. 소음은 통상 고체음과 기류음으로 분류할 수 있다.

　　고체음은 마찰이나 충격 등으로 인하여 금속과 같은 고체의 진동으로 인하여 발생하는 음으로서 기계 가공이나 기어의 회전 등에서 발생하는 소음을 말한다. 기류음은 공기 압축기나 송풍기 등과 같이 공기의 배출로 인하여 발생하는 소음 등을 말한다. 즉, 공기의 배출로 인하여 발생하는 소음을 음원에서 감쇠시키는 것이 소음기이다. 소음기에는 소음을 흡수할 수 있는 두꺼운 층으로 된 미세한 섬유질 재료를 일반적으로 사용한다. 이 섬유 재료는 음파에 의해 진동을 일으켜 소리 에너지를 열로 바꾸는 역할을 한다. 소음기에는 여러 종류가 있지만 ① 스틸 울(steel wool)에 음을 흡수시키는 흡음형, ② 가는 관에서 넓은 공간으로 확산시켜 소리를 작게 하는 팽창형, ③ 음파의 간섭을 이용하여 음을 상쇄시키는 간섭형, ④ 가는 관의 많은 구멍에서 넓은 공명실로 확산시켜 서로 음을 상쇄시키는 공명형 소음기가 있다.

(1) 소음기의 설계 방법

① 소음 발생원의 기본 주파수를 파악한다.
② 목표하고자 하는 차음의 성능을 결정한다.
③ 최대 감음 주파수를 결정한다.
④ 소음기의 허용 압력 손실을 결정한다.
⑤ 관로상에 소음기의 설치 위치를 결정한다.

(2) 소음기 설치 시 주의 사항

① 소음 발생원의 음향 특성, 구조 및 안전성 등을 검토한다.
② 소음기 설치 전, 후의 유체 흐름 저항을 최소화한다.
③ 소음 발생원의 부하 한도 범위에서 소음기 정압을 결정한다.
④ 관로 내의 유체에 대한 내성을 지닌 마감재를 선택한다.

(3) 소음기의 용도

① 송풍기, 공기 압축기 등의 흡·배기 관로
② 유체 기계 또는 기구의 토출구
③ 큰 소음이 발생하는 실내 환기구

2-5 흡음식 소음기

흡음식(absorption type) 소음기는 소음기 내에 설치된 파이버 글라스(fiber glass)와 암면 등 섬유성 재료의 흡음재를 부착하여 소음을 감소시키는 장치이다. 흡음식 소음기의 소음 감소 능력을 증가시키기 위해서는(특히 저주파 소음에 대해) 두꺼운 흡음재의 사용을 필요로 한다. 이러한 종류의 소음 장치는 넓은 주파수 폭을 갖는 소음 감소에 효과적이어서 실내 냉난방 덕트 소음 제어에 흔히 이용된다.

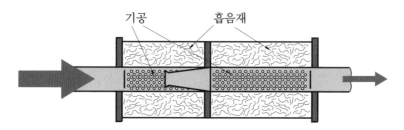

[그림 9-11] 흡음식 소음기

(1) 주파수 특성

중·고음 주파수 대역에서 성능이 우수하다.

(2) 흡음형 소음기 단면의 지름(D)

음의 파장 λ[m]와 소음기 단면의 지름 D[m]와의 관계는 $\dfrac{\lambda}{2} < D < \lambda$이다.

(3) 흡음형 소음기의 소음 감쇠량(ΔL)

덕트의 내부 주변 길이 P[m], 덕트의 길이 L[m], 덕트의 내부 단면적 S[m^2]일 때 소음 감쇠량 ΔL[dB]은 $\Delta L = K\dfrac{PL}{S}$[dB]이다. 여기서, 상수 $K = 1.05\alpha^{1.4}$(α는 흡음률)

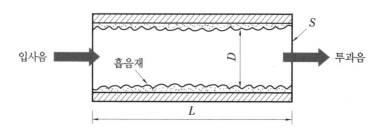

[그림 9-12] 흡음형 소음기의 구조

(4) 직각으로 된 흡음 덕트의 길이 L[m]

$$L = (5 \sim 10)D$$

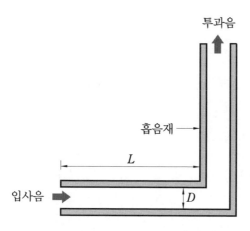

[그림 9-13] 직각으로 된 흡음 덕트

2-6 팽창형 소음기

반사 소음 장치의 하나인 팽창형(expanding type) 소음기는 음의 입구와 출구 사이에서 큰 공동이 발생하도록 급격한 관의 지름을 확대시켜 공기의 속도를 낮추게 함으로써 소음을 감소시키는 장치이다. 이 소음기는 흡음형 소음기가 사용되기 힘든 나쁜 상태의 가스를 처리하는 덕트 소음 제어에 효과적으로 이용될 수 있다. 반면에 넓은 주파수 폭을 갖는 흡음형 소음기와는 달리 팽창형 소음기는 일반적으로 좁은 주파수 영역의 소음에 대해서 높은 효과를 갖는다.

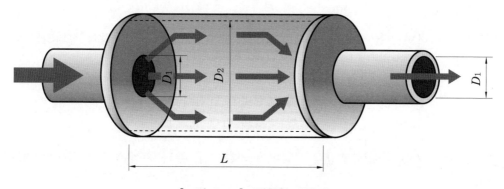

[그림 9-14] 팽창형 소음기

(1) 주파수 특성

저, 중간 주파수 대역에서 감쇠 효과가 크며, 팽창부에 흡음재를 부착하면 고주파수 영역에서도 감쇠 효과가 있다.

(2) 팽창부의 길이 L[m]

감쇠음의 주파수는 팽창부의 길이 $L = \dfrac{\lambda}{4}$ [m]에 따라 결정된다.

(3) 최대 투과 손실값($TL_{\max}$)

$TL_{\max} = 4 \times \dfrac{D_2}{D_1}$ [dB]은 $f < f_c$일 때 성립하며, 임계 주파수 $f_c = 1.22 \times \left(\dfrac{c}{D_2}\right)$이다.

(4) 일반적인 투과 손실(TL)

$$TL = 10\log\left\{1 + \frac{1}{4}\left(m - \frac{1}{m}\right)^2 (\sin KL)^2\right\} \text{[dB]}$$

여기서, $m = \dfrac{A_2}{A_1}$, $K = \dfrac{2\pi f}{c}$, $L =$ 팽창부의 길이(m)

투과 손실(TL)은 $KL = \dfrac{n\pi}{2}(n = 1,\ 3,\ 5 \cdots)$일 때 최대가 되며, $KL = n\pi$일 때 최소가 된다.

팽창식 체임버(expansion chamber) 소음기는 체임버의 길이 L에 의해서 결정되는 주파수 부근의 소음 흡수에 효과적이어서 순수음(pure tone) 성분을 갖는 덕트 소음 제어에 이용될 수 있다. 주요 소음 성분이 넓은 주파수 폭을 갖는 경우에는 이 주파수 폭을 적당한 구간으로 나누어 각 구간에 대응하도록 조절된 여러 개의 체임버들을 연결하여 사용할 수 있다.

팽창식 체임버의 소음 흡수 능력을 결정하는 기본 요소는 다음과 같이 정의되는 면적 비 m이다.

$$m = \frac{\text{팽창식 체임버의 단면적}(A_2)}{\text{연결 덕트의 단면적}(A_1)}$$

주어진 m과 L에 대해서 팽창식 체임버에 의한 소음 투과 손실은 다음 식으로 계산할 수 있다.

$$TL = 10\log\left[1 + \frac{\left(m - \dfrac{1}{m}\right)^2}{4}\sin^2 KL\right] \text{[dB]}$$

여기서 $K = \dfrac{2\pi}{\lambda}$($\lambda$는 파장)는 주파수에 비례하는 수로서 파동수(wave number)라고 부른다. 이 식은 체임버 단면의 최대 치수가 0.8λ보다 작은 경우에 잘 맞는다.

(5) 팽창부에 흡음재 부착 시 투과 손실(TL_α)

$$TL_\alpha = TL + \left(\alpha \times \frac{A_2}{A_1}\right)$$

(6) 단면적비(m)와 팽창부 길이(L)의 관계

m이 클수록 소음 감쇠량이 커지며, L이 클수록 협대역의 소음 감쇠량이 커진다.

2-7 간섭형 소음기

간섭형(interference type) 소음기는 음파의 간섭을 이용한 것으로서 [그림 9-15]와 같이 입구에서 흡입된 소음이 L_1과 L_2로 분기되었다가 재차 합류시키면 음의 간섭으로 인해서 감쇠되는 원리이다.

L_1음의 파장을 L_2음의 파장보다 1/2 정도 길게 하면 두 음의 간섭이 발생하여 감쇠된다.

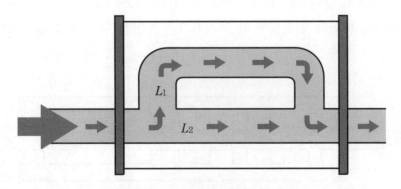

[그림 9-15] 간섭형 소음기의 원리

(1) 주파수 특성

저, 중간 주파수 대역의 일정 주파수에 효과가 크다. 일정 주파수 $f = \dfrac{0.5 \times c}{L_1 - L_2}$ 의 홀수배의 주파수에 탁월한 소음 감쇠 효과가 크며, 짝수배의 주파수에서는 소음 감쇠 성능이 거의 없다.

(2) 소음의 감쇠 특성

소음의 감쇠는 $L_1 - L_2$에 따라 결정되며 통상적으로 $L_1 - L_2 = \dfrac{\lambda}{2}$ 이다.

(3) 최대 투과 손실값($TL_{\max}$)

일정 주파수 f[Hz]의 홀수배 주파수($1f$, $3f$, $5f$)에서 크게 나타나지만 일반적으로 홀수배의 주파수에서는 약 20 dB 정도의 감쇠 효과가 있다.

2-8 공명형 소음기

반사 소음 장치의 또 다른 원리인 공명식 원리를 이용한 덕트 소음 흡음 장치를 보여준다. 이 장치는 근본적으로 헬름홀츠(Helmholtz) 공명기로서, 사이드 브랜치(side branch) 공명기라고도 부른다. 공명형(resonance type) 소음기는 관의 벽에 작은 구멍을 뚫어 공기층이 바깥쪽의 공동(cavity)으로 통하게 하여 흡음함으로써 소음을 감쇠시키는 장치이다.

Helmholtz 공명 장치는 그 공진 주파수 부근의 소음 흡수에 대단히 효과적이다. 공명기 내부를 흡음성 재료로 채우면 공진 주파수에서의 흡음 효과가 감소되는 대신에 공명기의 흡음 대역이 넓어지는 효과를 얻을 수 있다. Helmholtz 공명기를 이용한 소음 장치는 덕트뿐만 아니라 엔진실과 같은 시끄러운 작업장 내부 소음 감소에도 흔히 이용된다.

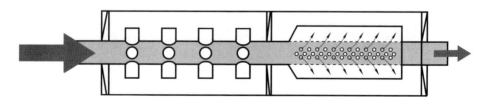

[그림 9-16] 다공의 공명형 소음기

(1) 주파수 특성

저, 중간 주파수 대역의 탁월 주파수 성분에 효과가 크다.

(2) 최대 투과 손실값($TL_{\max}$)

최대 투과 손실값은 다음과 같이 공명 주파수(f_0)에서 발생한다.

$$f_0 = \frac{c}{2\pi} \sqrt{\frac{n \cdot S_p/l_p}{V}}$$

여기서, c : 음속(m/s), n : 소음기 내관의 구멍 수,
S_p : 내관 구멍 1개의 단면적(m^2),
l_p : 구멍(목)의 길이+$1.6a$(a=구멍의 반지름),
V : 공동의 체적(m^3)

(3) 일반 투과 손실값(TL)

$$TL = 10\log\left[1 + \left\{\frac{\dfrac{\sqrt{n \cdot V \cdot S_p/l_p}}{2S}}{\dfrac{f}{f_0} - \dfrac{f_0}{f}}\right\}^2\right] \text{[dB]}$$

여기서, S_p : 내관 구멍 1개의 단면적(m^2), S : 소음기 출구의 단면적(m^2),
f : 감음 주파수(Hz), f_0 : 공명 주파수(Hz)

(4) 공동 공명형 소음기의 공명 주파수(f_0)

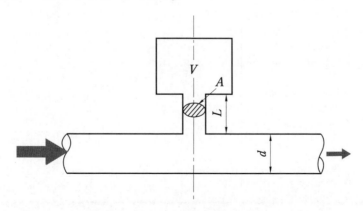

[그림 9-17] 공동 공명형 소음기

$$f_0 = \frac{c}{2\pi}\sqrt{\frac{A}{lV}}$$

여기서, c : 음속(m/s), A : 목의 단면적(m^2), $l = L + 0.8\sqrt{A}$
$\quad\quad\quad l$: 목의 길이(m), V : 체적(m^3)

2-9　기계 소음 방지 대책 요약

소음 방지와 진동 방지 대책은 동시에 이루어지는데, [표 9-4]는 기계 소음원 및 진동원에 대한 동시 대책 방법에 해당되지 않는 것들만 제시한 것이다. 모든 소음 방지와 진동 방지 대책은 소음이나 진동 전달 경로 차단을 주목적으로 하여, 소음이나 진동 발생원에서의 효과는 크지만 일반적으로 기술적·경제적인 문제가 수반된다.

[표 9-4]　기계 소음 방지 방법 요약

기계 종류	소음 방지 방법			
	흡음	차음	진동 댐핑	진동 차단기
나사 제조기		×		×
프레스	×	×	×	×
냉각 선형기		×		×
연마기	×	×		×
보링 머신		×		×
선반				×
브로칭 머신				×
호빙 머신				×
용접기		×	×	×
리벳 머신	×	×	×	×
제재기		×	×	×
플레이너		×		×
진동형 피더		×		×
송풍기		×		×
펌프		×		×
밸브, 파이프		×		×
컴프레서		×		×
변압기				×
발전기	×	×		×
인쇄기	×	×		×

연습 문제

1. 10마력의 모터에서 발생하는 소음이 70 dB일 경우 20마력의 모터에서 발생하는 소음도 증가량은?

2. 입사음의 주파수가 200 Hz이고, 벽체의 질량이 50 kg/m²일 때 투과 손실은?

3. 소음 방지의 세 가지 기본 방법을 쓰시오.

4. 다음의 ①〜④에 알맞은 값을 [보기]에서 고르시오.

> - 내연 기관에서 발생되는 배기 소음은 흡입 소음보다 대체로 8〜10 dB 정도 높고, 속도를 두 배 증가시키면 소음도는 (①)dB 정도 증가한다.
> - 직접 오는 소음은 소음원으로부터의 거리가 2배 증가하면 (②)dB 감소한다.
> - 벽체의 질량이나 주파수가 두 배로 증가하면 투과 손실도 비례하여 (③)dB씩 증가하게 된다. 그러나 실제로는 무게 증가에 의한 효과는 4〜5 dB 정도이다.
> - 잘 설계된 밀폐식 차음벽은 (④)dB까지의 투과 손실을 기대할 수 있어서 특별히 문제가 되는 소음 발생 기계에 개별적으로 설치할 수 있다.

─────[보기]─────	
• 6	• 30
• 9	• 60

5. 개공률이 얼마이면 소음을 거의 완전히 통과시키는가?

6. 차음 대책 수립 시 유의 사항을 설명하시오.

7. 소음기 중 반사형의 종류를 나열하시오.

윤활 관리의 개요

1. 윤활의 개요

1-1 마찰과 윤활의 용어

(1) 트라이볼러지

트라이볼러지(tribology)란 두 개 이상의 물체가 서로 상대 운동을 할 때 물체 표면에서 발생하는 마찰, 마모, 윤활공학으로 해석된다.

(2) 마찰

마찰(friction)이란 접촉하고 있는 두 물체가 상대 운동을 하려고 하거나 또는 상대 운동을 하고 있을 때 그 접촉면에서 운동을 방해하려는 저항이 생기는 현상을 말하며, 이때의 저항력을 마찰력(frictional force)이라 한다.

(3) 마모

마모(wear)란 압력을 받아 접촉하는 물체가 상대 운동을 함으로써 일어나는 재료의 일탈, 손상 현상을 말하며, 마모량이 어느 한계를 넘으면 그 기계는 견뎌내지 못하기 때문에 마모는 기계의 수명을 결정하는 중요한 인자이다.

(4) 윤활

윤활(lubrication)이란 움직이는 두 물체의 사이에 윤활제(기체, 액체, 고체)를 적당한 방법으로 공급하여 마찰 저항을 줄여 그 움직임을 원활하게 하는 동시에 기계적 마모를 줄이는 것이며, 마찰과 마모를 줄이기 위해 미끄럼면 사이에 삽입하는 다양한 물질을 윤활제(lubricant)라 한다.

1-2 윤활 상태

(1) 유체 윤활

완전 윤활 또는 후막 윤활이라고도 하며, 가장 이상적인 유막에 의해 마찰면이 완전히 분리되어 베어링 간극 중에서 균형을 이루게 된다. 이러한 상태는 잘 설계되고 적당한 하중, 속도, 그리고 충분한 상태로 유지되면 이때의 마찰은 윤활유의 점도에만 관계될 뿐 금속의 성질에는 거의 무관하여 마찰 계수는 0.01~0.005로서 최저이다.

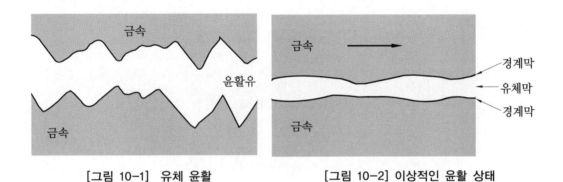

[그림 10-1] 유체 윤활   [그림 10-2] 이상적인 윤활 상태

(2) 경계 윤활(boundary lubrication)

불완전 윤활 또는 얇은 막이라고도 하며, 이것은 후막 윤활 상태에서 하중이 증가하거나 유온이 상승하여 점도가 떨어져 유압만으로서는 하중을 지탱할 수 없는 상태를 말한다. 이때는 유막의 성질, 즉 유성(oiliness)이 관여하게 된다. 경계 윤활은 고하중 저속 상태에서 일어나기 쉽고 특히 시동이나 정지 전후에서 반드시 일어난다. 이때의 마찰 계수는 0.1~0.01 정도이다.

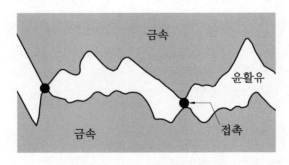

[그림 10-3] 경계 윤활 상태

(3) 극압 윤활(extreme-pressure lubrication)

고체 윤활이라고도 하며, 이것은 하중이 더욱 증대되고 마찰 온도가 높아지면 결국 흡착 유막으로서는 하중을 지탱할 수 없게 되어 유막은 파괴되고 마침내 금속의 접촉이 일어나 접촉 금속 부문에 융착과 소부 현상(녹아 붙음)이 일어나게 된다. 이때는 오일의 점도나 유성으로서는 해결할 수 없고 소위 극압제라고 불리는 염소(Cl), 황(S), 인(P) 등의 유기 화합물을 첨가함으로써 윤활이 가능해진다. 이런 화합물은 금속면의 돌출부와 화학적으로 반응해서 2차적인 금속 화합물 피막, 예를 들면 염화철($FeCl_2$) 피막, 황화철(FeS) 피막, 인화철(FeP_2) 피막을 만든다.

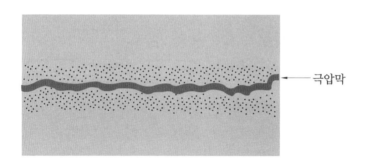

극압막

[그림 10-4] 극압 윤활 상태(고체 윤활 상태)

1-3   윤활의 형태

(1) 미끄럼 윤활(sliding lubrication)

① 평행면 미끄럼 윤활 : 실린더
② 경사면 미끄럼 윤활 : 미첼 베어링
③ 원통형 미끄럼 윤활 : 원통 베어링 슬립 베어링(slip bearing)

(2) 구름 윤활

① 롤러 베어링(roller bearing) 윤활
② 볼 베어링(ball bearing) 윤활

(3) 기어 윤활

① 정 기어 윤활 : 평기어, 웜 기어
② 주압 기어 윤활 : 하이포이드 기어

1-4 윤활유의 작용

① 감마 작용 : 윤활 개소의 마찰을 감소하고 마모와 융착(타서 눌러붙음)을 방지한다.
결과로서 소음도 방지한다.
② 냉각 작용 : 마찰에 의해 생긴 열 또는 외부로부터 전달된 열 등을 흡수하며 역으로
방출하는 작용
③ 응력 분산 작용 : 활동 부분에 가해진 힘을 균일하게 분산시키는 작용
④ 밀봉 작용 : 기계의 활동 부분을 밀봉하는 것으로 실린더 내의 분사 가스가 누설되
지 않게 한다든가 또는 외부로부터 물이나 먼지 등의 침입을 막아주는 작용
⑤ 청정 작용 : 윤활 개소의 혼입 이물을 무해한 형태로 바꾸든가 외부로 배출하여 청
정하게 해주는 작용
⑥ 녹 방지 및 부식 방지 : 윤활 개소의 녹 발생 또는 부식을 방지하는 작용
⑦ 방청 작용 : 공기 중의 산소나 물 또는 부식성 가스에 의해서 금속의 표면에 녹이
발생하는 것을 보호해 주는 작용
⑧ 방진 작용 : 윤활 개소에 먼지 등의 유해 이물이 혼입되는 것을 방지하는 작용
⑨ 동력 전달 작용 : 유압 작동유로서 동력 전달체의 작용을 한다.

2. 윤활 관리의 목적과 방법

2-1 윤활 관리의 목적

윤활 관리(lubrication management)의 목적은 기계에 올바른 윤활과 정기적인 점검
을 통하여 제반 고장이나 성능 저하를 없애고, 기계나 설비의 완전 운전을 도모함으로써
생산성 향상 및 생산비 절감에 기여함에 있다.
① 설비 유지비의 절감
② 기계 설비의 가동률 증대
③ 설비 수명의 연장
④ 윤활비와 동력비의 절감을 통한 생산량 증대

2-2 윤활 관리의 4원칙

윤활 관리의 기본적인 4원칙은 적유, 적법, 적량, 적기이다.

① 적유 선정 : 적합한 윤활제 선택 ⑩ 동절기 옥외 장비는 EP2에서 EP1으로 선정
② 적법 : 적당한 급유 방법, 적당한 윤활 방법 ⑩ 위험 장소에 수동 급유는 안전사고 위험
③ 적량 공급 : 적당량 사용 ⑩ 고속 베어링에 그리스 과다 주입하면 열 발생 및 그리스 산화
④ 적기 교환 : 적절한 시기에 교환 ⑩ 윤활 시기를 놓치면 장비 마모

2-3 윤활 관리의 주요 기능

윤활 관리의 주요 기능은 다음과 같다.

① 마찰 손실 방지
② 마모 방지
③ 소부 현상 방지
④ 밀봉 작용
⑤ 냉각 효과
⑥ 방청 및 방진 작용

2-4 윤활 관리의 실시 방법

(1) 적유 선정

① 운전 상태, 급유법, 온도 등의 환경에 적합한 윤활제 고려
② 유종의 간소화를 고려한 적합한 윤활제 선정

(2) 급유 관리

① 급유구 및 급유통에 이물질 혼입의 관리
② 점검을 통한 급유관의 누설 여부 관리
③ 올바른 급유량과 급유 간격의 결정
④ 급유 방법의 개선

(3) 사용유 관리

① 적절한 세정 설비를 통한 오일의 청결 유지

② 적정 간격으로 사용유의 분석을 통한 열화 상태 파악

③ 적정 시기에 사용유의 교환

④ 폐유 및 회수유의 올바른 처리

(4) 재고 관리

① 윤활제의 교환 주기의 설계

② 라벨 부착을 통한 합리적 관리

2-5 윤활 관리의 효과

적절한 윤활 관리를 실시한 경우 생산성을 향상시켜 기업의 이윤을 극대화하며 기본적으로는 다음과 같은 효과를 기대할 수 있다.

(1) 기본적 효과

① 제품 정도의 향상

② 윤활 사고의 방지

③ 윤활 의식의 고양

④ 기계 정도와 기능의 유지

⑤ 동력비의 절감

⑥ 윤활비의 절약

⑦ 구매 업무의 간소화

⑧ 안전 작업의 철저

⑨ 보수 유지비의 절감

(2) 경제적 효과

① 기계나 설비의 유지 관리비(수리비 및 정비 작업비) 절감

② 부품의 수명 연장과 교환 비용 감소에 의한 경비 절약

③ 완전 운전에 의한 유지비의 경감과 생산성 향상

④ 기계의 급유에 필요한 비용 절약

⑤ 윤활제 구입 비용의 감소

⑥ 마찰 감소에 의한 에너지 소비량의 절감

⑦ 자동화를 통한 윤활 관리자의 노동력 감소

3. 윤활 오염 관리 및 시험

윤활유 오염과 설비 수명

윤활유는 설비에서 혈액과 같으며, 윤활유 오염과 설비의 수명은 직결된다고 할 수 있다. 윤활유 오염과 설비 수명에 대한 내용은 [표 10-1]을 참고한다.

[표 10-1] 윤활유 오염과 설비 수명 또는 현상

윤활유 오염	설비 수명 또는 현상	
고체 입자 오염 (particle contamination)	청정도가 10배 좋아지면 설비 수명은 50배 늘어나고, 다음과 같이 설비에 나쁜 현상이 나타난다. • 부품의 마모 촉진 • 밸브의 고착(sticking), 솔레노이드 소손 • 펌프나 모터의 효율 저하 • 오리피스부의 침식 마모	
고체 입자 오염 (particle contamination)	• 베어링 피로 수명 감소 • 온도 상승 및 동력 감소 • 점도 변화, 바니시 생성	• 마모 입자의 증가 • 산화, 첨가제 고갈,
수분 오염 (water contamination)	베어링 수명은 단축된다. • 윤활막 두께 감소 • 금속 표면의 부식(녹 발생) • 금속 표면의 피로 가중 • 오일 산화 촉진, 점도 변화 • 오일 수명의 저하	• 오일의 전단 및 첨가제 고갈 • 캐비테이션에 의한 펌프의 손상 • 부품의 마모 촉진 • 박테리아 생성 • 바니시/슬러지 생성
열 오염 (heat contamination)	온도가 10℃ 상승할 때 오일 수명은 2배 감소한다. • 유막 두께의 일시적 감소 • 내부 누설(leakage)의 증가 • 슬러지와 바니시 생성 • 실 및 개스킷 수명 저하	• 부품의 마모 촉진 • 오일 산화의 촉진, 점도 변화(증가) • 밸브 작동의 고착화 및 불규칙화 • 오일 수명의 저하
공기 오염 (air contamination)	오일 산화, 바니시 생성 • 에어레이션/캐비테이션에 의한 펌프의 손상 • 오일 산화 촉진, 첨가제 고갈, 점도 변화 • 액추에이터의 늦은 반응, 불규칙한 작동 • 온도 상승 • 시스템 강성(stiffness) 저하 • 압력 발생 능력 저하	 • 오일 기포 발생 • 오일 수명의 저하

3-2 **윤활유 청정도와 설비 수명**

[표 10-2]를 통하여 윤활유 오염 상태를 개선하면 설비 수명에 어느 정도 영향을 미치는지 확실하게 확인할 수 있다.

예를 들어 윤활유의 청정도를 17/14 등급을 13/10 등급으로 개선하는 경우, 설비의 수명은 유압 및 디젤 엔진의 경우는 3년, 구름 베어링은 2년, 저널 베어링 및 터보 기계는 2.3년, 기어 박스는 1.7년 수명이 연장되는 결과를 얻게 된다. 윤활유 청정도(오염도) 규격은 표를 기준으로 평가한다.

[표 10-2] 윤활유 청정도와 설비 수명 규격표

개선한 청정도(ISO Code)

세로축: 현 설비의 청정도(ISO Code)

각 셀은 2×2로 구성되며, 위 행은 "유압 및 디젤 엔진 | 구름 베어링", 아래 행은 "저널 베어링 및 터보 기계 | 기어 박스"를 나타낸다.

현\개선	20/17	19/16	18/15	17/14	16/13	15/12	14/11	13/10	12/9	11/8	10/7
26/23 (상)	5 3	7 3.5	9 4	>10 5	>10 6	>10 7.5	>10 9	>10 >10	>10 >10	>10 >10	>10 >10
26/23 (하)	4 2.5	4.5 3	6 3.5	6.5 4	7.5 5	8.5 6.5	10 7	>10 9	>10 10	>10 >10	>10 >10
25/22 (상)	4 2.5	5 3	7 3.5	9 4	>10 5	>10 6	>10 7	>10 9	>10 >10	>10 >10	>10 >10
25/22 (하)	3 2	3.5 2.5	4.5 3	5 3.5	6.5 4	8 5	9 6	10 7.5	>10 9	>10 >10	>10 >10
24/21 (상)	3 2	4 2.5	6 3	7 4	9 5	>10 6	>10 7	>10 8	>10 10	>10 >10	>10 >10
24/21 (하)	2.5 1.5	3 2	4 2.5	5 3	6.5 4	7.5 5	8.5 6	9.5 7	>10 8	>10 10	>10 10
23/20 (상)	2 1.5	3 2	4 2.5	5 3	7 3.5	9 4	>10 5	>10 6	>10 8	>10 9	>10 >10
23/20 (하)	1.7 1.3	2.3 1.5	3 2	3.7 2.5	5 3	6 3.5	7 4	8 5	10 6.5	>10 8.5	>10 10
22/19 (상)	1.6 1.3	2 1.6	3 2	4 2.5	5 3	7 3.5	8 4	>10 5	>10 6	>10 7	>10 >10
22/19 (하)	1.4 1.1	1.8 1.3	2.3 1.7	3 2	3.5 2.5	4.5 3	5.5 3.5	7 4	8 5	10 5.5	>10 8.5
21/18 (상)	1.3 1.2	1.5 1.5	2 1.7	3 2	4 2.5	5 3	7 3.5	9 4	>10 5	>10 7	>10 10
21/18 (하)	1.2 1.1	1.5 1.3	1.8 1.4	2.2 1.6	3 2	3.5 2.5	4.5 3	5 3.5	7 4	9 5.5	10 8
20/17 (상)		1.3 1.2	1.6 1.5	2 1.7	3 2	4 2.5	5 3	7 4	9 5	>10 7	>10 9
20/17 (하)		1.2 1.05	1.5 1.3	1.8 1.4	2.3 1.7	3 2	3.5 2.5	5 3	6 4	8 5.5	10 7
19/16 (상)			1.3 1.2	1.6 1.5	2 1.7	3 2	4 2.5	5 3	7 4	9 6	>10 8
19/16 (하)			1.2 1.1	1.5 1.3	1.8 1.5	2.2 1.7	3 2	3.5 2.5	5 3.5	7 4.5	9 6
18/15 (상)				1.3 1.2	1.6 1.5	2 1.7	3 2	4 2.5	5 3	7 4.5	>10 6
18/15 (하)				1.2 1.1	1.5 1.3	1.8 1.5	2.3 1.7	3 2	3.5 2.5	5.5 3.7	8 5
17/14 (상)					1.3 1.2	1.6 1.5	2 1.7	3 2	4 2.5	6 3	8 5
17/14 (하)					1.2 1.1	1.5 1.3	1.8 1.5	2.3 1.7	3 2	4 2.5	6 3.5
16/13 (상)						1.3 1.2	1.6 1.5	2 1.7	3 2	4 3.5	6 4
16/13 (하)						1.2 1.1	1.5 1.3	1.8 1.5	2.3 1.8	3.7 3	4.5 3.5
15/12 (상)							1.3 1.2	1.6 1.5	2 1.7	3 2	4 2.5
15/12 (하)							1.2 1.1	1.5 1.4	1.8 1.5	2.3 1.8	3 2.2
14/11 (상)								1.3 1.3	1.6 1.6	2 1.8	3 2
14/11 (하)								1.3 1.2	1.6 1.4	1.9 1.5	2.3 1.8
13/10 (상)									1.4 1.2	1.8 1.5	2.5 1.8
13/10 (하)									1.2 1.1	1.6 1.3	2 1.6

범례:

유압 및 디젤 엔진	구름 베어링
저널 베어링 및 터보 기계	기어 박스

(17/14 행, 13/10 열의 "3 2 / 2.3 1.7" 값에 원 표시)

윤활유 오염도는 샘플 1 mL에 포함되어 있는 입자 숫자를 카운팅하여 등급을 확인할 수 있다. 예를 들어, 윤활유 내에 4 μm 크기 입자가 430개, 6 μm 입자가 90개 그리고 14 μm 입자가 22개 포함되어 있다면, 등급은 16/14/12 등급이 되는 것이다.

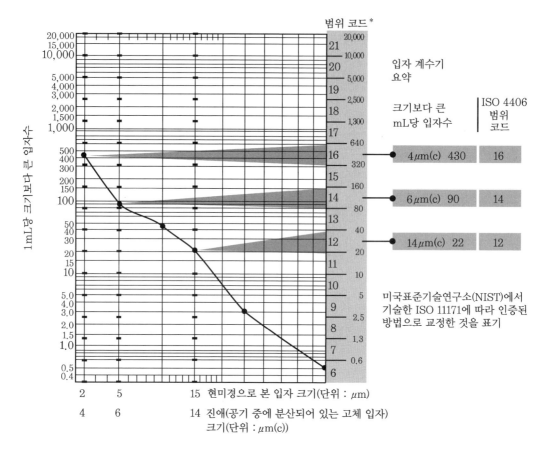

[그림 10-5] ISO 4406 윤활유 청정도(오염도) 국제 규격 기준

[표 10-3] 윤활유 오염 등급별 입자 개수 범위

입자수		ISO Code	입자수		ISO Code
이상	이하		이상	이하	
80,000	160,000	24	10	20	11
40,000	80,000	23	5	10	10
20,000	40,000	22	2.5	6	9
10,000	20,000	21	1.3	2.5	8
5,000	10,000	20	0.64	1.3	7
2,500	5,000	19	0.32	0.64	6
1,300	2,500	18	0.16	0.32	5
640	1,300	17	0.08	0.16	4
320	640	16	0.04	0.08	3
160	320	15	0.02	0.04	2
80	160	14	0.01	0.02	1
40	80	13	< 0.01	<1	
20	40	12			

3-3 윤활유 수분과 설비 수명

오일 중의 수분이 0~500 ppm(0~0.05%) 사이에서 설비의 수명을 급속하게 단축시키는 것으로 나타났다. 따라서 현장에서 관리하는 수분은 가능하면 500 ppm 이하로 유지해야 한다.

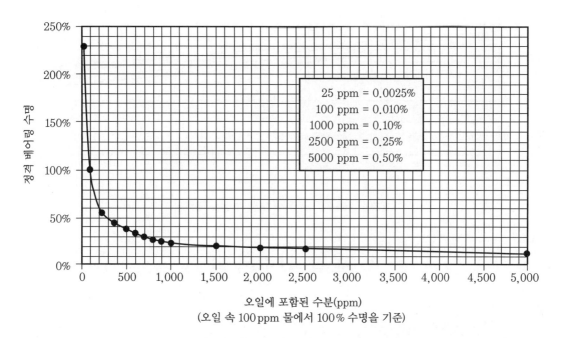

[그림 10-6] 윤활유 오염 등급별 입자 개수 범위(미국 Noria)

3-4 윤활유 열과 설비 수명

열이 발생하면 나쁜 현상도 많지만 다음과 같이 이로운 점도 있다.
① 수분 분리성 향상   ② 거품(foaming) 생성 감소
③ 기포 발생 억제   ④ 이물질 분리/침전 향상
⑤ 수분의 증발 향상   ⑥ 연료의 증발 향상
⑦ 펌핑성 우수/부하 감소

광유계 오일의 온도가 60℃ 이상에서 10℃ 상승할 때마다 오일 수명은 2배 감소된다. 따라서 유온 상승 방지 대책으로 탱크의 용량과 통풍을 고려하고, 냉각기를 설치해야 한다.

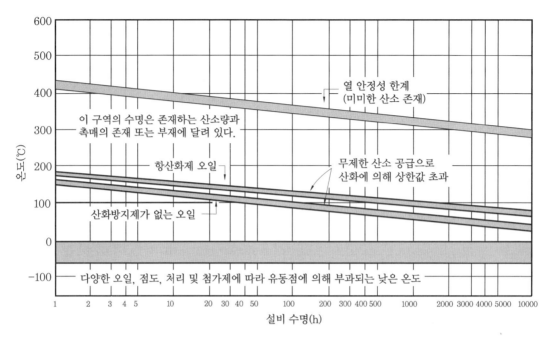

[그림 10-7] 광유계 오일의 온도 한계

4. 윤활 관리의 조직

4-1 윤활 관리 조직의 구성

윤활 관리를 생산 보전 조직의 관리 관점에서 집중과 분산에 따라 분류하면 집중 보전, 지역 보전, 부문 보전 및 절충형 보전으로 분류된다. 집중과 분산에는 각각의 장단점이 있으므로 생산 규모와 방식에 따라 적절히 선택하여 운영해야 한다. 지역 보전 방식은 조직상 집중이나 배치상 분산이 된다.

(1) 윤활 관리 위원회

효율적인 윤활 관리를 위하여 부서 책임자와 윤활 기술자가 참여하는 윤활 관리 위원회를 조직하여 윤활 관리 실시에 필요한 제도나 운영 방식 등을 결정하도록 한다.

(2) 독립된 윤활 관리 조직

독립된 윤활 관리 부서에서 책임과 권한을 가지고 일원적으로 관리를 행하는 집중 윤활 관리 방식이다.

4-2   윤활 관리 조직의 체계

(1) 윤활 관리 부서

① 윤활제 선정

② 유종 통일 및 결정

③ 신설 설비 및 사용 윤활제의 검토

④ 열화 기준의 판정

⑤ 윤활 방법 및 장치의 개선

⑥ 윤활 관리의 기준 및 표 작성

⑦ 급유자에 대한 교육 및 훈련

⑧ 윤활의 실태 조사 및 소비량 관리

(2) 윤활 실시 부서

윤활 실시 부서는 윤활 담당자와 급유원으로 구분되며, 주요 직무는 다음과 같다.

① 윤활제 사용 예산 및 구매 요구

② 표준 적유량 결정

③ 윤활 대장 및 각종 기록 작성

④ 급유 장치의 예비품 관리

⑤ 오일의 교환 주기 결정

⑥ 급유원의 교육 훈련

⑦ 급유 및 일상 점검

⑧ 급유 장치의 관리 및 보수

⑨ 윤활제의 검사 및 교환

4-3   윤활 관리자의 지식

(1) 윤활 관리자의 사전 지식

① 급유 장치와 급유기의 취급법

② 마찰부의 온도 판단

③ 운전음에 의한 내부 윤활 상태의 판단

④ 급유량의 적부 판단

(2) 윤활유의 고장 원인 파악

① 부적정유 및 열화된 윤활제의 사용

② 다른 오일의 혼합 사용

③ 마찰면의 재질 불량 및 사용 불량

④ 설계 불량 및 증기, 염분 등의 환경

⑤ 과잉 및 과소 급유

⑥ 플러싱의 불충분

⑦ 부적절한 급유법

⑧ 불순물의 혼합 및 현저한 온도 변화

(3) 윤활 기술자의 직무

① 사용 윤활유의 선정 및 관리

② 급유 장치의 보수 및 예비품 준비

③ 윤활 관계의 개선 시험

④ 신설비의 윤활제와 급유 장치 검토

⑤ 윤활 관계 작업원의 교육 훈련

연습 문제

1. 윤활 상태에 관한 내용 중 관계있는 것끼리 연결하시오.

① 유체 윤활　　•　　　　　　　　　•　　ⓐ 고체 윤활

② 경계 윤활　　•　　　　　　　　　•　　ⓑ 완전 윤활 또는 후막 윤활

③ 극압 윤활　　•　　　　　　　　　•　　ⓒ 불완전 윤활 또는 얇은 막

2. 윤활유의 작용을 5가지 이상 설명하시오.

3. 윤활 관리의 4원칙을 쓰시오.

4. 윤활 관리의 주요 기능을 쓰시오.

5. 윤활 관리자의 사전 지식과 윤활 기술자의 직무에 대하여 비교 설명하시오.

6. 고체 이물질과 설비 수명의 관계를 설명하시오.

7. 오일 내에 포함되어 있는 수분이 설비에 미치는 영향을 쓰시오.

8. 오일 중 수분으로 인한 온도 상승을 방지하는 대책을 쓰시오.

윤활유의 종류와 특성

1. 윤활제의 분류

1-1 원유의 개요

원유(crude oil)는 지구의 지각 내에서 천연적으로 산출되며 연료 및 다양한 석유 제품을 생산하기 위하여 추출되는 상당한 휘발성을 가진 액체 탄화수소(약간의 질소, 황, 산소와 함께 주로 수소와 탄소로 구성된 화합물)의 혼합물이다. 원유는 불순물이 많으므로 이를 정제하여 만든 제품이 석유 제품이며, 원유와 석유 제품을 총칭하여 석유(petroleum)라고 한다.

원유는 여러 가지 구성 성분이 다양한 비율로 혼합되어 있기 때문에 물리적 성질이 크게 변한다. 원유의 비중은 0.78~0.99 정도이고 산지에 따라 암갈색, 암황색, 흑색을 띠는 점성 액체이다.

원유는 심도에 따라 cm³당 수십~수백 kgf의 압력을 받는 지하에서 산출된다. 이런 압력 때문에 원유는 용액 내에 상당한 양의 천연가스를 포함하고 있다. 지하의 원유는 지표상에 있을 때보다 훨씬 유동성이 큰데, 이는 지하의 온도가 높아 점성이 감소하기 때문이다. 심도가 매 33 m 증가함에 따라 온도는 평균 1℃ 증가한다.

1-2 원유의 분류

(1) 물리적 성질에 의한 분류

API(American Petroleum Institute) 수치가 클수록 가벼운 원유이며, 원유 성분 중 황의 함유율(중량 %)로 분류해서 유황이 1% 이하인 것을 저유황 원유라 하고, 2%를 넘는 것을 고유황 원유라 한다.

[표 11-1] 원유의 질에 의한 분류

원유 질의 구분	API도	API도 환산
경질(輕質) 원유	34 이상	
중질(中質) 원유	30~34	$API = \dfrac{141.5}{비중(15℃, 60℉)} - 131.5$
중질(重質) 원유	30 이하	

(2) 화학적 성질에 의한 분류

원유를 화학적 성분에 따라 분류하면 석유의 주성분인 탄화수소의 종류에 따라 나프텐계 원유(아스팔트계 원유), 파라핀계 원유, 혼합(중간)계 원유로 나누어진다.

파라핀계 원유는 파라핀계의 탄화수소를 많이 함유한 원유로서 등유, 경유의 품질은 우수하나 휘발유의 옥탄가는 낮다. 중유분은 비교적 응고점이 높으나 탈납함으로써 고품질의 윤활유를 제조할 수 있다. 대표적인 것으로는 미국의 펜실베이니아 원유, 사우디아라비아의 아라비안 라이트, 중국의 대경 원유 등이 있다.

나프텐계 원유는 성분 중에 나프텐계의 탄화수소를 많이 함유하고, 아스팔트계 원유라고 부르기도 한다. 이 원유에서는 휘발유의 품질이 좋고(옥탄가가 높음), 다량의 아스팔트를 생산할 수 있으나 등유, 경유는 품질이 나쁘다. 일반적으로 중유분의 응고점이 낮고 파라핀 왁스가 적기 때문에 간단한 처리로 윤활유를 제조할 수 있으나 품질은 그다지 좋지 않다. 대표적인 것으로 미국의 캘리포니아 원유, 텍사스 원유, 멕시코 원유, 베네수엘라 원유 등이 있다.

혼합기 원유는 양자의 중간 성질을 가진 것으로 세계 대부분의 원유가 여기에 속한다.

① 파라핀(paraffin)계 : C_nH_{2n+2}의 직렬 쇄상 구조, 연소성이 양호하다.

② 나프텐(naphthene)계 : C_nH_{2n}의 환상 구조, 연소성이 파라핀계보다 나쁘다.

③ 올레핀(olefin)계 : C_nH_{2n}의 직렬 쇄상 구조, 연소성이 파라핀계보다 나쁘고 나프텐계보다 좋다.

④ 디올레핀(di-olefin)계 : C_nH_{2n-2}의 직렬 쇄상 구조, 연소성이 올레핀계보다 나쁘고 나프텐계보다 좋다.

⑤ 방향족(aromatic)계 : C_nH_{2n-6}의 환상 구조, 연소성이 나프텐계보다 나쁘다.

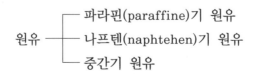

[표 11-2] 원유의 특성 비교

구분	나프텐기	중간기	파라핀기
색상	농	⟶	담
냄새	자극성		향긋함
경질본	소	약간 많음	다
아스팔트	다	소	극소
왁스	극히 적음	약간	다
UOP 계수	11.45 이하	11.5~12.1	12.15 이상
비중	0.93 이상	0.85~0.92	0.84 이하

1-3 윤활 기유의 분류

  윤활 기유(base oil)는 모든 석유계 윤활유 제품의 주원료가 되는 물질로서 휘발유, 등유, 경유 등의 일반 석유 제품처럼 원유로부터 여러 공정을 거쳐서 생산된다. 석유계 윤활유는 순광유와 첨가유(순광유에 각종 첨가제 함유)의 두 가지로 분류되며, 이 중 순광유란 첨가제가 함유되지 않은 윤활 기유를 그대로 윤활유 제품으로 사용하는 윤활유를 의미한다.

  윤활 기유는 각종 윤활유의 원료가 되며 원유를 정제해 나오는 제품은 그룹 1~3으로 구분된다. 윤활 기유 약 85~95%에 각각의 용도(자동차용, 선박용, 기계용 등)에 따라 첨가제를 넣으면 엔진 오일 등 다양한 윤활유가 된다. 그룹 3 제품이 불순물이 가장 적고 친환경적이다. 고급 윤활 기유를 이용해 만든 윤활유는 불순물이 적어 자동차 배기 시스템의 수명을 연장하고 연비를 개선하는 데 효율적이다. 고급 윤활 기유가 신차와 고급 차종에 쓰이는 것도 이 때문이다.

기유(base oil) ─┬─ 파라핀 기유(paraffinic base oil) : C_nH_{2n+2} 성분이 주(60% 이상)
　　　　　　　　└─ 나프텐 기유(naphthenic base oil) : C_nH_{2n} 성분이 주(60% 이상)

  파라핀 기유와 나프텐 기유의 여러 가지 특성(비중, 점도 지수, 인화점, 발화점, 유동점, 잔류탄소 등)을 비교하여 정리하면 [표 11-3]과 같다.

[표 11-3]　기유(base oil)의 특성

항목	파라핀기	나프텐기
비중, API	높음(27~33)	낮음(17~23)
점도 지수	높음(90~100)	낮음(0~30)
인화점, 발화점, 유동점	높음	낮음
잔류탄소	높음	낮음
탄소의 성질	단단함	부드러움
아닐린점	높음(225°F)	낮음(157°F)
아로마틱(aromatics) 함량	낮음	높음
고무에 대한 효과	저팽창	고팽창
수분 분리성	좋음(터빈유)	나쁨
산화 저항성	높음	낮음
용해성, 분산성	나쁨	좋음
휘발성, 증기압	낮음	높음
왁스 함량	높음	낮음

1-4　윤활제(lubricant)의 분류

[표 11-4]　윤활제의 분류 및 종류

윤활제의 분류		종류
액체 윤활제	광유계	순광유 및 순광유에 첨가제가 함유된 윤활유(작동유, 기어, 엔진 오일 등)
	합성계	광유에 지방유를 합성한 윤활유(고온, 고압, 극저온 등 특수 환경에 사용)
		PAO, 에스테르 등으로 특수 엔진유, 항공용 윤활유 등
	천연 유지계	유성(oilness)이 필요한 경우 사용, 동식물 유지(에스테르 화합물), 압연유, 절삭용유 등
	동식물계	지방유
반고체 윤활제	그리스	윤활유로 적합하지 않은 곳, 금속 비누기에 따라 여러 종류로 구분, 기어, 베어링 등 점착성이 요구되는 부분
고체 윤활제	고체 자체	MoS_2, PbO, 흑연(graphite) 등
	반고체 혼합	그리스와 고체 물질의 혼합
	액체와 혼합	광유와 고체 물질의 혼합

1-5   윤활유의 분류

윤활제로서 가장 많이 사용되는 것은 액상의 윤활유이며, 액상의 윤활유는 대부분 광유계이다. 액상의 윤활유로서 갖추어야 할 성질은 다음과 같다.

첫째, 사용 상태에서 충분한 점도를 가질 것.

둘째, 한계 윤활 상태에서 견디어 낼 수 있는 유성(油性)이 있을 것.

셋째, 산화나 열에 대한 안전성이 높고 가능한 한 화학적으로 불활성이며 청정, 균질할 것 등이다.

1 원료에 의한 분류

```
                  ┌─ 파라핀기 윤활유
① 석유계 윤활유 ──┼─ 나프텐기 윤활유
                  └─ 혼합 윤활유

                  ┌─ 동식물계 윤활유
② 비석유계 윤활유 ┴─ 합성 윤활유
```

2 점도에 의한 분류

석유계 윤활유를 점도에 따라 ① 경질 윤활유(light stocks), ② 중간질 윤활유(medium stocks), ③ 중질 윤활유(heavy stocks)로 분류하고, 구체적인 용도는 점도 기준에 의하여 더욱 세분된다.

내연 기관용 엔진유나 변속기 및 베어링용 기어유는 미국자동차기술자협회(SAE)의 점도가 사용되고 있으며, 공업용 윤활유에 대해서는 국제표준화기구(ISO)의 점도 분류가 채택되어 사용되고 있다.

(1) SAE의 분류

윤활유의 점도에 따라 분류하는 방법으로 SAE 분류법이 많이 사용된다. SAE 등급에서 W자는 겨울용이라는 뜻으로서 숫자의 크기가 클수록 점성이 커진다.

① SAE 등급 : (엔진 오일) : 5W, 10W, 20W, 20, 30, 40, 50

(기어 오일) : 75, 80, 90, 140, 150

(겨울철) : 10W, 20W

(여름철) : 30, 40

② 다등급(4계절용) : 10W/20, 10W/30, 20W/20, 20W/30, 20W/40

🔍 참고

다등급 오일에서 10W/20의 뜻은 저온에서 10W와 같은 성질이 있고, 고온에서는 20과 같은
성질이 있는 윤활유라는 의미이다.

(2) ISO 점도 분류

공업용 기어유에 대하여 미국기어제조협회(AGMA)에 의한 분류가 있으나, ISO의 점
도 분류는 다음 [표 11-5]와 같이 18등급으로 분류된다.

[표 11-5] ISO 공업용 윤활유 점도 분류

ISO 점도 등급		중앙 점도	점도 범위 cSt @ 40℃	
ISO VG	2	2.2	1.98 이상	2.42 이하
ISO VG	3	3.2	2.88 이상	3.52 이하
ISO VG	5	4.6	4.14 이상	5.06 이하
ISO VG	7	6.8	6.12 이상	7.48 이하
ISO VG	10	10	9.00 이상	11.0 이하
ISO VG	15	15	13.5 이상	16.5 이하
ISO VG	22	22	19.8 이상	24.2 이하
ISO VG	32	32	28.8 이상	35.2 이하
ISO VG	46	46	41.4 이상	50.6 이하
ISO VG	68	68	61.2 이상	74.8 이하
ISO VG	100	100	90.0 이상	110 이하
ISO VG	150	150	135 이상	165 이하
ISO VG	220	220	198 이상	242 이하
ISO VG	320	320	288 이상	352 이하
ISO VG	460	460	414 이상	506 이하
ISO VG	680	680	612 이상	748 이하
ISO VG	1,000	1,000	900 이상	1,100 이하
ISO VG	1,500	1,500	1,350 이상	1,650 이하

㊟ 1. 공업용 윤활유 : 터빈유, 기어유, 냉동 기유, 기계유, 작동유 등
   2. ISO 점도 등급 : 공업용 윤활유 ISO 점도 분류(ISO 3448 참조)에 나타낸 점도 등급으로서 ISO 점
      도 등급(VG)은 2 cSt~1,500 cSt의 18등급을 말한다.

3 서비스에 의한 분류

윤활유를 성능별로 분류한 것이 API 서비스 분류이며, API는 미국석유협회(American
Petroleum Institute)의 약자이다. 기관의 종류와 사용 조건에 따라 크게 가솔린 기관과
디젤 기관으로 분류된다.

(1) 가솔린 기관의 윤활유(ML, MM, MS)

① ML(Motor Light) : 신규 분류에서 ML＝SA로 기관이 제일 좋은 조건에서 운전할 때 사용하는 윤활유이며, 자가용과 같이 경부하의 작은 마멸 기관에 사용된다.

② MM(Motor Moderate) : 신규 분류에서 MM＝SB, SC로 나쁜 조건에서 운전할 때 사용하는 윤활유이며, 장거리용 버스나 트럭 등에 사용된다.

③ MS(Motor Severe) : 신규 분류에서 MS＝SD로 가혹 조건에서 운전할 때 사용하는 윤활유이며, 시동과 정지가 심한 택시나 산업용 가솔린 기관 등에 사용된다.

(2) 디젤 기관의 윤활유(DG, DM, DS)

① DG(Diesel General) : 신규 분류에서 DG＝CA(유황 성분이 적은 경부하 운전 기관인 일정한 경로로 운전하는 버스나 트럭 등에 사용된다.)

② DM(Diesel Moderate) : 신규 분류에서 DM＝CB(경유를 사용하는 중부하로 시동과 정지가 심한 버스나 트럭 등의 운전 기관에 사용된다.)

③ DS(Diesel Severe) : 신규 분류에서 DS＝CC(경유를 사용하는 산업용 트럭과 건설용 중장비 기관과 같이 가혹한 조건의 기관에 사용된다.)

4 용도에 의한 분류

최근 각종 기계는 고성능화되고 정밀·세분화됨에 따라 윤활유도 이들 기계에 만족할 수 있도록 용도별로 분류되어 있다. [표 11-6]은 한국산업규격에서 분류한 용도별 규격이다. 반드시 윤활유만으로서의 용도는 아니지만 다음과 같은 것도 있다.

(1) 전기절연유(KS C 2310)

오일 속의 콘덴서나 케이블, 변압기 등에 사용되는 것을 전기 절연유라고 하며, 1종에서 7종까지 구분하고 있다.

① 1종은 광유를 주 재료로 사용

② 2종~6종은 합성유를 주 재료로 사용

③ 7종은 알킬·벤젠을 혼합 사용

(2) 금속 가공용 윤활유

금속가공용 윤활유에는 ① 절삭유, ② 연삭유, ③ 열처리유, ④ 압연유, 소성가공유 등이 있다.

[표 11-6] 한국산업규격에 의한 용도별 윤활유 분류

호수		종류	1호	특2호	2호	3호	4호	5호	비고
내연기관용 윤활유 KS M 2121	육상 내연 기관용 윤활유	2종	@-18℃ 1,250~ 2,500 cSt	@-18℃ 1,250~ 10,000 cSt	@100℃ 5.6~ 9.3 cSt	@100℃ 9.3~ 12.5 cSt	@100℃ 12.5~ 16.3 cSt	@100℃ 16.3~ 21.9 cSt	산화방지제를 첨가한 가솔린 기관의 중하 중용
		3종							산화방지제, 청정분산제를 첨가한 가솔린 및 디젤 기관의 중하중용
	선박 내연 기관용 윤활유	2종	–	–	@100℃ 5.6~ 9.3 cSt	@100℃ 9.3~ 12.5 cSt	@100℃ 12.5~ 16.3 cSt	@100℃ 16.3~ 21.9 cSt	산화방지제 첨가 시스템유로 사용
		3종	–	–	–	–	–	–	산화방지제 및 청정분산제 첨가, 실린더유 및 시스템유로 사용
		4종	–	–	–	–	–	–	산화방지제 및 청정분산제 첨가, 실린더유로 사용

(3) 방청유

방청유는 금속 표면에 기름 보호막을 만들어 공기 중의 산소나 수분을 차단하는 것으로 금속 제품의 보관, 수송, 보존 등의 특정 기간 동안 녹이 발생되는 것을 방지한다. 한편 녹 방지를 위해서는 보일유, 유성 니스, 합성수지 니스 등으로 혼합한 광명단, 벵갈라 또는 크롬산아연 성분의 방청 도료도 흔히 사용된다. KS M에서는 각 기호를 KP로 표기하고 있고 6개로 구분되어 있다.

① 지문(指紋) 제거형 방청유(finger print remover type rust preventive oil)(KS M 2210) : KP-0으로 표시하며, 저점도 유막으로 기계 일반 및 기계 부품 등에 부착된 지문 제거와 방청용으로 사용된다.

② 용제 희석형(溶劑稀釋形) 방청유(solvent cutback type rust preventive oil)(KS M 2212) : 녹슬지 못하게 피막을 만드는 성분을 석유계 용제에 녹여서 분산시켜 놓은 것으로 금속면에 바르면 용제가 증발하고 나중에 방청 도포막이 생긴다.

- 1종(KP-1) : 경질막으로 옥내, 옥외용이다.
- 2종(KP-2) : 연질막으로 옥내용이다.
- 3종(KP-3) : 1호(KP-3-1)는 연질막이며, 2호(KP-3-2)는 중고점도 유막으로 두 가지 다 옥내 방청유(물 치환형)이다.

• 4종(KP-19) : 투명 경질막으로 옥내, 옥외용이다.

③ 방청 페트롤러이텀(방청 바셀린 rust preventive petrolatum)(KS A 1105, KS M 2213)
 : 상온에서 고체 상태 또는 반고체 상태인 바셀린 등을 기제로 한 방청제로 피막에
 따라 연질막, 중질막, 경질막이 있다.

[표 11-7] 방청 페트롤러이텀

종류	기호	막의 성질	도포 온도(℃)	주 용도
1종	KP-4	경질막	90 이하	대형 기계 및 부품 녹 방지
2종	KP-5	중질막	85 이하	일반 기계 및 소형 정밀 부품 녹 방지
3종	KP-6	연질막	80 이하	구름 베어링과 같은 고도로 정밀한 기계면 등의 녹 방지

④ 방청 윤활유(rust preventive lubricating oil)(KS M 2211) : 석유의 윤활유 잔류분을
 기제로 한 기름 상태의 방청유로 일반용과 내연 기관용 등이 있다.

[표 11-8] 방청 윤활유

종류		기호	막의 성질	주 용도
1종	1호	KP-7	중점도 유막	금속 재료 및 제품의 방청
	2호	KP-8	저점도 유막	
	3호	KP-9	고점도 유막	
2종	1호	KP-10-1	저점도 유막	내연 기관 방청, 주로 보관 및 중하중을 일시적으로 운전하는 장소에 사용
	2호	KP-10-2	중점도 유막	
	3호	KP-10-3	고점도 유막	

⑤ 방청 그리스(rust preventive grease)(KS M 2136) : 부식 억제제를 첨가한 윤활 그리
 스로 기호는 KP-11이며 1종(1~3호)과 2종(1~3호)이 있다.

⑥ 기화성 방청제(volatile rust preventive oil)(KS M 2209) : 밀폐된 상태의 철강재의 녹
 발생 방지에 사용되는 것으로, 분류는 다음과 같다.

[표 11-9] 기화성 방청제

종류	기호	막의 성질	주 용도
1종	KP-20-1	저점도 유막	밀폐된 공간에서의 방청
2종	KP-20-2	중점도 유막	

(4) 유압 작동유

유체의 동력 매체로 사용되고, 광유계 작동유와 불연성 작동유로 나누어지며, 불연성 작동유에는 수분 함유형 작동유와 합성 작동유가 있다.

5 첨가제 성분에 따른 분류

첨가제를 윤활유에 첨가하면 기유의 성질을 증가시키며, 성분에 따라 다음과 같은 등급으로 분류된다.

(1) 보통급

광물성 윤활유에 첨가제를 넣지 않은 윤활유로서 보통의 운전에 사용된다.

[표 11-10] 한국산업규격에 의한 윤활유 분류(종합)

종류 \ 점도 구분		점도 등급(점도 : 40℃에서 측정)	비고
기계유 KS M 2126		점도 등급 : ISO VG 2~1500 및 보조 등급 VG 8, VG 56의 2종류를 합하여 20종의 등급 현기계유 규격 : 다이나모유, 스핀들유, 실린더유, 기계유를 통합한 규격임.	전손식 급유(全損式給油) 방법에 의한 각종 기계에 사용
베어링유 KS M 2114		점도 등급 ISO VG 2~460까지 15종 등급	순환식, 유욕식, 비수식, 급유 방법에 의한 각종 기계 베어링부에 사용
터빈유 KS M 2120	1종	무첨가유 점도 등급 : ISO VG 32, 46, 68 3종 등급	증기 터빈, 수력 터빈, 터보형 송풍기, 터보형 압축기 등에 사용
	2종	첨가유 점도 등급 : ISO VG 32, 46, 68, 100 등 4종 등급	
냉동기유 KS M 2128	1종	점도 등급 : ISO VG 10, 15, 22, 32, 46, 68 등 6종 등급	개방형 냉동기에 사용
	2종	점도 등급 : ISO VG 15, 22, 32, 46, 68, 100 등 6종 등급	밀폐 및 반밀폐형 냉동기에 사용
기어유 KS M 2127	1종	점도 등급 : ISO VG 32~460 등 3종 등급	일반 기계의 경하중 밀폐 기어에 사용
	2종	점도 등급 : ISO VG 68~680 등 7종 등급	일반 기계 압연기의 중하중 밀폐 기어에 사용
	자동차용	SAE 분류 : 75W, 80W, 85W, 90W, 140 등 5종류	자동차의 기어에 사용

(2) 프리미엄급

광물성 윤활유에 방부제 및 산화 방지제를 첨가한 윤활유로서 가혹한 조건의 운전에 사용된다.

(3) 특급

광물성 윤활유에 방부제, 산화 방지제 및 청정제를 첨가한 윤활유로서 가혹한 조건의 운전에 사용된다.

2. 윤활제의 성질

1 비중(specific gravity)

윤활유의 비중은 성능에는 관계없으나 규정의 기름인지 또는 연료유 등의 이물질이 혼입되었는지 여부를 확인하는 데 유용하게 사용된다. 비중 측정은 중량과 용량의 비교 환산에 이용된다.

$$비중 = \frac{t_1\degree에\ 있어서\ 시료\ 오일의\ 용적\ 무게}{t_2\degree에\ 있어서\ 동일\ 용적의\ 물의\ 무게}$$

$$= \frac{t_1\degree에\ 있어서\ 오일의\ 밀도}{t_2\degree에\ 있어서\ 물의\ 밀도}$$

여기서, $t_1\degree = 15\degree C$, $t_2\degree = 4\degree C$ (미국 : $t_1\degree = t_2\degree = 60\degree F$)

2 점도

(1) 점도(viscosity)

점도는 윤활유의 물리·화학적 성질 중 가장 기본이 되는 성질로 액체가 유동할 때 나타나는 내부 저항을 말한다. 기계 윤활에 있어서 기계의 조건이 동일하다면 마찰 손실, 마찰열, 기계적 효율이 점도로서 크게 좌우되며, 점도 단위는 파스칼초(Pa·s)이나 통상 푸아즈(poise)를 사용하고 있다.

$$10^{-3}\,Pa \cdot s = 1\,mPa \cdot s = 10^{-2}\,P = 1\,cP$$

① 점도가 너무 높을 경우
- 내부 마찰의 증대와 온도 상승(공동 현상 발생)
- 장치의 관 내 저항에 의한 압력 증대(기계 효율 저하)
- 동력 손실의 증대(장치 전체의 효율 저하)
- 작동유의 비활성(응답성 저하)

② 점도가 너무 낮을 경우
- 내부 누설 및 외부 누설(용적 효율 저하)
- 펌프 효율 저하에 따르는 온도 상승(누설에 따른 원인)
- 마찰 부분의 마모 증대(기계 수명 저하)
- 정밀한 조절과 제어 곤란 등의 현상이 발생한다.

[표 11-11] 사용 조건에 따른 윤활유의 점도

사용 조건	윤활유의 점도 저점도 ◄━━━━━━━━━━► 고점도	
하중 속도 운전 온도	작다 ◄━━━━━━━━━► 크다 빠르다 ◄━━━━━━━━━► 늦다 낮다 ◄━━━━━━━━━► 높다	

(2) 동점도(kinematic viscosity)

점도를 그 액체와 동일 상태에서의 밀도로 나눈 값으로 차원은 $\dfrac{(길이)^2}{시간}$ 이며, 단위는 m^2/s, mm^2/s이나 통상 St를 사용한다.

$$10^{-6} \, m^2/s = 1 \, mm^2/s = 10^{-2} \, St = 1 \, cSt$$

$$동점도 = \frac{절대 \; 점도}{밀도}$$

(3) 점도 지수(viscosity index)

점도 지수는 온도의 변화에 따른 윤활유의 점도 변화를 나타내는 수치로 단위를 사용하지 않는다. VI값은 100을 기준으로 점도 지수가 클수록 온도가 변할 때 점도 변화의 폭이 작다는 것을 의미하기 때문에 동일한 조건의 윤활유인 경우 점도 지수가 높은 윤활유일수록 고급유에 해당된다. 점도 지수는 40℃의 동점도와 100℃의 동점도를 비교, 계산에 의하여 규정한다.

3 유동점(pour point)

윤활유의 온도를 낮추게 되면 유동성을 잃어 마침내는 응고되고 만다. 윤활유가 이와 같이 유동성을 잃기 직전의 온도를 유동점이라고 하며, 유동점은 윤활유의 급유와 관계가 깊다. 윤활유가 유동성을 잃고 응고되는 현상은 대개 두 가지 원인에 의한다.

(1) 왁스 유동점(wax pour point)

윤활유 중에 함유된 파라핀왁스(paraffin wax)가 결정 화합과 동시에 결정 격자 등으로 유분이 흡수되어 전체가 고화되는 현상이다.

(2) 점도 유동점(viscosity pour point)

온도가 하강함에 따라 점도가 극단적으로 커져서 유동하지 않는 현상으로 대체로 윤활유의 점도가 300,000 cSt에 달하면 유동성을 잃게 된다. 그러나 윤활유의 응고 현상은 대부분 왁스의 결정 때문이다.

4 인화점(flash point)

석유 제품은 모두 그들의 온도에 상당하는 증기압을 갖기 때문에 이들은 가열하게 되면 증기가 발생하게 되고 그 증기는 공기와의 혼합 가스로 되어 인화성 또는 약한 폭발성을 갖게 된다. 이 혼합 가스에 외부로부터 화염을 접근시키면 순간적으로 섬광을 내면서 인화되어 발생 증기가 소멸된다. 이때의 온도를 인화점이라고 한다. 석유 제품에서 인화점은 인화의 위험을 표시하는 척도로서 사용되기 때문에 취급 및 사용상에서뿐만 아니라 불순물의 혼입을 판단하는 데 유용하다.

(1) 인화점 측정

① 태그(tag) 밀폐식(ASTMD 56) : 점도가 40℃에서 45SUS 이하이거나 인화점 95℃ 이하인 석유 제품에 대하여 적용한다.

② 클리브랜드(cleveland) 개방식(KS M 2056) : 80℃ 이상의 윤활유, 아스팔트 등의 석유 제품에 적용하며 연료유에는 통상 적용하지 않는다.

③ 펜스키 마텐스(pensky martens) 밀폐식(KS M 2019) : 주로 경유, 중유 등에 적용한다.

(2) 석유 제품의 인화점 범위

가솔린	−20℃	윤활유	light stock	130~170℃
등유	30~60℃		SAE 10	220℃
			SAE 30	260℃
중유	55~100℃		SAE 50	320℃

5 중화가(neutralization number)

석유 제품의 산성 또는 알칼리성을 나타내는 것으로써 산화 조건하에서 사용되는 동안 기름 중에 일어난 변화를 알기 위한 척도로 사용된다(중화가란 산가와 알칼리성가의 총칭).

(1) 전산가(total acid number)

시료 1 g 중에 함유된 전산성 성분을 중화하는 데 소요되는 KOH의 mg수

(2) 알칼리가(total base number)

시료 1 g 중에 함유된 전알칼리 성분을 중화하는 데 소요되는 산과 당량의 KOH mg수

(3) 측정 방법

① 전위차 측정법(KS M 2004) : 시료를 용제에 용해하고 유리 전극과 비교 전극을 사용해서 알코올성 수산화칼륨(KOH) 표준액 또는 알코올성 염산(HCl) 표준액으로 전위차로 측정한다.

② 지시약 측정법(KS M 2024) : 시료를 톨루엔, 이소프로필알코올 및 소량의 물 혼합 용제에 녹이고 α-나프톨벤젠 지시약을 써서 실온에서 KOH 또는 염산 알코올성 표준액으로 측정한다.

6 잔류 탄소분(carbon residue)

잔류 탄소분이란 기름의 증발, 오일을 공기가 부족한 상태에서 불완전 연소시켜 열분해 후 발생되는 탄화 잔류물이다. 고온으로 작동되는 내연 기관용 윤활유에는 잔류 탄소분으로 인하여 윤활유의 산화와 부식을 촉진하게 한다. 보통 휘발성이 높고 점도가 낮은 윤활유는 잔류 탄소분이 적다. 측정 방법으로는 콘라드손법과 램스보텀법이 있다.

7 동판 부식(copper strip corrosion)

동판 부식 시험은 기름 중에 함유되어 있는 유리 유황 및 부식성 물질로 인한 금속의 부식 여부에 관한 시험이다. 시험 방법은 잘 연마된 동판을 시료에 담그고 규정 시간, 규정 온도로 유지한 후 이것을 꺼내어 세정하고 동판 부식 표준편과 비교하여 시료의 부식성을 판정한다.

8 황산 회분(sulfated ash)

황산 회분이란 윤활유 첨가제를 함유한 미사용 윤활유 또는 윤활유용 첨가제를 태워서 생긴 탄화 잔유물에 황산을 가하고 가열에 의해 황량으로 된 회분을 말한다. 따라서 황산 회분은 윤활유 첨가제를 정량적으로 측정하는 데 그 목적이 있다.

9 산화 안정도(oxidation stability)

윤활유는 탄화수소 화합물이므로 공기 중의 산소와 반응을 해서 산화되기 쉽다. 특히 산화 조건인 온도 촉매에서 반응 속도가 빨라지고 윤활유가 산화를 받으면 물질 특성의 변화를 가져와 윤활유로서 기능을 상실하고 만다. 따라서 윤활유의 산화 안정도 시험은 내산화도를 평가하는 방법이고 이것은 윤활유를 일정 조건(온도, 시간, 촉매 존재하)에서 산화시킨 후 신유와의 점도비, 전산가 증가 및 래커도를 시험하여 오일의 산화 안정성을 평가한다.

10 주도(penetration)

그리스의 주도는 윤활유의 점도에 해당하는 것으로서 그리스의 굳은 정도를 나타내며, 이것은 규정된 원추를 그리스 표면에 떨어뜨려 일정 시간(5초)에 들어간 깊이를 측정하여 그 깊이(mm)에 10을 곱한 수치로서 나타낸다.

(1) 혼화 주도

그리스를 25℃ 상태의 혼화기에 넣어 60회 왕복 혼화한 직후 측정한 주도

(2) 불혼화 주도

그리스를 25℃에서 혼화하지 않는 상태로 측정한 주도

(3) 고형 주도

굳은 그리스의 주도로서 절단기에 의해 절단된 표면에 대하여 측정된 주도이며, 보통 주도가 85 이하인 그리스에 적용된다.

11 적하점(dropping point)

적하점은 그리스를 가열했을 때 반고체 상태의 그리스가 액체 상태로 되어 떨어지는 최초의 온도를 말하며, 적점이라고도 한다. 그리스의 적하점은 내열성을 평가하는 기준이 되고 그리스 사용 온도를 결정한다.

12 이유도(oil separation)

이유도란 그리스를 장기간 저장할 경우 또는 사용 중에 그리스를 구성하고 있는 기름이 분리되는 현상으로 이장 현상이라고도 한다. 이 현상은 그리스의 제조 시 농축이 잘못된 경우와 사용 과정에서 외력이 작용하여 온도가 상승한 경우 발생된다.

13 혼화 안정도(worked stability)

KS M 2051에 규정된 그리스의 전단 안정성, 즉 기계적 안정성을 평가하는 방법이다. 시료를 혼화기에 채우고 10만회 혼화하여 25℃로 유지한 후, 다시 60회 혼화하여 주도 변화를 비교 측정한다.

3. 윤활유의 첨가제

윤활 기유는 각종 기계의 요구 성능에 맞는 여러 종류의 첨가제를 가하여 사용하게 된다. 대표적인 첨가제의 종류와 특성은 다음과 같다.

(1) 점도 지수(VI) 향상제(viscosity index improvers)

온도 변화에 따른 점도 변화의 비율을 낮게 하기 위하여 VI 향상제를 사용한다.

(2) 유성 향상제(oiliness improvers)

금속의 표면에 유막을 형성시켜 마찰계수를 작게 하여 유막이 끊어지지 않도록 한다.

(3) 청정 분산제(detergent and dispersant)

산화에 의하여 금속 표면에 붙어 있는 슬러지나 탄소 성분을 녹여 기름 중의 미세한 입자 상태로 분산시켜 내부를 깨끗이 유지하는 역할을 한다.

(4) 산화 방지제(antioxidant)

공기 중의 산소에 의하여 산화되는 것을 방지하고 슬러지 생성을 억제하는 역할을 한다.

(5) 극압제(extreme pressure additives)

EP유라고 하며 큰 하중을 받는 베어링의 경우 유막이 파괴되기 쉬우므로 이를 방지하기 위하여 사용된다.

(6) 유동점 강하제(pour point depressants)

저온일 때 왁스분의 성장을 저지시켜 유동성을 높여 주는 첨가제이다.

(7) 소포제(antifoam agents)

윤활유가 밸브 등을 통과할 때 발생되는 거품을 빨리 소포시키기 위한 첨가제로 실리콘유가 많이 사용된다.

(8) 방청제(antirust additives)

금속에 피막을 이루어 녹의 발생을 억제하는 데 사용된다.

(9) 착색제(dye)

윤활유의 누설을 쉽게 하기 위하여 오일에 색소를 넣어 사용한다.

(10) 유화제(emulsifier)

물과 안정된 유화액을 이루도록 사용되는 첨가제이다.

연습 문제

1. 오일 속의 콘덴서나 케이블, 변압기 등에 사용되는 윤활유는 어느 것인가?

① 전기 절연유   ② 방청 그리스
③ 기화성 방청제   ④ 방청 바셀린

2. 방청유가 아닌 것을 [보기]에서 골라 쓰시오.

┌─────────────────[보기]─────────────────┐
│ • 지문 제거형 방청유   • 방청 페트롤러이텀   │
│ • 용제 희석형 방청유   • 방청 윤활유   │
│ • 방청 그리스   • 기화성 방청제   │
│ • 방청 열처리유   • 방청 태핑유   │
└──────────────────────────────────────┘

3. 윤활에 관한 내용 중 관계있는 것끼리 연결하시오.

① 방청 그리스   •   •   ㉠ KP－0

② 방청 윤활유   •   •   ㉡ 1종(KP－1) : 경질막 옥내, 옥외용
                                        2종(KP－2) : 연질막 옥내용
                                        3종(KP－3) : 옥내 물치환형
                                        4종(KP－19) :투명 경질막 옥내외용

③ 기화성 방청제   •   •   ㉢ KP－4 : 경질막
                                        KP－5 : 중질막
                                        KP－6 : 연질막

④ 용제 희석형 방청유   •   •   ㉣ KP－7 : 중점도 유막
                                        KP－8 : 저점도 유막
                                        KP－9 : 고점도 유막
                                        KP－10－1 : 저점도 유막
                                        KP－10－2 : 중점도 유막
                                        KP－10－3 : 고점도 유막

⑤ 지문 제거형 방청유   •   •   ㉤ KP－11

⑥ 방청 페트롤러이텀   •   •   ㉥ KP－20－1 : 저점도 유막
                                        KP－20－2 : 중점도 유막

4. 다음의 설명 중 ① ~ ③에 알맞은 말을 [보기]에서 고르시오.

- 석유 제품의 산성 또는 알칼리성을 나타내는 것으로써 산화 조건하에서 사용되는 동안 기름 중에 일어난 변화를 알기 위한 척도로 사용하는 것을 (①)라 한다.
- 시료 1 g 중에 함유된 전산성 성분을 중화하는 데 소요되는 KOH의 mg수를 (②)라 한다.
- 시료 1 g 중에 함유된 전알칼리 성분을 중화하는 데 소요되는 산과 당량의 KOH mg수를 (③)라 한다.

───[보기]───
- 중화가
- 전산가
- 알칼리가
- 유화제

5. 점도의 단위와 동점도의 단위를 비교하시오.

6. 점도가 너무 높을 경우와 너무 낮을 경우를 비교하여 설명하시오.

7. 점도 지수(viscosity index)와 온도와의 관계를 설명하시오.

8. 주도(penetration)에 대하여 설명하시오.

9. 윤활유의 첨가제 중 극압제, 소포제, 유화제에 대하여 설명하시오.

10. 점도 지수(viscosity index)는 온도의 변화에 따른 윤활유의 점도 변화를 나타내는 수치이다. [보기]에 주어진 기호를 사용하여 점도 지수의 정의를 표현하시오.

───[보기]───
- U : 시료유의 40℃일 때의 점도
- L : 100℃일 때의 시료유와 같은 점도를 가진 $VI=0$의 표준유의 40℃일 때의 점도
- H : 100℃일 때의 시료유와 같은 점도를 가진 $VI=100$의 표준유의 40℃일 때의 점도

윤활제의 급유법

1. 윤활 방식의 분류

마찰면에 윤활유를 어떻게 공급할 것인가는 마찰면의 형상, 미끄럼 방향, 하중의 경중과 성질, 미끄럼 속도, 재질, 틈의 대소, 베어링의 정밀도, 공작의 정도, 기름의 종류, 사용 온도, 주위의 상태 관계, 소비량 등 경제성으로 결정하고, 또 급유하는데 불편하지 않고 확실히 급유할 수 있어야 된다. 윤활제 공급 방식은 [그림 12-1]과 같이 분류된다.

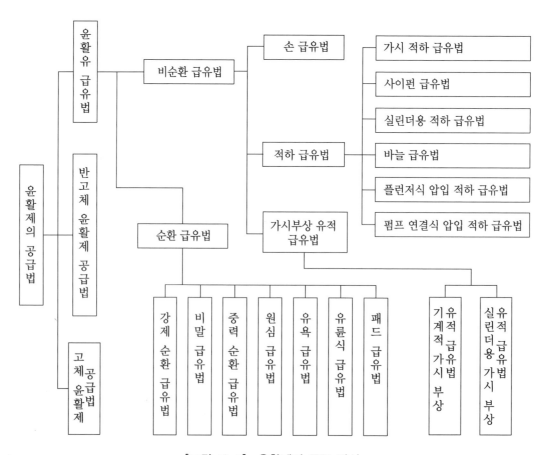

[그림 12-1] 윤활제의 공급 방식

윤활 급유 방식에 따른 특색과 사용 윤활유 및 기름에 요구되는 성질(유성)을 비교하여 정리하면 [표 12-1]과 같다.

[표 12-1] 윤활 급유 방식과 사용 윤활유

급유 방식		특색	윤활유	기름에 요구되는 성질(유성)
비순환식 급유법	손급유	급유량 부족	혼성유	
	적하 급유	윤활 양호	석유계 윤활유	
순환식 급유법	패드 급유 유륜식 급유	윤활 양호	석유계 윤활유	산화안정성 산화안정성, 항부화성
	유욕 급유	윤활 양호	석유계 윤활유	산화안정성, 열안정성
	비말 급유 중력 급유	윤활 양호	석유계 윤활유	약간 저점도, 산화열안정성, 산화안정성, 열안정성
	강제 순환 급유	윤활 양호	석유계 윤활유	산화열안정성, 유성, 청정성, 점도 지수

2. 윤활유 급유법

2-1 비순환 급유법

기름의 열화가 심할 염려가 있는 경우, 고온으로 인한 윤활유의 증발이 생길 경우, 기계의 구조상 순환 급유법을 채용할 수 없는 경우 등에 사용되는데 손 급유법, 적하 급유법, 가시 부상 유적 급유법 등이 있다.

(1) 손 급유법(hand oiling)

윤활 부위에 오일을 손으로 급유하는 가장 간단한 방식으로 윤활이 그다지 문제가 되지 않는 저속, 중속의 소형 기계 또는 간헐적으로 운전되는 경하중 기계에 이용된다. 손으로 급유하므로 1회 급유량은 수 mL 내지는 수 L 정도이고, 사용 빈도수가 적은 경우에 주로 이용되고 있다. 사용 예로 방적 기계, 인쇄 기계, 공구, 체인, 와이어 로프 등이 있다.

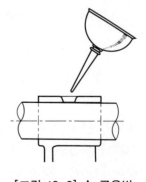

[그림 12-2] 손 급유법

(2) 적하 급유법(滴下給油法 : drop-feed oiling)

적하 급유법은 급유되어야 하는 마찰면이 넓은 경우, 윤활유를 연속적으로 공급하기 위하여 사용되는 방법으로 니들 밸브 위치를 이용하여 윤활유의 급유량을 정확히 조절할 수 있는 급유 방법이다. 손 급유법에 비하면 대단히 우수하나, 다른 진보된 방법에 비하여 다소 불완전하고, 오일 소비량이 많아 개선을 많이 해 왔다.

① 사이펀(syphon) 급유법 : 사이펀 급유법은 베어링의 컵에 기름을 저축하는 기름 탱크에 뚜껑을 씌우고 그 속에 가는 털실 또는 무명실을 감아서 만든 끈을 넣어 기름이 모세관 작용에 의하여 일단 올라가고 다음에 사이펀 작용에 의하여 적하하는 원리를 이용한 것으로서 기름 탱크의 유면은 되도록 일정하게 유지할 필요가 있다. 급유량이 많아져 기름의 낭비가 많다는 결점이 있어 소규모의 급유 장치 이외에는 널리 사용되지 않는다.

② 바늘 급유법(needle oiling) : 바늘 급유법은 [그림 12-4]와 같이 바늘 n을 오일 속에 넣고 축의 회전에 따라 이동시키면 기름이 적하하고 회전이 중지되면 모세관 현상으로 인하여 적하를 중지한다. 바늘의 굵기에 따라 급유량을 조절할 수 있고, 바늘의 진동에 의하여 급유가 되므로 축의 회전수에 따라 자동적으로 급유량을 조절하는 작용을 한다.

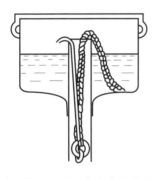

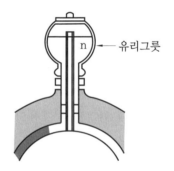

[그림 12-3] 사이펀 급유법   [그림 12-4] 바늘 급유법

③ 가시 적하 급유법(sight feed oiling) : 가시 적하(可視滴下) 급유법은 오일 용기와 오일이 떨어지는 곳은 유리로 만들어져 있어, 핸들 k를 눕히면 니들 밸브(needle valve) n이 닫혀 급유가 중지되고 k를 세우면 오일의 적하 상태를 볼 수 있다. 이 방법은 니들 밸브로 적하 구멍을 가감하여 주유량을 조정할 수 있어 널리 사용된다. 그러나 마찰면이 극히 좁은 부분에는 사용할 수 없으며, 그릇 속에 있는 유면의 높이에 따라서 급유량이 변화하는 것이나, 조정용 나사 s로 가감할 수 있어 사이펀식

보다 급유 소비량이 크지 않다.

④ 실린더용 적하 급유법(cylinder feed oiling) : 실린더용 급유기에 의한 방법으로서 실린더의 주위에 직접 급유기를 붙여 사용한다. 기름 단지 위아래에 각각 콕이 붙어 있으며 기름을 넣을 때는 위를 열고 아래 콕을 닫고, 급유할 때는 위를 닫고 아래 콕을 열어 급유 중 증기압이 발생되지 않도록 한다.

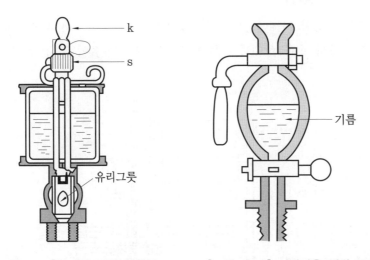

[그림 12-5] 가시 적하 급유법   [그림 12-6] 실린더용 적하 급유법

⑤ 플런저식 압입 적하 급유법 : 송유관보다 먼저 압력이 걸려 있는 특별한 경우에 쓰이고, [그림 12-7]과 같이 가시 급유기의 기름이 중력에 의하여 적하하면 펌프 플런저는 그 기름을 송유관에 보내게 된다. 이 펌프 플런저는 로커에 의하여 움직이게 되고, 로커는 기계의 운동부에 연결되어 있는 캠에 의하여 운전된다.

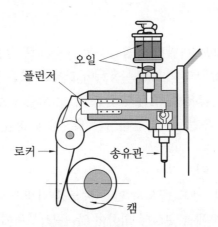

[그림 12-7] 플런저 압입 적하 급유법

⑥ 펌프 연결식 압입 적하 급유법 : 소형 오일 탱크에 펌프와 유적 가시 유리를 구비한 주유기를 이용하는 방법으로 이것을 기계에 설치하여 주축에서 운동을 취하여 풍차 장치 또는 간헐 장치에 의하여 펌프로 기름을 각소에 비순환으로 간편하게 급유한다.

(3) 가시 부상 유적 급유법

유적을 물 또는 적당한 액체를 가득 채운 유리관 속에서 서서히 떠올라오게 하는 급유기를 사용한 것으로서 급유 상태를 뚜렷이 볼 수 있는 장점이 있다.

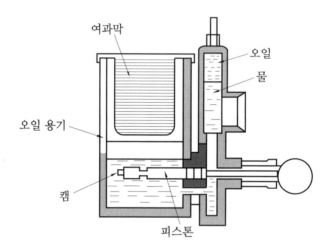

[그림 12-8] 기계적 가시 부상 유적 급유법

2-2 순환 급유법

같은 윤활유를 연속적으로 마찰면에 공급하는 방식으로 같은 기름 단지 속에서 기름을 반복하여 사용하는 급유법과 펌프를 이용하여 강제로 기름을 순환시키는 급유법이 있다. 순환 급유법에는 패드 급유법, 유륜식 급유법, 체인 급유법, 원심 급유법, 유욕 급유법, 나사 급유법, 비말 급유법, 중력 순환 급유법, 강제 순환 급유법 등이 있다.

(1) 패드 급유법(pad oiling)

오일 속에 털실, 무명실, 펠트 등으로 만든 패드를 가볍게 저널에 접촉시켜 급유하는 모사 급유법의 일종으로 모세관 현상에 의하여 각 윤활 부위에 공급하는 형태의 급유 방식이다. 이때 털실이 직접 마찰면에 접촉하게 되며, 주로 철도 차량 경하중용 베어링에 많이 사용된다. 이 방법은 접촉부의 회전속도가 너무 빠르면 한쪽으로 밀리게 되어 급유가 불충분하게 되고, 또한 장시간 사용하면 불완전 윤활이 되는 결점을 갖고 있다.

　패드에는 펠트를 사용하는 것이 있는데 실험 결과에 의하면 축의 온도가 80℃ 이하가 되도록 주원과 축에 대한 펠트의 접촉압을 골라서 사용하면 실이 감겨들어가는 일이 없는 비교적 우수한 급유법이 된다.

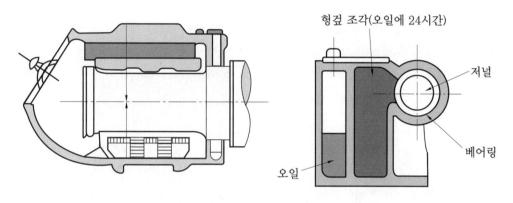

[그림 12-9] 패드 급유법

(2) 유륜식 급유법(ring oiling)

　축에 끼운 오일링이 축의 회전에 따라 마찰면에 오일을 운반시켜 윤활 작용을 하는 원리를 이용한 방법으로 마찰면에서 열을 제거시킨 후 오일 탱크로 되돌아오는 순환식 급유법이다. 이 급유법은 1회전마다 운반되어 올라가는 유량과 오일 탱크에 있는 유량의 비가 커 모터, 발전기, 소형 터빈 등과 같이 고속 회전의 베어링에 널리 사용된다. 기름이 외부로 누설만 되지 않는 한 기름의 소모는 거의 없으므로 간단한 순환 급유를 한다고 볼 수 있다.

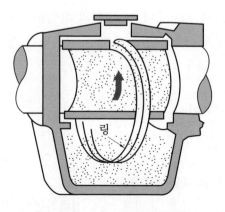

[그림 12-10] 유륜식 급유법

(3) 체인 급유법(chin oiling)

유륜식 급유법의 경우보다 점도가 높은 기름을 필요로 할 때 사용된다. 비교적 저속도의 큰 하중 베어링에 사용되고 특히 기름 탱크의 유면과 축이 떨어져 있어 오일 링으로서 맞지 않는 경우에 편리하며, 공작 기계 등에 가끔 사용된다.

(4) 칼라 급유법

큰 링을 축에 고정시켜 오일을 탱크에서 운반하여 급유하는 방식으로 유륜식과 비슷하나 칼라가 축에 고정되어 있어 오일의 운반이 용이하고 윤활유의 점성에 의하여 급유의 간섭이 일어나지 않는 장점이 있다. 유면의 높이는 칼라 두께의 1/2이 잠길 정도로 유지하도록 하며, 분해기 등의 베어링에 사용된다.

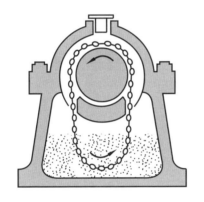 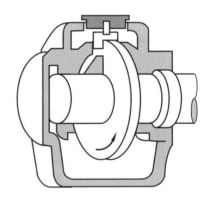

[그림 12-11] 체인 급유법　　　　[그림 12-12] 칼라 급유법

(5) 버킷 급유법(bucket oiling)

칼라 급유법과 비슷한 급유법으로서 주로 저속 고하중의 베어링이 엔드 저널(end journal)에 설치되어 있을 때 사용된다. 고점도의 오일을 사용하는 경우와 고온 환경에 설치되어 있는 베어링에서 냉각으로 인하여 다량의 윤활이 필요한 경우에 적합하며, 볼밀(ball mill) 등 베어링의 급유법에 이용되고 있다.

(6) 롤러 급유법(roller oiling)

오일 탱크에 롤러를 설치하여 롤러에 부착되는 오일로 윤활하는 급유법이다.

(7) 비말 급유법(비산 급유법, splash oiling)

기계의 운동부가 오일 탱크 내의 유면에 미소 접촉하여 오일을 분무 상태로 마찰면에

튀겨 급유하는 방법으로 냉각 효과도 있고, 다수의 마찰면에 동시에 자동적으로 급유할
수 있는 특징이 있다.

(8) 유욕 급유법(bath oiling)

마찰면이 오일 속에 잠겨서 윤활하는 방법으로 비말 급유법에 비하여 적극적으로 윤
활시킬 수 있고 따라서 냉각 작용도 크다. 이 방법은 직립형 수력 터빈의 추력 베어링에
많이 사용되고 방적 기계의 스핀들, 피치원의 원주 속도가 5 m/s 정도까지의 감속 기어
및 웜 기어 등에 채용되며 롤링 베어링의 윤활에도 많이 채용되고 있다.

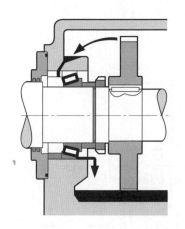
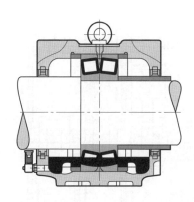

[그림 12-13] 비말 급유법   [그림 12-14] 유욕 급유법

(9) 원심 급유법(centrifugal oiling)

원심력을 이용한 방법으로 크랭크 축 핀 급유에 사용된다. 축의 회전이 중지되면 홈
속의 기름이 떨어져서 급유를 할 수 없게 된다.

(10) 나사 급유법(screw oiling)

축면에 나선상의 홈을 만들고 축을 회전시키면 축의 회전에 따라 기름이 홈을 따라 올
라가 축면에 급유되는 방법으로 저속에는 이용되지 않는다.

(11) 중력 순환 급유법(gravity circulation oiling)

임의의 높은 곳에 있는 오일 탱크에서 분배관을 통해 급유하는 방법으로 각 분배관에
는 유적 가시 유리가 구비되어 유량을 조절하며, 각 베어링으로 보낸다. 베어링에서 배
출된 기름은 기름 파이프를 통해 아래쪽의 탱크에 모여 필터에서 여과 후 기름 펌프를
통해 최초의 기름 탱크로 돌아간다. 이 중력 순환 급유법은 주로 고급 기계의 저속 기관

에 사용되며, 점도가 비교적 낮은 기름을 사용할 수 있으므로 동력의 소비가 적은 장점이 있다.

(12) 강제 순환 급유법(forced circulation oiling)

고압·고속의 베어링에 윤활유를 오일 펌프에 의해 강제적으로 밀어 공급하는 방법으로 다수의 베어링을 하나의 계통으로 하여 오일을 강제 순환시키는 것이다. 즉 배출된 오일은 다시 오일 탱크에 모이고 여과 냉각 후에 다시 기어 펌프로 순환한다. 내연 기관, 특히 고속도의 비행기, 자동차 엔진, 증기 터빈, 공작 기계 등의 고급 기관에 사용된다.

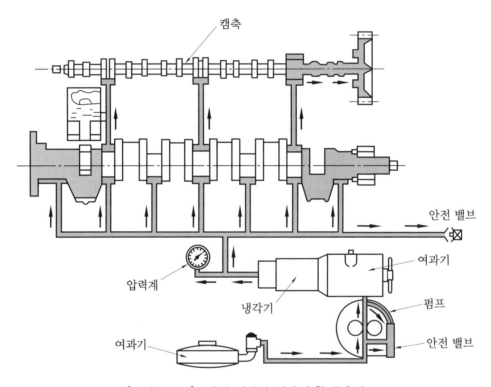

[그림 12-15] 내연 기관의 강제 순환 급유법

기어 펌프(gear pump)는 순환식 급유 계통의 오일 펌프로 많이 사용된다. 토출압은 보통 $0.8\sim1.5\,\text{kg/cm}^2$이며, 기어 펌프의 송출량($Q$)은 다음과 같다.

$$Q=\frac{\pi bdhN}{1000}$$

여기서, Q : 송출량(L/min), h : 이의 높이(cm), b : 이의 폭(cm),
N : 회전수(rpm), d : 피치원의 지름(cm)

(13) 분무 급유법(oil mist oiling)

공기 압축기, 감압 밸브, 공기 여과기, 분무 장치 등으로 구성되는 이 방법은 롤링 베어링의 각 회전부에 얇은 유막을 만들고 공기는 베어링의 냉각 작용을 하므로 회전이 원활하여 고장을 일으킬 염려가 없다. 또한 온도 상승의 염려가 없고 항상 깨끗이 유지되는 장점이 있어 연삭기 스핀들과 같이 악조건하에서도 고속으로 사용되는 베어링에 대해서 이상적인 윤활법이다.

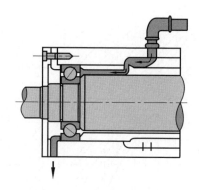

[그림 3-17] 분무 급유법

3. 그리스 급유법

3-1 개요

그리스는 먼지, 모래, 먼지 등이 들어가는 곳, 예를 들면 시멘트 밀(cement mill), 자전거의 외면 부분과 같은 요동 베어링 또는 저속이고 베어링의 틈새가 커서 기름을 잘 확보할 수 없는 곳 또는 직물기와 같이 제품의 기름이 비산할 염려가 있는 경우에 사용한다. 그리스 윤활은 유 윤활에 비해 다음과 같은 장단점이 있다.
- 장점 : ① 급유 간격이 길고, ② 누설이 적으며, ③ 밀봉성이 우수하고, 먼지 등의 침입이 적다.
- 단점 : ① 냉각 작용이 적고, ② 균일성 등이 떨어진다.

그리스의 충진량이 너무 많으면 마찰 손실이 크고, 온도가 상승하며, 동력의 손실도 클 뿐 아니라 그리스의 누설이 많아지고, 변질하기 쉽게 되므로 일반적으로 베어링 용적의 약 $\frac{1}{2}$ 이내로 충전한다.

그리스를 새로운 것으로 바꿀 때는 오래된 그리스를 완전히 제거하고 용제로 깨끗이 청소한 후에 이물질이 침입하지 않도록 특별히 주의하여 새 그리스를 충전해야 한다.

레이디얼 볼 베어링과 원통 롤러 베어링의 그리스 보충 간격은 운전 조건, 그리스의 성상 등에 따라서 다르며 [그림 12-17]로 값이 주어진다.

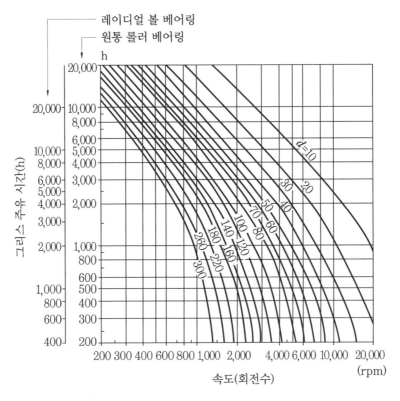

[그림 12-17] 레이디얼 볼 베어링과 원통 롤러 베어링의 그리스 보충 간격

3-2 그리스 급유법의 종류

(1) 그리스 패킹

소형 롤러 베어링에서는 그리스 윤활이 이용되며 최초에 적량의 그리스를 패킹하여 장시간 보급하지 않고 이용하는 예가 많다. 그리스 패킹에는 면사를 사용한 브레이드 패킹을 윤활유지로 처리한 그리스 처리 코튼 브레이든 패킹(greased braided cotton packing)과 아마사를 사용한 브레이드 패킹을 윤활유지로 처리한 그리스 처리 플랙스 브레이든 패킹(greased braided flax packing)이 있다.

(2) 그리스 충진 베어링

슬라이딩 베어링의 메탈 상부가 일부 개방되어 여기에 그리스를 충진하여 뚜껑을 덮어 두는 방식으로 별로 중요하지 않는 저속의 베어링, 선박의 저널 베어링과 압연기의 롤 베어링, 분쇄기의 트러니언 베어링 등에 사용된다. 이 베어링은 뚜껑을 반드시 닫고 불순물의 침입을 철저히 저지하고 또 베어링이 발열하여 그리스가 적하점(dropping point) 이상의 온도로 되면 그리스의 전량이 일시에 유출되어 윤활이 불확실하게 되므로 베어링의 발열에 특히 주의해야 한다.

(3) 그리스 컵

그리스 컵은 스프링식, 가스식, 기계식, 연동식, 오일러식 등이 있으며, 주입 방식에는 단독식, 원격 제어식, 다중 설치식 등이 있다.

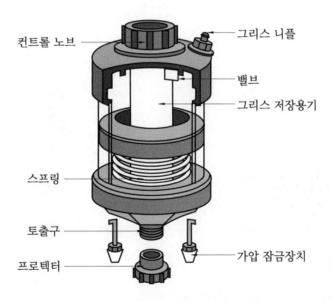

컨트롤 노브 ─
그리스 니플 ─
밸브 ─
그리스 저장용기 ─
스프링 ─
토출구 ─
프로텍터 ─
가압 잠금장치 ─

[그림 12-18] 스프링식 그리스 컵

(4) 중앙 집중식 그리스 윤활 장치

센트럴라이즈드 그리스 공급 시스템(centralized grease supply system)으로서 강압 그리스 펌프를 주체로 하여 이로부터 관지름이 2인치 정도의 주관을 시공하고 거기에 지관을 배열하여 다수의 베어링에 동시 일정량의 그리스를 확실히 급유하는 방법이다.

주관에서 갈려 나간 지관에는 베어링 바로 앞에 분배 밸브를 장치하여 분배 밸브의 조정 여하에 따라 임의의 양을 공급할 수 있다. 전동기와 타이머 장치에 의해 자동적으로 전동기의 스위치가 단속되어 규정된 시간대로 간헐적으로 급유된다.

(5) 그리스 건(gun)

베어링에 그리스를 충전하는 휴대용 그리스 펌프로서 베어링에 대하여 그리스의 공급이 반드시 연속적이어야 된다는 것은 없고 1회의 공급으로 수십 분 내지 수 시간 또는 수 일간 운전하더라도 지장이 없는 경우에 그리스 건을 사용하면 좋다.

(6) 핸드 버킷 펌프

수동 그리스 펌프 또는 그리스 주유기(grease lubricator)라고도 부르며, 그리스 건(gun)보다 훨씬 우수한 방법이다. 그러나 이 형식은 마찰면까지의 먼 거리에 대하여 각각 그 수만큼의 배관이 필요하다.

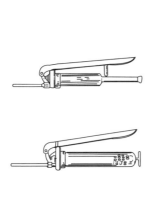

[그림 12-19] 그리스 건

[그림 12-20] 핸드 버킷 펌프

연습 문제

1. [보기]에서 비순환 급유법을 모두 고르시오.

```
───────────[보기]───────────
• 손 급유법              • 비말 급유법
• 적하 급유법            • 가시 부상 유적 급유법
```

2. 급유법에 대하여 관계있는 것끼리 연결하시오.

① 유륜식 급유법　　　•　　　•　㉠ 모터, 발전기, 소형 터빈 등과 같이 고속 회전의 베어링에 널리 사용

② 버킷 급유법　　　•　　　•　㉡ 고점도의 오일이나 고온 환경에 설치되어 있는 베어링에서 냉각 및 다량의 윤활이 필요한 곳에 적합

③ 강제 순환 급유법　　•　　•　㉢ 비행기, 자동차 엔진, 증기 터빈, 공작 기계 등의 고급 기관에 사용

3. 소형 롤러 베어링에서 장시간 보급하지 않고 이용하는 것으로 패킹에 그리스를 혼입하여 윤활하는 것은?

4. 패드 급유법(pad oiling)에 대하여 설명하시오.

5. 집중 그리스 윤활 장치에 대하여 설명하시오.

6. 순환 급유법의 종류를 쓰시오.

7. 그리스 건에 대하여 설명하시오.

윤활 기술

1. 윤활 기술과 설비의 신뢰성

1-1 유분석과 윤활 기술

윤활 관리 기술은 기계의 운동면과 윤활 장치에 효율적인 윤활제를 선정하여 사용함으로써 설비의 생산성 향상과 휴지 손실의 방지 등 경제적인 이익 얻을 수 있다.

설비에서 발생되는 대부분의 고장은 회전 기계 설비에서 주로 발생되며, 전체 고장 중 윤활과 관련한 고장이 전체 설비 고장의 50% 이상을 차지하므로 올바른 윤활 관리를 위해서는 유분석을 통해 윤활유의 특성을 파악하고, 시료 채취 기술, 각종 오염도의 분석 등을 실시하여 윤활유 및 유압유의 관리 및 분석 기술의 향상이 필요하다.

(1) 유분석을 통한 정보

① 고장의 근본 원인 파악

② 초기 마모의 진행 상태 파악

③ 기계의 열화로 인한 수리 또는 교체 시기 파악

④ 고장의 원인 분석을 통한 방지 대책 수립

(2) 유분석의 범위

① 마모 입자 분석 　　② 물리·화학적 성분 분석 　　③ 오염도 분석

(3) 유분석을 위한 시료 채취 방법

① 가능한 가동 중인 설비에서 채취 　　② 정지한 설비에서는 3분 이내 채취

③ 플러싱한 채취 밸브와 채취 기구 사용 　　④ 깨끗한 용기로 채취

⑤ 채취 시간의 기입 　　⑥ 알맞은 주기

⑦ 원칙 및 목적에 따라 채취부 선택 　　⑧ 채취 후 신속히 분석

1-2　적정 윤활제의 선정

　　윤활제를 올바르게 선정하기 위해서는 윤활 요소인 마찰면의 조건, 급유 방법 및 윤활제의 종류와 특성을 고려한다. 일반적인 윤활제의 선택 시 윤활제의 점도, 열 및 산화 안정성, 부식성, 적합성 등을 고려한다.

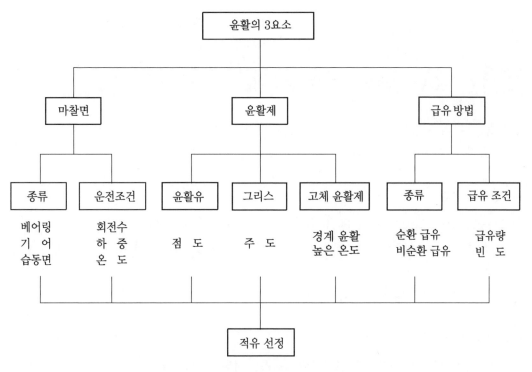

[그림 13-1]　윤활 요소를 고려한 적유 선정

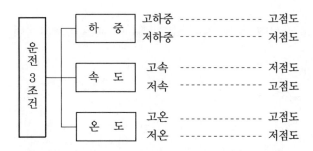

[그림 13-2]　운전 조건을 고려한 적정 점도 선정

1-3   윤활 사고의 원인

다음과 같이 부적합한 윤활제의 사용과 관리는 윤활 사고의 주요 원인이 되므로 주의해야 한다.

① 부적절한 유종의 선정   ② 유종의 혼용 사용

③ 이물질 혼입   ④ 급유량 불량

⑤ 누유   ⑥ 부적절한 윤활제의 취급

1-4   윤활 관리의 효율화

윤활 관리의 효율화를 위해서 현재 윤활 관리 수준을 명확하게 파악하고 현행 문제점을 도출하여 면밀히 분석한다.

(1) 준비 사항

① 윤활 관리 도입을 위한 교육 실시

② 유종별 사용 실적, 급유 점검 기준서, 급유 도구 및 사용유에 대한 오일 분석 등의 자료 파악

③ 사용 유종 및 윤활유 사용량 파악

(2) 기준 작성

현행 윤활 관리의 상태에서 요구되는 적유, 적법, 적량, 적시 방법으로 잘 시행되고 있는지의 여부를 파악하기 위하여 전 설비에 대하여 윤활 관리표를 작성한다.

(3) 계획 수립

윤활 관리 조사표 양식에 의거하여 급유, 갱유 관리 일정표의 이용 계획을 수립한다.

(4) 윤활 관리 실행

① 급유, 갱유 및 청소 실시

- 과급유 : 유온 상승, 거품 발생으로 인한 열화의 가속화, 점도 저하로 인한 윤활 불량 발생
- 저급유 : 마찰면에 유막 형성 불량으로 마모 및 소부 현상이 발생하여 생산성 저하

- 그리스는 외부 환경의 영향을 많이 받으므로 사용 실적을 통하여 교환 주기를 결정하고 윤활유는 유분석을 통하여 열화 상태를 파악한 후 결정한다.

[표 13-1] 급유 방법에 따른 유분석 시험 빈도

급유 방법	유분석 시험 빈도	
	보통 상태의 운전	가혹 상태의 운전
비말, 유욕 급유	6개월	3개월
순환 급유, 유압 기기	9개월	3개월
칼라, 링, 체인 급유	12개월	6개월

㈜ 1. 윤활제의 월간 사용량이 전 용량의 3% 이상일 때 2배 연장 가능하다.
　　 2. 가혹 상태란 수분, 가루, 먼지 등의 침입이 현저하든가 운전 온도가 60℃ 이상일 때를 말한다.

- 청소는 다음 사항에 중점을 두어 실시한다.
  - 급유구 주위의 오염 상태   － 라벨 및 레벨 게이지의 오염 상태
  - 윤활유 주위의 오염 상태   － 배관 이음부의 누설
  - 회수관의 막힘 및 탱크 주위의 오염 상태
② 누유 상태 확인 및 불합리한 급유 개소의 개선
③ 급유 기구의 정비
④ 급유 방법의 개선
⑤ 윤활유 저장소의 관리

(5) 실적의 기록 및 평가

① 윤활 관련 데이터를 분석하여 체계적으로 이력 및 절차 관리
② 윤활의 구매에서 폐기까지 소요 비용 관리

(6) 개선안 실시

① 유종의 통일 및 단순화
② 윤활의 자동화

(7) 표준화 및 효율화

① 윤활 관리 기준 정립
② 급유 기준서 및 급유 이력 비치
③ 윤활 관리 효율화 추진 상황 진단

2. 윤활계의 운전과 보전

윤활 계통은 상대 운동으로 발생하는 마찰 부분에 적정한 윤활제를 공급하기 위한 급유 장치, 윤활 유관 및 세정 장치, 윤활 펌프, 윤활유 냉각기, 윤활유 가열기, 여과기 등이 필요하게 된다.

2-1 윤활 계통

(1) 윤활유 펌프

윤활유 펌프는 압력이 $2 \sim 4 \, kgf/cm^2$ 정도의 기어 펌프가 널리 사용된다. 윤활유 펌프의 고장을 대비하여 2쌍 이상의 펌프를 설비하며, 여과기를 설치하여 기름 속의 불순물을 제거하고 펌프의 손상을 방지한다.

(2) 드레인 탱크

드레인 탱크의 크기는 펌프의 토출량과 순환되는 유량에 관계하고 엔진의 형식과 발생 동력에 의하여 결정된다.

(3) 윤활유 냉각기

윤활 부분으로 보내지는 기름에 적당한 점도를 유지시키기 위하여 순환 계통 중 윤활유 냉각기를 통과하여 윤활유의 온도를 조절한다.

(4) 윤활 계통의 보수

윤활 급유 장치 중 기름과 접촉하지 않은 부분은 수분이 응축하기 쉬우므로 녹이 자주 발생된다. 이와 같이 발생된 녹은 표면을 거칠게 만들고 분말은 기름 속에 혼입되어 윤활 마모의 원인이 된다. 따라서 윤활 장치의 운전 중에는 마찰 부분의 온도, 진동 및 소음에 주의하고 윤활유의 출입구 온도 및 오염 상태에 주의해야 한다. 또한 오일의 누유가 발생되면 화재 위험과 환경 오염 등 문제가 되므로 즉시 조치해야 한다.

2-2 플러싱

기계의 윤활 계통에 윤활유를 넣거나 열화 오일을 신유로 교환하는 경우, 유관 청소가 필요한 경우 세정제를 사용하여 이물질을 세척하는 것을 플러싱(flushing)이라 한다. 플러싱은 시기와 목적에 따라 다르므로 적합한 세척제와 세척유를 적용한다.

(1) 플러싱의 종류

① 산세정(황산 → 물 → 가성소다 → 물 → 오일) : 처음 설치된 배관 내의 금속, 모래, 먼지, 녹 등을 제거
② 분해 세정 : 방청제 및 슬러지를 제거하는 용제 처리 과정
③ 윤활유에 의한 세정 : 이물질이나 고형 물질 등을 제거
④ 화학 세정 : 화학 물질에 의한 세정 작업

(2) 플러싱유의 선택

① 저점도유로서 인화점이 높을 것   ② 사용유와 동질의 오일 사용
③ 고온의 청정 분산성을 가질 것   ④ 방청성이 매우 우수할 것

(3) 플러싱 실시 시기

① 기계 장치의 신설 시   ② 윤활유 교환 시
③ 윤활 장치의 분해 시   ④ 윤활계의 검사 시
⑤ 운전 개시 시

(4) 플러싱 작업의 전 처리

플러싱 작업 전에는 윤활 계통의 청소 상태를 검사하고, 이상이 있는 경우 녹이나 스케일 등의 이물질을 제거해야 한다.

[표 13-2] 플러싱 작업의 전 처리 방법

구분	전 처리 및 확인 사항
배관 계통	새로 설치된 파이프는 산 세정을 통하여 배관 내부 벽을 세정하고 용접 개소도 스케일을 제거한 후 조립한다.
펌프, 필터류	방청 도료가 도포되어 있는 기계 등은 개방 검사가 요구된다. 일반적으로 필터의 막힘은 방청 도료에 의한 것이 많다.
밸브류	주물로 된 밸브류는 모래 성분이 많이 있으므로 와이어 브러시로 닦고, 압축 공기로 청소가 요구된다.
기어	기어는 방청제로 방청 처리를 한다.
오일	탱크 내부에 녹이 있는 경우 와이어 브러시로 제거한다.

(5) 플러싱 후 정리

① 플러싱 오일의 배유(상온에서 가능한 잔량이 없도록)
② 시스템 각부 점검, 배관의 복원 및 탱크 청소
③ 본유(신유) 충진 및 시운전
④ 오일의 성상 진단

3. 윤활제의 열화 관리와 오염 관리

3-1 윤활유의 열화와 관리 기준

1 윤활유의 열화 원인

양질의 윤활유라도 사용 중 변질하여 그 성질이 저하될 수 있는데, 이것을 윤활유의 열화라 한다. 윤활유는 사용하기 시작하면 주로 2가지 형태의 변화를 받는다. 그 하나는 윤활유 자신이 일으키는 변화, 즉 화학 변화이고, 또 하나는 외부적 요인에 의하여 생기는 변화로서 윤활유의 오손이다.

2 윤활유 열화에 미치는 인자

(1) 산화

윤활유는 사용 중 공기 중의 산소를 흡수하여 화학적 반응을 일으켜 산화(oxidation)라 한다. 이때 온도, 사용 시간, 촉매 등이 유분자의 산화를 촉진시키는 원인이 된다. 윤활유가 산화를 받으면 우선 색의 변화, 점도의 증가, 산의 증가 그리고 표면 장력의 저하 등을 초래한다. 또한 윤활유가 산화를 받으면 알데히드, 케톤, 알코올, 카르복시산, 옥시산, 에스테르 등 각종 중축합물(中縮合物)을 생성한다. 이들 물질은 대체로 열에 대한 안정성이 없고 금속을 부식시키는 물질의 근원이 된다.

(2) 탄화

탄화(carbonization) 현상은 윤활유가 가열 분해되어 기화된 기름 가스가 산소와 결합할 때에 열전도 속도보다 산소와의 반응 속도 쪽이 늦으면 열 때문에 기름이 건류되어 탄화됨으로써 다량의 잔류 탄소를 발생하게 된다. 또 고점도유인 경우 기화 속도가 열을 받은 속도보다 늦으며 탄화 작용은 한층 빨라진다. 따라서 디젤 기관 또는 공기 압축기의 실린더 내부 윤활에는 특히 탄화 경향이 적은 윤활유를 공급해야 한다. 기화 속도가 큰 쪽, 즉 점도가 낮은 쪽은 탄화 경향이 적다.

(3) 희석

희석(dilution)은 윤활유 중에 연료 및 비교적 다량의 수분이 혼입하였을 경우에 일어나는 현상이며 특히 다음과 같은 경우에 생기기 쉽다.
① 사용 연료의 품질이 불량하여 분사 상태가 나쁘고 따라서 연소 불량이 되어 그 일부가 윤활유 중에 혼입하였을 경우
② 윤활유 가열 온도가 적절하지 않거나, 분사 압력이 너무 낮고, 분사 장치의 불량 등에 의하여 분사 상태의 불량에서 오는 연료유의 혼입
③ 엔진의 정비 불량에 의한 연료유 또는 수분이 윤활유 중에 혼입할 경우

(4) 유화

유화(emulsification)는 윤활유가 수분과 혼합해서 유화액을 만드는 현상으로 유중에 존재하는 미세한 이물질 입자의 극성(일종의 응집력)에 의해서 물과 기름의 표면 장력이 저하해서 W/O형 에멀션(emulsion)이 생성되어 점차 강인한 보호막이 형성되는 결과가 일어난다. 이와 같이 단단한 교질의 유화 입자는 보통 1개의 크기가 $10^{-5} \sim 10^{-6}$ mm 정도이며 큰 것도 있어 이것이 집합해서 유화액이 형성되는 것으로 생각된다. 윤활유가 유화되는 원인은 다음과 같다.
① 기름의 산화가 상당히 일어났을 때
② 윤활유가 열화하여 이물질분이 증가되어 고점도유에 이르렀을 때
③ 운전 조건이 가혹해서 탄화수소분의 변질을 가져왔을 때
④ 수분과의 접촉이 많을 경우 등

3 첨가제

윤활유에 첨가하여 이미 갖고 있는 윤활유의 성질을 강화하고 다시 새로운 성질을 주어 그 기능을 향상시키며 사용 중에 일어나는 열화 속도를 감소시키는 것이다. 첨가제의

성분은 일부 폴리머(VI improver)를 제외하면 대부분 극성 화합물로 이루어져 있다.

(1) 첨가제의 일반적 성질

① 기유에 용해도가 좋아야 한다.
② 첨가제는 수용성 물질에 녹지 않아야 한다.
③ 색상이 깨끗해야 한다.
④ 증발이 적어야 한다.
⑤ 저장 중에 안정성이 좋아야 한다.
⑥ 다른 첨가제와 잘 조화되어야 한다.
⑦ 유연성이 있어 다목적으로 쓰여야 한다.
⑧ 냄새 및 활동이 제어되어야 한다(적용 온도에서 그 성능을 발휘해야 한다).

(2) 첨가제의 종류

① 표면 보호제
 • 청정제, 분산제(detergent, dispersant)
 • 부식 방지제(corrosion inhibitor)
 • 방청제(rust inhibitor)
 • 극압성 첨가제(EP. agent)
 • 내마모성 첨가제(antiwear agent)
② 윤활유 보호제
 • 산화 방지제(antioxidant)
 • 기포 방지제(antifoam agent)
③ 윤활 성능 보강제
 • 점도 지수 향상제(viscosity-index improver)
 • 유동성 강하제(pour-point depressant)

4 윤활유의 열화 판정법

(1) 직접 판정법

① 신유(新油)의 성상(性狀)을 사전에 명확히 파악해 둔다.
② 사용유의 대표적 시료를 채취하여 성상을 조사한다.
③ 신유와 사용유의 성상을 비교 검토한 후에 관리 기준을 정하고 교환하도록 한다.

[표 13-3] 조사 항목

항목		시험 목적
인화점(℃)		연료유의 혼입 유무
동점도[cSt(@40℃)]		점도의 변화 유무 : 적정 점도 확인, 윤활유 열화, 오염물의 혼입
수분 wt[%], ppm		수분의 혼입
전산가(mg KOH/g)		① 윤활유 변질도, ② 부식성 물질의 유무, ③ 연소 생성물의 오염도
알칼리성(mg KOH/g)		윤활유의 열화
분해용분	펜탄(%)	윤활유의 열화
	벤젠(%)	고형 물질의 오염도
기 타		윤활유의 종류 및 사용 조건에 따라 필요한 항목

(2) 간이 판정법

운전 현장에서 한정된 기구, 시간 그리고 노력으로서 이용유의 열화 성장을 시험하려면 대략 다음과 같은 방법으로 간접적으로 판정할 수 있다.

① 냄새를 맡아 보고 강한 냄새가 있으면 연료 기름의 혼입이나 불순물의 함유량이 많다고 판단한다.

② 시험관 중에 적당량의 기름을 넣고 그의 선단부를 110℃ 정도로 가열해서 함유 수분의 존재를 물이 튀는 소리로 듣는다.

③ 손으로 기름을 찍어 보고 경험으로 점도의 대소, 협잡물의 다소를 판단한다.

④ 투명한 2장의 유리판에 기름을 넣고 투시해서 수분의 존재 또는 이물질의 발생 유무를 조사한다.

⑤ 시험관에 기름과 물을 같은 양으로 넣고 심하게 교반 후 방치해서 기름과 물이 완전히 분리할 때까지의 시간을 측정하여 항유화성(抗乳化性)을 조사한다. 이 경우는 신유의 항유화성을 비교하면 더욱 명확해진다.

⑥ 기름을 소량의 증류수로 씻어낸 수분을 취하여 리트머스 시험지를 적셔 적색으로 변하면 산성이다.

⑦ 시험관에 기름과 진한 황산을 같은 양으로 넣고 잘 교반한 다음 잠시 후에 흑색의 침전물이 되는 양 및 관벽 온도의 상승 정도로써 불순물의 혼입 비율 및 열화의 정도를 알 수 있다.

⑧ 적당한 용기에 소량의 시료를 취하여 이것을 60~70℃로 가열하고 지름이 2~3 mm의 금속 또는 유리막대를 이용하여 그 유적을 로지상에 적하하고 15분 후 침투된 유폭을 측정하여 유폭이 2 mm 이하로 되면 이용한도가 넘은 것으로 판정한다(스폿 시험).

⑨ 현장에서 간이식 점도계, 중화(中和)가 시험기, 비중계, 비색계가 있으면 적극 활용하거나 간이 시험기(cassette tester)를 이용한다.

3-2 윤활유의 열화 방지와 사용한계

(1) 윤활유의 열화 방지법

사용 윤활유의 열화를 방지하고 장기간 경제적으로 양호한 윤활 상태를 유지하여 수명을 연장시키려면 윤활유의 산화를 촉진시키는 원인을 제거함과 동시에 항상 순환 계통을 깨끗이 하여 윤활유 중에 불순물이나 산화 생성물의 신속한 제거는 물론 적절한 시기에 신유를 교환 또는 보급 재관해야 한다. 따라서 윤활유의 열화 방지책으로 다음 사항이 고려된다.

① 윤활유가 고온부에 접촉하는 시간을 짧게 하고 유온을 일정하게 유지시키려면 유압을 올려서 순환 급유를 많게 하고 또 적절한 냉각기의 부착에 의해 유온 상승을 방지한다.
② 기름의 혼합 사용을 극력 피한다(첨가제 반응 적압 점도 유지).
③ 신기계 도입 시는 충분히 세척(flushing)을 행한 후 사용한다.
④ 교환 시는 열화유를 완전히 제거한다. 열화유 중에는 극성 물질, 즉 이물질분이 다량 함유되어 이것이 산화 촉매 작용을 하기 때문이다.
⑤ 협잡물(挾雜物 : 수분, 먼지, 금속 마모분, 연료유) 혼입 시는 신속히 제거한다. 이것은 물에 의한 유화, 연료유의 혼입에 의한 희석, 금속, 먼지 등의 촉매 및 마모를 방지한다.
⑥ 연 1회 정도는 세척을 실시하여 순환 계통을 청정하게 유지한다.
⑦ 사용유는 가능한 원심 분리기 백토 처리 등의 재생법을 사용하여 재사용한다.
⑧ 경우에 따라서 적당한 첨가제를 사용한다.
⑨ 급유를 원활히 한다.

(2) 윤활유의 사용 한계

윤활유를 장기간에 걸쳐 사용하게 되면 윤활유는 내적 또는 외적 요인에 의해서 열화되므로 윤활유로서의 기능을 상실하고 만다. 이때는 신유로 교환해야 되나 일반적으로 성상의 변화에 관계없이 일정 기간이 지나면 자동적으로 교환하는 방법과 또 관리 기준을 정해 놓고 수시로 관리 항목을 체크해서 교환하는 방법 등이 있다.

관리 항목 체크에 의한 교환 기준은 기계의 조건, 사용 환경, 윤활유 종류 등에 따라 크게 다를 수도 있으나 일반적으로 사용 한계는 [표 13-4]~[표 13-7]과 같다.

[표 13-4] 육상 내연 기관용 윤활유의 사용 한계

항목 \ 종류	디젤 기관		가솔린 기관
	기관용	발전기용	
반응	중성	중성	중성
인화점(℃)	170℃ 이상	150℃ 이상	신유보다 42℃ 이하
40℃ 동점도(cSt)	신유의 ±20% 이내	신유의 ±25% 이내	신유의 ±20% 이내
수분(Vol%)	0.2 이하	0.2 이하	0.2 이하
전산가(mg KOH/g)	신유 시 2.0 이하	3.0 이하	2.0 이하
전알칼리가(mg KOH/g)	2.0 이상	2.0 이상	1.0 이상
잔류 탄소분	2.5 이하	2.5 이하	−
회분 증가(wt%)	0.3~0.5 이하	0.3~0.5 이하	0.3~0.5 이하
침전가(mL)	0.3 이하	0.3 이하	−
n-펜탄 불용분(wt%)	2.0 이하	2.0 이하	1.0 이하
벤젠 불용분(wt%)	1.0 이하	1.0 이하	−
펜탄 불용분과 벤젠 불용분의 차	1.0 이하	1.0 이하	−
연료 희석도(Vol%)	10~12 이하	10~12 이하	10~12 이하

[표 13-5] 공업용 윤활유의 사용 한계(1)

항목 \ 유종	공업용 기어유	터빈유	압축기유	냉동기유	베어링유
인화점(℃)	160℃ 이상	−	−	−	−
40℃ 동점도(cSt)	정밀 ±10% 비정밀 ±20%	±10~15%	±10%	±15%	±10%
수분(Vol%)	0.2 이하	0.1 이하	0.1 이하	0.1 이하	0.2 이하
전산가(mg KOH/g)	신유 시 0.5 이하	무첨가 : 1.0 이하 첨첨가 : 0.3 이하	1.0 이하	0.2 이하	0.5 이하
n-펜탄 불용분(wt%)	1.0 이하	1.0 이하	−	0.2 이하	0.2 이하
벤젠 불용분(wt%)	0.5 이하	0.5 이하	−	−	−
증기 유화도(sec)	300 이하	300 이하	−	−	−

[표 13-6] 공업용 윤활유의 사용 한계(2)

항목 \ 유종	열처리유(1종)	열처리유(2종)	전기 절연유
인화점(℃)	70 이상	220 이상	–
동점도[cSt](신유 대비)	50℃+8.0 이하	100℃+10.0 이하	–
수분(Vol%)	0.1 이하	0.05 이하	–
전산가(mg KOH/g)	3 이하	–3 이하	0.4 이하
잔류 탄소분(wt%)	0.7 이하	1.5 이하	–
800℃ → 300℃까지의 냉각 초소	유온 80℃ 9초 이하	유온 150℃ 15초 이하	–
n-펜탄 불용분(wt%)	0.3 이하	0.3 이하	–
침전가(mL)	–	–	1.0 이하
계면장력(dyne/cm^2)	–	–	3.0 이하

[표 13-7] 공업용 윤활유의 사용한계(3)

항목 \ 유종	일반 작동유-내마모성 작동유		인산에스테르 작동유	수치 제어(NC) 작동유
	일반 기계	정밀 기계		
동점도 cSt 40℃ (신유 대비)	±15% 이내	±10% 이내	±20% 이내	±15% 이내
수분(Vol%)	0.1 이하	0.1 이하	0.5 이하	0.1 이하
전산가(mg KOH/g) (신유 대비 증가)	0.5 이하	0.5 이하	1.0 이하	0.5 이하
색(유니언)	+4 이하	+2 이하	+8 이하	–
광유분(%)	–	–	5 이하	–
오염도(중량법)[mg/100mL]	20 이하	10 이하	15 이하	–
n-펜탄 불용분(wt%)	0.05 이하	0.05 이하	0.05 이하	0.05 이하

4. 윤활제에 의한 설비 진단 기술

4-1 마모 성분 분석법

윤활유의 마모 성분 분석에 의한 진단법으로는 페로그래피(ferrography)법과 SOAP (Spectrometric Oil Analysis Program)법이 널리 사용된다.

(1) 페로그래피법

페로그래피란 기계에 이용되고 있는 윤활유의 마모분을 분석하는 방법이다. 기계의 상태를 진단하기 위하여 윤활유를 채취하여 그 속에 있는 마멸분의 크기나 형상을 관찰하여 기계의 열화 상태를 파악하는 방법을 의미한다. 페로그래피라는 것은 원래 미국의 Foxboro사가 개발한 윤활유 마멸분의 분석 장치에 붙여진 상품명이었으나 현재 일반적인 마모 성분 진단법으로 통용된다.

[그림 13-3]은 페로그래피의 측정 원리를 나타낸 것이다. 채취한 오일 샘플링을 용제로 희석하고 약간 경사시켜 고정한 슬라이드에 흘린다. 슬라이드 아래에 설치된 강력한 자석에 의해 마모분 입자는 자력선의 방향으로, 또 상류에서 하류로 크기 순서에 따라 배열된다. 이렇게 하여 제작된 페로그램에서 현미경으로 마모 입자의 크기, 형상 또는 간편히 열처리한 재질 등을 관찰하여 이상 부위, 원인에 대한 규명을 한다.

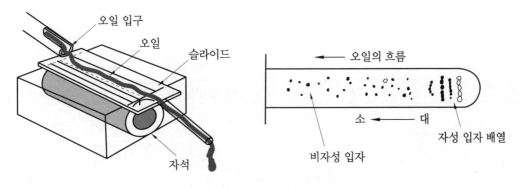

[그림 13-3] 페로그래피의 원리

[그림 13-4]는 윤활유 중 발생하는 마모 입자의 여러 가지 형상(정상, 평판형, 절삭형, 구상 등) 및 크기를 나타낸 것이다.

1. 정상 마모 입자		2. 평판 형상 마모 입자	
	 • 박판 형상 • 표면 평활 • $0.5{\sim}5\,\mu\mathrm{m}$		 • 표면 거침 • 기어 마모 • $20\,\mu\mathrm{m}$ 이상
3. 절삭형 마모 입자		4. 큰 마모 입자	
	 • 칩 형상 • 모래 혼입 • $25{\sim}100\,\mu\mathrm{m}$		 • 직선 형상 조각 • 줄무늬 • $20\,\mu\mathrm{m}$ 이상
5. 구상 마모 입자		6. 기타 마모 입자	
	 • 볼 형상 • 베어링 피로 • $1{\sim}5\,\mu\mathrm{m}$		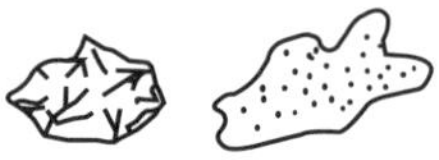 • 모래 입자 • 폴리머 입자 • 녹

[그림 13-4] 윤활유 중 마모 입자 형상

(2) SOAP법

이 방법은 채취한 시료유를 연소하여 그때 생긴 금속 성분 특유의 발광 또는 흡광 현상을 분석하는 것으로, 특정 파장과 그 강도에서 오일 중 마모 성분과 농도를 알 수 있다. 오일 분석법은 금속의 마모 상황을 직접 측정하므로 이상 검출이 확실하다는 특징이 있지만, 반면에 샘플의 채취 방법에 주의를 요한다. 또한 분석에 숙련이 필요하는 등 진동법에 비하면 간단한 것은 아니다.

[표 13-8] SOAP 분석 장치의 특징

구분	원자 흡광법	회전 전극법	ICP
원리	금속 성분의 흡수 스펙트럼을 측정	금속 성분의 발광 스펙트럼을 측정	
연소 방식	아세틸렌 불꽃(약 2000℃)	고압 방전(약 15000 V)	플라스마(7000~9000℃)
시료 전 처리	금속 성분과 산 등에 의한 용해	직접 측정	희석하여 사용
측정 입자경	특히 제한 없음	비교적 큰 입자까지 가능	작은 입자($\sim10\,\mu\mathrm{m}$)
분석 시간	1원소마다 측정하므로 시간이 걸린다.	원자 흡광에 비교하여 신속	

4-2 오염도 측정법

1 현장에서의 간단한 시험

(1) 외관 시험

시험관에 신유와 사용유를 각각 담아 색채, 투명도, 냄새 등으로 판단한다.

(2) 고형물의 조사

탱크 내 기름의 운동을 정지시키고 침전물을 긁어 모아 확대경 등으로 이물질의 종류와 상태를 검사한다.

(3) 스폿 시험

사용 중 기름의 일부를 스폿 시험지에 떨어뜨려 변색의 정도, 검은 반점의 여부 등을 조사한다.

(4) 수분의 함유 상태 검사

탱크 아랫부분의 기름을 채취하여 가열 철판 위에 떨어뜨려 증발되는 소리로 판정한다.

[표 13-9] 외관 시험의 판정

외관	냄새	상태	대책
투명하고 색채 변화가 없다.	양호	양호	계속 사용 가능
암흑색이며 혼탁하다.	악취	불량	교환
색채 변화 없으나 혼탁하다.	양호	수분 함유	물의 분리
투명하고 색채가 없다.	양호	다른 종류의 기름 혼입	계속 사용 가능

2 실험실에서 오염 정도 측정

(1) 중량법

시료유 100 mL 중의 오염 물질의 중량 측정

(2) 계수법

시료유 100 mL 중의 오염 물질의 크기, 개수 측정

(3) 오염 지수법

오일 중의 미립자 또는 젤라틴상의 물질에 따라 필터의 눈이 막혀 여과 시간의 변화 현상을 이용하여 시료의 오염도를 산출하는 방법으로 SAE에 측정법이 규정되어 있다.

(4) 수분 측정법

크실렌 등의 용제와 혼합한 시료를 가열, 증류하여 검수관에 분리된 수분을 측정해서 시료에 대한 용량 또는 중량으로 표시한다.

(5) 기포성 측정법

기포도(foaming tendency)란 규정 온도에서 5분간 공기를 불어넣은 직후의 거품량 (mL)을 말하며, 기포 안정도(foaming stability)란 기포도 측정 후 10분간 방치한 후의 거품량(mL)을 말한다.

3 시험용 시료의 채취

(1) 운동 상태에 있는 작동유의 채취

① 시기 : 펌프 실린더 등 정상적으로 가동되어 작동유의 온도가 평소 가동 때와 동일한 온도일 때
② 장소 : 오일 탱크의 유면 윗부분 또는 중간 부분

(2) 침전 상태에 있는 작동유의 채취

① 시기 : 기기의 작동을 정지시킨 후 24시간이 경과한 후
② 장소 : 오일 탱크의 아랫부분

(3) 채취 후의 처리

유리제 시험관에 담고 완전 밀폐시킨 후 명세서를 붙인다.

4 크래클 테스트(Crackle test)

오일 중에 물의 함유 유무를 현장에서 쉽게 알 수 있는 간이 진단법으로 크래클 테스트를 사용하여 물의 존재를 감지할 수 있다. 이 시험은 물과 오일의 끓는점을 이용하는 시험으로 약 160℃에서 핫 플레이트(hot plate)에 오일 방울을 뿌려 반응을 보는 테스트로, 기름에 물이 있으면 기름 방울에 거품이 생기며 물이 딱딱 튀긴다. 크래클 테스트는

첨가제 패키지 및 오일 내 수분의 양에 따라 아주 적은 양은 검출에 한계가 있다. 그러나 현장에서 간단한 준비로 유용하게 이용되는 간이 진단법이다.

수년간 오일 분석 실험에서 크래클 테스트를 통해서, 딱딱거리는 테스트는 "go/no-go" 테스트와 같이 유리 및 유화수의 신뢰할 수 있는 지표로 사용되고 있다. 많은 경험과 눈과 귀를 사용하면 적은 양의 수분도 더 정량적으로 찾아낼 수 있다. 단순히 딱딱거리는 소리를 듣기보다는 가시적인 관찰을 하고 수증기 방울의 수와 크기를 평가하면 수분의 양을 대략적으로 알 수 있다.

효과적인 간이 진단을 위해 실험용 주사기와 페인트 셰이커를 사용하면, 보다 일정한 데이터를 만들 수 있어 보다 일관된 결과를 얻을 수 있다. 이와 같이 적은 비용을 들여 간단한 현장 테스트를 통해 오일 분석 및 오염 관리를 효율성 있게 실질적으로 실행할 수 있다.

(1) 방법

크래클 테스트 시 준수해야 할 간단한 몇 가지 주의 사항은 다음과 같다.

① 핫 플레이트 온도를 160℃로 항상 일정하게 유지해야 한다.

② 오일 샘플을 흔들어 교반하여 오일에 물이 균일하게 부유되도록 한다.

③ 깨끗한 기기를 사용하여 핫 플레이트에 오일 한두 방울을 뿌린다(주사기 또는 오일 드로퍼 튜브 이용).

(2) 관찰

① 오일을 뿌린 후에 딱딱거리거나 증기 기포가 발생하지 않으면 수분이 존재하지 않는 것이다.

② 오일을 뿌린 후 매우 작은 기포(0.5 mm)가 생성되었다가 빨리 사라지면 약 0.05~0.10% 정도의 수분이 내포되어 있다고 볼 수 있다.

③ 오일을 뿌린 후 약 2 mm의 기포가 생성되며 오일 스팟의 중심으로 모여 약 4 mm로 확대된 후에 사라지면 약 0.1~0.2% 정도의 수분이 내포되어 있다고 볼 수 있다.

④ 오일 내 수분 함량이 0.2% 이상인 경우 거품은 2~3 mm 정도에서 시작하여 4 mm 정도로 자라며 이런 과정이 1~2번 반복된다.

⑤ 더 많은 수분 함량의 경우, 심한 버블링이 발생하며 딱딱 소리가 격렬하게 크고 명확하게 들린다.

⑥ 용해된 가스, 연료, 냉매 및 휘발성 용매가 있는지 확인 후 시험한다(안전재해).

⑦ 테스트 작업 중 판정의 오류가 발생할 수 있으니 주의해야 한다.

(3) 고려 사항

일반적으로 현장에서 편리하게 간이 진단용으로 적용할 수 있지만 크래클 테스트에는 몇 가지 제한이 있다.

① 이 테스트는 정량적이지 못하고 정성적이다.

② 핫 플레이트 온도가 160℃ 이상이 되면 빠른 진행으로 관찰되지 않을 수 있다(조건에 따라 150℃로 시험하기도 한다).

③ 이 테스트는 화학적으로 용해된 물의 존재를 측정하지 않는다.

(4) 안전 사항

위험한 가스 또는 낮은 끓는점 휘발성 물질(⑩ 암모니아 압축기 오일)을 포함할 수 있는 오일에 크래클 테스트를 실시할 때 매우 주의를 기울여야 한다. 접촉이나 흡입하면 심한 피부 또는 눈 부상을 일으킬 수 있는 증기와 가스가 발생할 수 있으므로 주의가 필요하다.

① 보호 안경과 긴 소매를 착용한다.

② 환기가 잘되는 곳에서 테스트를 실시한다.

(5) 필요한 장비 및 보호구

① 160℃의 표면 온도를 유지할 수 있는 핫 플레이트

② 오일 교반을 위한 셰이커(또는 동등 물)

③ 오일 드로퍼 튜브 또는 실험용 주사기

④ 온도측정기(0~200℃)

⑤ 보안경 및 안전장갑 등 보호구

5. 그리스 시험 방법

5-1   주도(penetration 또는 consistency)

윤활유의 묽고 된 정도를 점도라고 표현하는 반면 그리스는 반고체 상태이므로 무르고 단단한 정도를 "주도"라고 표현한다. 주도는 무게와 각도가 규정된 원추를 규정 용기 중의 시료에 일정한 높이(40 mm)에서 낙하시켜 원추가 5초 동안 침투한 깊이를 밀리미

터(mm)로 측정하여 측정된 mm 수치의 10배의 수치로 표시
한다(예컨대 추가 10 mm를 침투하였다면 주도는 100으로 표
시한다). 통상 주도는 시료를 25±0.5℃의 온도로 유지하고서
규정된 그리스 혼화기(混和器)를 이용하여 1분간 60회를 혼화
한 직후 측정하는 혼화 주도를 말하며, 혼화기에서 혼화를 하
지 않은 채 측정하는 주도를 불혼화 주도라고 한다.

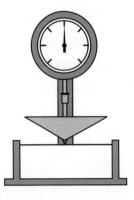

고형 주도는 특히 주도 85 이하의 경질 그리스에 적용하
며, 블록 상태(벽돌과 같은 모양)의 규정 수치로 절단하여 측
정한다.

[그림 13-5] 주도 측정

미국의 윤활 그리스 협회(NLGI : National Lubricating Grease Institute)에서는 사
용자의 편의를 도모하고자 그리스의 혼화 주도에 따라 000호부터 6호까지 번호를 나누
어 놓았다.

[표 13-10] NLGI 그리스 주도 분류

NLGI 주도 번호	KS 혼화 주도(25℃)	외관
000	445~475	유동상(액상 그리스)
00	400~430	반유동상(액상 그리스)
0	355~385	반유동상 내지 연질
1	310~340	연질
2	265~295	보통
3	220~250	보통 내지 다소 경질
4	175~205	다소 경질
5	130~160	경질
6	85~115	교체

5-2 적점(dropping point)

적점은 그리스의 온도가 상승하여 반고체 상태에서 액체 상태로 변하게 되는 최초(내
지는 최저)의 온도로서 베어링 등에 사용할 수 있는 그리스의 최고 온도 한계를 직접적
으로 나타내는 것은 아니며, 적점이 되는 온도까지 그리스를 사용할 수 없다. 그리스의
적점은 사용상의 측면에 있어서 내열성(耐熱性)을 판단하는 기준으로 삼을 수 있으며, 또
배합비가 같은 그리스의 적점은 거의 일정하므로 제조 공정에서 품질 관리상의 기준으로
이용된다. 적점을 좌우하는 가장 큰 인자는 증주제의 종류이고, 그 밖에 동일한 증주제
의 경우 기유의 함량, 증주제 원료로서의 지방(fat) 또는 지방산(fatty acid)의 종류 및

함량 그리고 그리스의 제조 방법 등이 있다.

일반적으로 그리스의 사용 시 사용 부위의 온도보다 높은 적점의 그리스를 사용하는 것이 보통이며, 일반적으로 적점의 60~70%를 최고 사용 한계 온도로 보는 것이 적절하다. 한편 비(非)비누기 그리스는 증주제가 비누기 그리스처럼 그물 구조를 이룬 상태가 아니라 기유와 유체 상태로 변화하는 경향이 없으므로 벤톤그리스와 같은 비(非)비누기 그리스의 경우에는 적용하지 않는다.

> **참고**
>
> 적점 관련 규격 : KS M ISO 2176, KS M ISO 6299

5-3 혼화 안정도

혼화 안정도(work stability)는 그리스의 전단 안정성(shear stability), 즉 기계적 안정성(mechanical stability)을 평가하는 방법이다. 시험 방법은 규정된 혼화기에 시료를 넣고, 10만회 혼화한 후 25℃로 유지시킨 다음 다시 60회 혼화하여 주도를 측정한다.

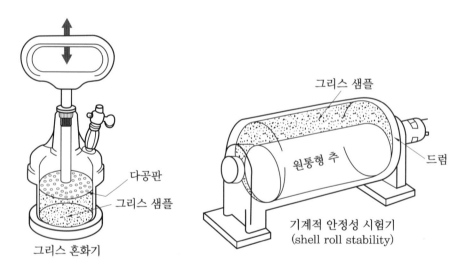

다공판
그리스 샘플
그리스 혼화기

그리스 샘플
원통형 추
드럼
기계적 안정성 시험기
(shell roll stability)

[그림 13-6] 혼화 안정도 시험기

전단력에 의해 증주제의 분자 구조가 파괴되어 비가역적 변화(연화)를 일으키는 정도를 나타낸다. 혼화 안정도의 수치와 혼화 주도를 비교하여 변화가 클수록 기계적 안정성이 나쁜 것으로 측정되며, 수명도 짧다고 할 수 있다.

> **참고**
>
> 혼화 안정도 관련 규격 : KS M 2051

5-4 이유도(oil separation)

그리스를 장기간 보존해 두면 오일이 점차로 분리되어 그리스 표면에 스며 나오는 것을 볼 수 있다. 이러한 현상을 이유(離油) 현상 또는 유분리(油分離) 현상이라고 하며, 그리스의 저장 안정성(storage stability)이라고도 한다. 그리스의 이유도를 측정하는 대부분의 시험은 일정한 온도에서 규정 시간 동안 그리스를 방치하여 둔 후 그리스로부터 분리되어 나온 오일의 양을 무게 백분율(wt%)로 표시하는 방법들이다.

이러한 시험 방법들은 정적인 상태에서의 이유를 측정하는 것으로서 베어링 등에 사용 중인 것과 같은 동적인 상태에서의 이유를 평가하는 것이 아니다. 동적인 상태에서 그리스의 이유 현상을 측정하는 방법은 ASTM D 4425(Kopper Method) 시험법으로서 그리스를 원심분리기를 이용하여 원심력을 가하여 이때 분리되어 나온 오일의 양을 표시하는 것이다.

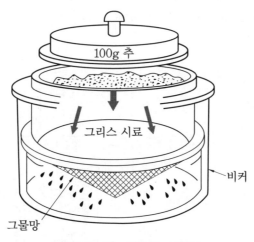

[그림 13-7] 이유도 시험기

이 시험법은 앞서 언급된 일반적인 이유도 시험 방법과는 달리 실제 윤활 조건과 가장 유사한 결과를 예측할 수 있다. 그리스를 저장하거나 실제로 사용하는 데에 있어서 이유 현상은 그리스의 주도, 증주제의 종류, 비누기의 함량, 섬유의 구조, 기유의 점도와 종류, 온도 조건, 그리스에 미치는 압력 또는 힘 등 여러 가지 요인이 매우 복합적으로 작용하여 일어난다. 사실상 각종 이유도 시험에서 과도하게 이유가 많은 그리스는 바람직하지 않지만 약간의 이유는 베어링 윤활에 있어서 윤활성 보장 및 소음 감소 등의 측면에서 바람직하다.

🔍 참고

이유도 관련 규격 : KS M 2050

산화 안정도(oxidation stability)

산화 안정도란 그리스의 수명을 평가하는 시험으로 그리스가 각종 외적 요인에 의해 산화(또는 열화)되려는 것을 억제하려는 성질을 말한다. 그리스의 산화는 주로 윤활의 주체인 기유의 산화이며, 일반적으로 그리스는 윤활유에 비하여 산화되기가 쉽다. 이는 증주제인 금속 비누가 산화 발생 시에 촉매로 작용하여 기유의 산화를 촉진시키기 때문이다. 따라서 증주제로 사용하는 금속 비누의 종류에 의하여 그 촉매 효과의 차이가 있으며, 금속 비누를 사용하지 않는 그리스(⑩ 폴리우레아 그리스)는 금속 비누기 그리스에 비하여 산화 안정성이 우수하다.

그리스는 일단 충전되면 장기간 그대로 사용하는 사례가 많고, 항상 공기와 접촉되고 높은 온도에 노출되어 있으므로 산화 안정성이 우수할수록 바람직하다. 대부분의 모든 그리스는 산화 방지제를 첨가하여 산화 안정성을 향상시키고 있다. 아울러 산화 안정성이 좋지 못한 경우에는 그리스의 주도, 적점과 기계적 안정성 등에 영향을 미칠 수 있다.

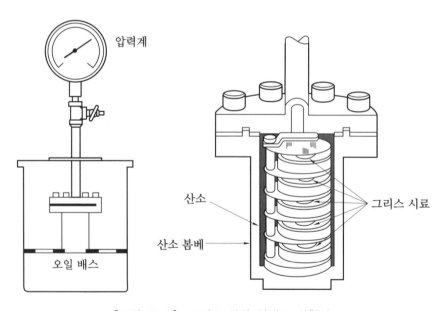

[그림 13-8] 그리스 산화 안정도 시험기

일반적인 그리스의 산화 안정도 시험은 고압 산소가 충진된 봄베 안에 그리스를 넣고 100℃에서 100시간 동안 시험하여 산소 봄베 내의 저하된 압력을 표시한다. 이 방법은 실제로 사용되는 것보다도 산소 분압이 높은 조건에서 비교적 단시간에 산화에 의한 화학적인 열화의 정도를 실험실적으로 평가하는 것이며, 실제 사용 조건에서의 수명과 관련된 산화에는 무수한 기타 요인이 작용하므로 실험실에서 얻어진 결과는 동일한 시험 항목에 대한 비교 평가로서만 이용되어야 한다.

🔍 참고

산화 안정도 관련 규격 : KS M 2049

5-6 내하중 성능(load carrying capacity)

하중이 가해지는 윤활 조건에 사용되는 그리스는 높은 하중에 의해 윤활 표면에 마모를 발생시키며, 더 나아가 극압 하중에 의해 금속의 소부 현상이나 피팅 현상 등을 일으킬 수 있다. 따라서 이러한 윤활 조건에 사용되는 그리스에 대하여 하중에 대처할 수 있는 능력을 평가하는 시험이며, 내하중 성능은 극압(EP) 성능과 마모 방지 성능으로 나눌 수 있다.

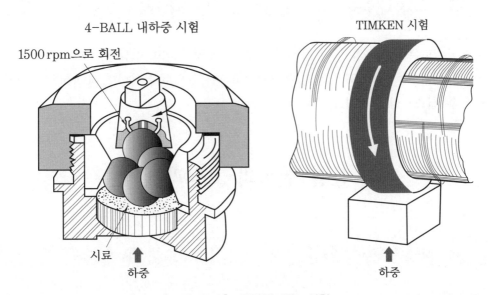

[그림 13-9] 내하중 성능 시험

5-7 증발량(evaporation loss)

그리스가 높은 분위기 온도에 있을 때 증발되어 손실되는 양을 증발량이라고 한다. 그리스의 증발량 시험은 시료 그대로를 가열 상태에 놓고 시험하는 A법과 가열 시료의 표면에 동일한 온도의 공기를 세차게 불어 증발을 촉진시키는 B법이 있다. 이 A법과 B법을 비교하여 보면 B법이 A법에 비하여 증발량이 크다. 그리스의 주성분은 기유, 증주제 및 첨가제이며, 그 밖에 다소의 수분을 함유하지만 증발이 되는 주요인은 기유이다.

일반적으로 기유의 점도가 높을수록 증발량이 적고 반대로 기유의 점도가 낮을수록 증발량이 크다. 특히 고온에서는 기유나 첨가제 등의 산화로 인하여 증발량이 증가되는 수도 있다.

실제 적용하는 경우를 감안한다면 베어링의 온도가 높을 때 마찰면에서의 유분의 증발로 인하여 그리스가 마르거나 굳어지는 현상을 일으킬 수 있으며, 따라서 이에 따른 윤활 결핍의 원인이 될 수도 있는 것으로 생각할 수 있으므로 고온에서 사용하는 그리스는 증발량이 적은 것이 바람직하다고 할 수 있다.

🔍 참고

증발량 관련 규격 : KS M 2037

5-8 수세 내수도(water washout character)

수세 내수도는 그리스와 물이 접촉된 경우 물에 씻겨 내리지 않는 저항성을 평가하는 시험으로 증류수를 38℃ 또는 79℃로 가열하고 분사관으로 분사하여 600rpm으로 1시간 회전한 후 건조시켜 감실량으로 나타낸다.

6. 윤활 설비의 고장과 원인

6-1 윤활 장치의 점검

(1) 윤활제의 통합 정리
① 동일 점도의 기름은 가능한 한 종류로 한다.
② 점도 등급은 단계적으로 간결하게 한다.
③ 동일 용도, 동일 지공의 설비는 한 종류로 한다.
④ 소비량이 적은 기름은 가능한 다른 기름으로 대치한다.
⑤ 기름 메이커는 가능한 한 통일하여 거래한다.

(2) 윤활 장치의 점검

윤활 시험 항목별 점검 내용을 정리하면 [표 13-11]과 같다.

[표 13-11] 윤활 시험 항목별 점검 내용

항목	감소 시	증가 시
색상	• 신유의 보급	• 오염·잘못 급유 • 불용해분의 존재 • 산화의 진행
점도	• 저점도유의 혼입	• 고점도유의 혼입 • 산화의 진행 • 불용해분의 존재
전산가	• 첨가제의 감소 • 다른 유종의 혼입	• 산화의 진행
수분	• 시스템 속에 대한 침전 • 증발	• 오염 • 흐림(백탁)
작은 구멍	• 클리닝 효과 • 신유의 보급	• 먼지 침입 • 마모분의 증가

6-2 윤활 장치의 고장 원인 및 대책

(1) 윤활유

① 부적정유의 사용　　　　　② 기름의 열화와 오염

③ 기름의 누설　　　　　　　④ 성질이 다른 기름의 혼합 사용

(2) 마찰면

① 마찰면의 재질 불량 및 사용 불량

② 과도한 작용 및 설계 불량

③ 마찰면의 마모에 의한 기계 부품의 늘어짐 및 조기 피로

(3) 작업상

① 급유 작업의 부주의　　　　② 과잉 급유 및 부주의

③ 급유가 빠르거나 너무 느림　④ 플러싱(flushing)의 불충분

⑤ 작업상의 움직임과 충격

(4) 급유 방법

① 순환 급유 장치의 설계 불량에 의한 고장
② 급유 장치의 고장

(5) 환경

① 높은 전도열 및 마찰면의 불충분한 방열
② 불순물의 혼합 및 큰 온도 변화
③ 열수(熱水), 산의 증기, 염분 등의 환경

(6) 윤활유의 트러블과 대책

윤활유의 각종 트러블 현상에 따른 원인과 대책은 [표 13-12]와 같다.

[표 13-12] 윤활유의 트러블과 대책

트러블 현상	원인	대책
동점도 증가	• 고점도유의 혼입 • 산화로 인한 열화	• 다른 윤활유 순환 계통 점검 • 동점도 과도 시 윤활유 교환
동점도 감소	• 저점도유 혼입 • 연료유 혼입에 의한 희석	• 다른 윤활유 순환 계통 점검 • 연료 계통 누유 상태 점검
수분 증가	• 공기 중의 수분 응축 • 냉각수 혼입	• 수분 제거 • 수분 혼입원의 점검
외관 혼탁	• 수분이나 고체의 혼입	• 점검 후 윤활유 교환
소포성 불량	• 고체 입자 혼입 • 부적합 윤활유 혼입	• 윤활유 교환
전산가 증가	• 열화가 심한 경우 • 이물질 혼입	• 열화 원인 파악 • 이물질 파악 및 교환
인화점 증가	• 고점도유 혼입	• 점검 후 윤활유 교환
인화점 감소	• 저점도유 혼입 • 연료유 혼입	• 점검 후 윤활유 교환

연습 문제

1. 오일의 분석을 통한 정보가 될 수 없는 것은?

① 고장의 근본 원인 파악

② 초기 마모의 진행 상태 파악

③ 고장의 원인 분석을 통한 방지 대책 수립

④ 채취 시간과 알맞은 주기

2. 윤활 사고의 주요 원인을 쓰시오.

3. 윤활유 열화에 미치는 인자와 관계있는 내용을 연결하시오.

① 산화 •
      • ㉠ 윤활유가 수분과 혼합하여 유화액을 만드는 현상

② 탄화 •
      • ㉡ 윤활유 사용 중 공기 중의 산소를 흡수하여 화학적 반응을 일으키는 것

③ 희석 •
      • ㉢ 윤활유가 가열 분해되어 열 때문에 기름이 건류되는 것

④ 유화 •
      • ㉣ 윤활유 중에 연료 및 비교적 다량의 수분이 혼입하였을 경우에 일어나는 현상

4. [보기]의 (   ) 안에 알맞은 말을 쓰시오.

─────[보기]─────

기계의 윤활 계통에 윤활유를 넣거나 열화 오일을 신유로 교환하는 경우, 유관 청소가 필요한 경우 세정제를 사용하여 이물질을 세척하는 것을 (   )이라 한다.

5. 첨가제의 일반적 성질을 나열하시오.

현장의 윤활 관리

1. 압축기의 윤활 관리

1-1 공기 압축기

공기 압축기는 구조, 토출 압력, 토출량, 급유 방식 등에 따라 여러 가지 형식이 있으며, 구조로서 왕복식, 회전식 및 원심 축류식으로 분류된다. 일반적으로 압력 $1\,kgf/cm^2$ 이상을 압축기, 그 이하를 송풍기라 구별한다.

왕복식 압축기($10\,kgf/cm^2$ 이하)의 내부 윤활유로는 동점도가 ISO VG 68인 터빈유가 널리 사용된다.

1 압축기의 내부 윤활유

왕복동 공기 압축기에서는 실린더 라이너와 피스톤 링의 윤활을 주체로 하여 감마 작용, 압축 가스의 밀봉 작용 및 각 부분의 방청 작용을 한다. 회전형 공기 압축기에서는 로터와 베인 끝단 마찰 부분의 윤활 작용을 하지만 터보형 공기 압축기는 내부 윤활이 필요 없다.

(1) 공기 압축기의 윤활 트러블 원인

① 드레인 : 드레인 트랩의 작동 불량
② 탄소 : 탄소의 부착, 발화 등
③ 마모 : 실린더, 피스턴 링의 마모
④ 발열 : 이상 발열은 압축기 고장의 27%

(2) 내부 윤활유의 요구 성능

① 적정 점도　　　　　　　② 열, 산화 안정성 양호
③ 연질의 생성 탄소　　　　④ 부식 방지성 양호

⑤ 금속 표면에 대한 부착성 양호

(3) 내부 윤활유의 적정 점도

압축기유를 선정할 때 유의해야 할 것은 적정 점도이다. 압축기의 점도는 압력에 의한 영향이 매우 크며, 각부의 윤활은 내연 기관과 비슷하다. 적정 점도는 실린더의 온도, 압력, 회전수, 실린더의 지름, 행정, 길이 등에 의해서 결정되지만, 압축기 회사는 기종별, 운동 조건별로 점도 및 급유량을 정하고 있다.

[표 14-1] 압축기의 적정 점도

종류				윤활 개소	윤활 방법	40℃ 동점도(cSt)
터보형		축류식 원심식		베어링, 기어를 포함하는 경우도 있다.	순환 또는 오일링	28~106
용적형	공기 압축기	왕복식	1~2단(10 kgf/cm² 이하)	실린더	강제 비말	55~95
				베어링	순환 비말	55~95
			다단(10 kgf/cm² 이상)	실린더	강제 비말	87.5~200
				베어링	순환 비말	55~106
		회전식	루츠형	기어	유욕 비말	55~106
				실린더, 베어링	순환	55~106
			베인형	실린더, 베어링	순환	27~73
			스크루형	실린더, 베어링	순환	27~73
		원심 축류식	모터 직결식	베어링	강제 순환	27~73
			기어 증속식	기어, 베어링	강제 순환	55~106
	고압 가스 압축기	왕복식	20 kgf/cm² 이하	실린더	강제	87.5~200
				베어링	강제 순환	55~106
			250~700 kgf/cm²	실린더	강제	130~400
				베어링	강제 순환	55~106
			700 kgf/cm² 이상	실린더	강제	200~500
				베어링	강제 순환	55~106
	송풍기	회전식	루츠형	기어	유욕, 비말	55~106
				실린더, 베어링	순환	28~95
			베인형	실린더, 베어링	순환	28~73
		원심	축류형	베어링	순환	28~73

압축기의 출력 및 압력에 따른 점도는 [표 14-2], [표 14-3]과 같다.

[표 14-2] 압축기의 출력과 점도

압축기 출력(kW)	점도(SAE No.)
11 이하	20W
12~300	20
300 이상	30

[표 14-3] 압축기의 압력과 점도

최종 압력(kgf/cm^2)	40℃ 동점도(cSt)
5 이하	33~37
8 이하	45~65
70 이하	75~150

2 압축기의 외부 윤활유

실린더 이외의 윤활 개소, 예를 들면 왕복동형 압축기에서는 크로스 헤드 또는 크랭크의 윤활, 회전형에서는 베어링이나 구동 기어의 윤활은 외부 윤활이 된다.

공기 압축기의 외부 윤활유는 내연 기관용 윤활유와 달리 청정 분산성이 크게 요구되지 않으며, 점도는 대부분 내부 윤활유와 동일 점도를 사용한다.

(1) 외부 윤활유의 요구 성능

① 적정 점도   ② 높은 점도 지수

③ 산화 안정성 우수   ④ 양호한 수분성

⑤ 방청성, 소포성   ⑥ 유동성이 낮을 것

(2) 압축기의 보수 관리

① 적유 선정   ② 적정 급유량

③ 공기 흡입구의 관리   ④ 필터, 흡입관의 관리

⑤ 실린더의 냉각 상태   ⑥ 압축비

⑦ 토출 밸브와 토출관의 점검   ⑧ 각 단의 중간 트레인

⑨ 유 분리기와 냉각기의 점검 등

1-2 고압 가스 압축기

공기 이외의 가스 압축기는 압축성과 대상 압축 가스의 종류에 따른 내부 윤활유 선정이 중요하므로 압축 가스의 반응성과 가스에 의한 윤활유의 희석에 주의해야 한다.

(1) 반응성 가스

산소, 염소 가스 등과 같이 탄화수소와의 반응성이 큰 가스에는 윤활유의 사용은 불가능하므로 물이나 진한 황산, 글리세린이 사용된다.

(2) 희석성 가스

메탄, 에탄, LPG, LNG와 같이 윤활유에 희석성이 있는 것과 헬륨과 같이 압축 온도가 높은 것에 대해서는 비교적 점도가 높은 압축기유를 사용한다.

(3) 불활성 가스

질소, 수소, 아르곤 등 윤활유와 반응성, 희석성이 없는 것에 대해서는 저점도유가 사용되지만 밀봉 효과를 기대할 때에는 고점도유를 사용한다.

(4) 산성 가스

아황산가스, 탄산가스 등과 같은 산성 가스의 압축기유로는 중화 능력을 가진 윤활유가 사용된다.

(5) 합성 화학용 가스

합성 화학용 촉매를 사용하는 경우 황이 적게 함유된 윤활유를 사용한다.

1-3 압축기유의 관리

왕복동 압축기의 분해 점검은 일반적으로 매 2년마다 실시하며, 압축기유에 사용되는 윤활유의 교환 시 정기적으로 사용유를 분석하여 그 결과를 토대로 교환한다. 압축기유에 전용 윤활유를 사용하는 경우에는 운전 개시 초기는 500시간 만에 행하고 그 이후는 1,000시간마다 실시한다. 일반적으로 유분석으로 점검하는 항목은 전산가(TAN), 동점도 및 수분에 대해서 분석하고 종합적으로 판단한다.

[표 14-4] 압축기유의 관리 항목

항목	관리 기준값
전산가	0.5 mg/KOH/g 이하 요주의 → 0.3 mg/KOH/g 이상
동점도	@ 40℃±10% 이내
수분	0.1~1% 이하

1-4 압축기용 오일의 용도

(1) 왕복동식 압축기용 합성 오일

① 토출 압력 30 kgf/cm^2 이상, 압축 공기 토출 온도가 180℃ 이상의 조건에서 장기간 연속적으로 운전되는 산업용 왕복동 공기 압축기에 적용되는 오일

② 고온에서 낮은 증기압을 유지하므로 압축 공기 중의 오일 미스트 양을 최소화할 수 있어 효율용 공기 압축기에도 적합한 오일

(2) 회전형 압축기용 합성 오일

① 베인, 스크루 압축기에 적용되는 오일

② 다단 압축기와 같은 고온, 고압 조건에서도 우수한 산화 안정성과 내마모성이 요구되는 압축기에 사용되는 오일

(3) 왕복동식 압축기의 전용 오일

압축 공기 토출 온도 180℃까지의 매우 높은 온도에서 사용할 수 있는 왕복동형 오일

(4) 회전형 압축기용 전용 오일

베인, 스크루 압축기에 적용되는 오일

2. 베어링의 윤활 관리

2-1 베어링 윤활의 개요

베어링의 마모를 방지하고 정확한 회전을 유지하며 동력손실을 줄이고 수명을 연장시키기 위해 적절한 윤활제의 선택과 윤활 방법이 중요하다.

(1) 베어링 윤활의 목적

① 소음 방지   ② 마찰 및 마모의 감소
③ 피로 수명의 연장   ④ 마찰열의 방출, 냉각
⑤ 베어링 내부에 이물질의 침입 방지

(2) 베어링 윤활에서 윤활유와 그리스의 비교

베어링에서 윤활유와 그리스의 윤활을 비교하면 [표 14-5]와 같다.

[표 14-5] 윤활유와 그리스의 윤활 비교

구분	윤활유의 윤활	그리스의 윤활
회전수	고·중속용	중·저속용
회전 저항	비교적 작다	비교적 크다
냉각 효과	크다	작다
누유	크다	작다
밀봉 장치	복잡하다	간단하다
순환 급유	용이하다	곤란하다
급유 간격	비교적 짧다	비교적 길다
윤활제의 교환	용이하다	번잡하다
세부의 윤활	용이하다	곤란하다
혼입물 제거	용이하다	곤란하다

(3) 미끄럼 베어링의 윤활

미끄럼 베어링에 있어서 윤활에 필요한 점성 유막을 만들려면 다음 조건이 만족되어야 한다.

① 고정면과 운동면 사이에 상대적인 미끄러짐이 존재해야 한다.

② 이면간의 유막이 쐐기형으로 되어 있어야 한다.

③ 윤활제가 적당한 점도를 가져야 한다.

(4) 구름 베어링의 윤활

구름 베어링에는 많은 종류가 있으나 어느 것이든 근본적으로 궤도륜(고정륜 및 회정륜), 전동체(볼), 리테이너의 3요소로서 구성되어 있다. 구름 베어링에 윤활을 필요로 하는 장소는 다음 부분이다.

① 전동체와 궤도면과의 사이

② 전동체와 리테이너 사이의 미끄럼 부분

③ 리테이너와 궤도륜 안내면 사이의 미끄럼 부분

2-2 　베어링의 유윤활

1 윤활유 선정

베어링의 윤활유로는 내하중 성능이 높고 산화 안정성이 좋으며, 방청 성능이 좋은 정제 광유 또는 합성유가 사용된다. 베어링유를 선정할 때 운전 온도에 적정한 점도가 되는 오일의 선정이 우선 중요하다. 점도가 너무 낮으면 유막 형성이 불충분해지고, 이상 마모, 소손의 원인이 된다. 반대로 점도가 너무 높으면 점성 저항에 의해 발열하거나 동력 손실을 크게 하며, 유막의 형성에는 베어링의 회전 속도나 하중도 영향을 미친다.

일반적으로 회전 속도가 빠를수록 저점도유를 사용하고, 하중이 커질수록 또는 베어링이 클수록 고점도의 윤활유를 사용한다.

(1) 베어링 형식과 윤활유의 필요 점도

오일은 일반적으로 양호한 환경이며 운전 온도 50℃ 이하인 경우 1년에 1번 정도 교환한다. 그러나 온도가 100℃ 정도 되는 경우에는 3개월마다 또는 그 이전에 교환한다. 또한 수분의 침입이 있는 경우나 이물질의 침입이 있는 경우에는 교환 주기를 더욱더 짧게 할 필요가 있다.

[표 14-6] 미끄럼 베어링의 적유표

회전수 (rpm)	조건 급유 방법	적유(cSt@40℃)
50 이하	순환, 유욕, 칼라, 버킷, 링, 체인, 적하, 손 급유	145~210 145~250
50~100	순환, 유욕, 칼라, 링, 체인, 적하, 손 급유	110~160 110~220
100~500	순환, 유욕, 칼라, 링, 체인, 적하 급유	65~95 65~120
500~1000	순환, 유욕, 링, 적하, 손 급유	60~80 60~90
1000~3000	순환, 유욕, 링, 적하, 분무 급유	30~60
3000~5000	순환, 유욕, 링, 분무 급유	18~35
5000 이상	순환, 분무 급유	15~22

표 헤더: 경하중 미끄럼 베어링 / 경하중 중하중(최고 30 kgf/cm² 정도) / 운전 온도(60℃ 이하)

[표 14-7] 구름 베어링의 적유표

운전 온도 (주위 온도)	속도 지수	적유(cSt@40℃)		
		보통 하중	중하중 또는 충격 하중	ISO VG
-10~0℃	전 종류	18~35	30~60	22, 32, 46
0~60℃	15000 이하	40~70	85~120	46, 100
	15000~80000	30~55	55~80	32, 46, 68
	80000~150000	18~35	30~45	22, 32
	150000~500000	5~12	18~35	10, 22
60~100℃	15,000 이하	110~165	180~260	100, 220
	15000~80000	85~120	110~160	100, 100
	80000~150000	50~70	80~160	46, 100
	500000	30~40	50~70	22, 32, 46
100~150℃	전 종류	240~430		220, 320
0~60℃	자동 조심	35~70		46
60~100℃	롤러 베어링	105~165		100, 150

[표 14-8] 베어링의 윤활유 KS 규격(KS M 2114)

종류 (점도 등급) / 항목	동점도 cSt(mm²/s) 40℃	점도 지수	인화점 (℃)	유동점 (℃)	동판 부식 (100℃, 3h)	방청 성능 (증류수, 24h)
ISO VG 2	1.99 이상 2.42 이하	–	80 이상	-7.8 이하		
ISO VG 3	2.88 이상 3.52 이하	–	80 이상	-7.8 이하		
ISO VG 5	4.24 이상 5.06 이하	–	80 이상	-7.8 이하		
ISO VG 7	6.12 이상 7.48 이하	–	60 이상	-7.8 이하		
ISO VG 10	9.00 이상 11.0 이하	80 이상	130 이상	-5 이하		
ISO VG 15	13.5 이상 16.5 이하	80 이상	150 이상	-5 이하		
ISO VG 22	19.8 이상 24.2 이하	80 이상	150 이상	-5 이하		
ISO VG 32	28.8 이상 35.2 이하	90 이상	150 이상	-5 이하		
ISO VG 46	41.4 이상 50.6 이하	90 이상	180 이상	-5 이하	1 이하	합격
ISO VG 68	61.2 이상 74.8 이하	90 이상	180 이상	-5 이하		
ISO VG 100	90.0 이상 110 이하	90 이상	200 이상	-5 이하		
ISO VG 150	135 이상 165 이하	90 이상	200 이상	-5 이하		
ISO VG 220	198 이상 242 이하	90 이상	200 이상	-5 이하		
ISO V G320	288 이상 352 이하	90 이상	200 이상	-5 이하		
ISO VG 460	414 이상 506 이하	90 이상	200 이상	-5 이하		
ISO VG 56	50.6 초과 61.2 미만	90 이상	180 이상	-5 이하		
ISO VG 83	74.8 초과 90.0 미만	90 이상	180 이상	-5 이하		
ISO VG 120	110 초과 135 미만	90 이상	200 이상	-5 이하		

(2) 베어링의 유윤활 시 고려 사항

① 적정 점도 ② 운전 속도

③ 하중 ④ 운전 온도

⑤ 급유 방법

(3) 베어링유의 요구 특성

① 산화 안정성 ② 방식 및 내부식성

③ 내열성 ④ 저유동성

⑤ 소포성

2 미끄럼 베어링의 급유법과 급유량

(1) 급유법

① 전손식 : 적은 급유량으로 윤활이 가능하고, 운전 속도가 낮을 때 적용된다.

② 유욕식 : 링 급유, 체인 급유, 칼라 급유, 비말 급유 등에 사용된다.

③ 순환식 : 베어링의 온도가 높아져 냉각시킬 경우에 적용된다.

(2) 표준 급유량

미끄럼 베어링의 급유량은 축과 베어링 사이에 유막을 형성하는 데 충분한 유량이면 가능하다. 미끄럼 베어링의 필요한 유량식은 다음과 같다.

$$Q = 0.001d^2LK$$

여기서, Q : 급유량(mL/h), d : 축 지름(cm)

L : 베어링의 폭(cm), K : 회전수에 의하여 결정되는 정수

[표 4-9] 미끄럼 베어링의 표준 정수(K)

회전수 (rpm)	K	회전수 (rpm)	K	회전수 (rpm)	K
100 이하	0.2	200~240	0.4~0.5	300~320	0.7~0.8
100~150	0.2~0.3	240~280	0.5~0.6	320~340	0.8~0.9
150~200	0.3~0.4	280~300	0.6~0.7	340 이상	0.9 이상

3 구름 베어링의 급유법과 급유량

(1) 급유법

① 적하식 : 적은 급유량으로 윤활이 가능하고, 운전 속도가 낮을 때 적용된다.

② 유욕식 : 교반 작용에 의해 베어링의 온도가 높아지므로 저속이어야 한다.

③ 분무식 : 베어링의 오염을 방지하고 정확한 급유를 할 수 있으며, 압축 공기가 베어링을 냉각한다(고속 회전일 때 적합).

(2) 급유량

유욕식에서 최하단에 있는 축의 중심 위치 또는 베어링의 중간 부분까지 기름에 잠기는 것이 적정량이다.

$$순환 \ 급유의 \ 급유량 \ Q = \left(3.25 \times \frac{10^{-5}}{\Delta t} \right) D \cdot f \cdot n \cdot F$$

여기서, Q : 급유량(L/min), Δt : 유의 온도 상승(℃), D : 지름(mm), f : 마찰계수(0.001~0.002), n : 회전수(rpm), F : 하중(kgf)

4 윤활유의 정기 점검

[표 14-10] 점검 빈도

분석 시험의 대상	점검 빈도	
	운전 조건(보통)	운전 조건(가혹)
링, 체인, 칼라 급유법 유욕, 비말 급유법 순환 급유법	1년마다 6개월마다 9개월마다	6개월마다 3개월마다 1~3개월마다

2-3 베어링의 그리스 윤활

(1) 그리스의 선정

그리스는 증조제(금속, 비누, 벤톤 등), 기유제(광유, 합성유 등) 및 첨가제로 조성되고, 증조제 및 기유제로 특성이 결정된다. 첨가제로는 산화 방지제, 방청제, 극압제 등이 있으며, 그리스는 사용 조건(온도, 속도, 하중 등)에 따라 적당한 것을 선택한다.

[표 14-11] 그리스 특성

기유	증조제	적하점(℃)	내열성	기계적 안정성	내수성	최고사용 온도(℃)	고무 팽윤
광유계	Ca	80~100	×	△~○	○	60	
	Na	150~800	○	△~○	×~△	80	
	Al	70~90	×	×~△	○	50	
	Li	170~200	○	○~◎	○	120	
	벤톤	없음	◎	○	△~○	130	○
	유기물	250 이상	◎	△~○	◎	130	
	Ca 복합성	250 이상	○	×~○	○	130	
	Al 복합성	250 이상	◎	◎	◎	130	○
에스테르계	Li	170~200	○	◎	△~○	130	
	벤톤	없음	◎	◎	△~○	150	×
	유기물	250 이상	◎	○	○	170	
실리콘계	Li	170~200	○	○	○	130	○
	유기물	250 이상	◎	○	○	200	

㊟ ◎ : 우, ○ : 양, △ : 가, × : 불가

(2) 미끄럼 베어링의 그리스 윤활

미끄럼 베어링에 그리스를 사용할 경우 다음과 같은 점을 고려해야 한다.

① 온도 : 온도 상승이 마찰에만 의한 경우 베어링의 온도는 56℃가 한도이다.

② 용도 : 일반적으로 운전 속도 2m/s 이하에 적합하다.

③ 급유 방법 : 급유하기에 편리한 주도의 그리스를 선택한다.

④ 하중 : 중하중의 경우에는 극압제, 그라파이트 등이 첨가된 그리스를 선택하고 충격 또는 진동 하중을 받을 때는 굳은 그리스를 사용한다.

(3) 구름 베어링의 그리스 윤활

그리스의 특성, 사용 조건, 급유 방법 등을 종합적으로 검토한 후에 선정한다. 구름 베어링의 그리스 윤활은 프레스건, 그리스 컵, 집중 윤활 방법으로 윤활한다.

(4) 그리스의 충진량

하우징 안에 그리스의 충진량은 베어링의 회전 속도, 하우징의 구조, 공간 용적 등에 따라 다르며 일반적인 기준은 다음과 같다.

- 허용 회전수의 50% 이하의 회전 : 공간 용적의 $\frac{1}{2} \sim \frac{2}{3}$ 충진

- 허용 회전수의 50% 이상의 회전 : 공간 용적의 $\frac{1}{3} \sim \frac{1}{2}$ 충진

① 미끄럼 베어링

$$최소\ 급유량\quad Q = 4d^3$$

여기서, Q : 급유량(cm³/h), d : 지름(cm)

② 구름 베어링

구름 베어링의 그리스 충진량은 베어링이 취부된 상태에서 하우징 공간의 약 $\frac{1}{2} \sim \frac{1}{3}$ 이 적당하다.

$$그리스\ 충진량\quad Q = \frac{d^{25}}{900}(볼\ 베어링) \qquad Q_1 = \frac{d^{25}}{350}(구름\ 베어링)$$

$$그리스\ 보급량\quad Q_2 = 0.005DB$$

여기서, Q_1 : 초기 충진량(g), Q_2 : 보급량(g), d : 베어링 안지름(mm), D : 베어링 바깥지름(mm), B : 베어링 폭(mm)

(5) 그리스 재급지 주기

산업 현장의 동일 설비에서도 온도에 따른 그리스의 급지 주기를 적절히 증감해야 윤활의 효과를 극대화시킬 수 있다.

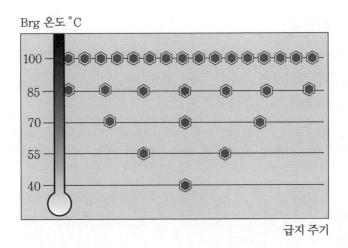

[그림 14-1] 그리스 재급지 주기

3. 기어의 윤활 관리

3-1 기어용 윤활유의 요구 조건

(1) 적정 점도

기어와 기어 사이에 유막을 형성하여 마찰을 감소시키기 위하여 동력 손실 등의 지장이 없는 한 높은 점도의 윤활유를 사용하지만, 고속 기어에는 저점도의 윤활유가 적합하다.

(2) 높은 점도 지수

높은 하중을 받는 기어는 고온으로 운전되므로 고점도 지수유가 요구된다.

(3) 수분리성(항유화성)

윤활유에 수분이 침투하여 유화가 발생되면 녹이나 슬러지가 발생하므로 항유화성의 윤활유가 요구된다.

(4) 내하중성 및 마모 방지성

기어는 높은 하중을 받아 미끄러질 때 마찰면이 고온이 되면서 유막이 파단되어 마모되므로 이것을 방지하기 위하여 내하중성이 있는 윤활유(극압유)가 요구된다.

(5) 우수한 산화 안정성

윤활유는 고온, 수분 등에 의하여 산화, 열화되므로 기어용 윤활유는 비말 급유로서 정제도가 높고 산화 방지성이 우수한 것이 필요하다.

(6) 소포성

기어의 회전에 따라 기포가 발생하면 윤활 성능이 저하되므로 소포성이 좋은 윤활유가 요구된다.

(7) 방식·방청성

(8) 낮은 온도에서의 유동점

3. 기어의 윤활 관리 333

3-2 기어의 이면 손상

(1) 정상 마모(normal wear)

기어가 회전하면 이면에 윤활제가 충분히 공급되더라도 장기간 중에 경미한 마모가
진행되면 이면의 연삭이나 절삭 모양이 점차로 마모된다. 그러나 그 정도는 기어의 성능
이나 수명에는 거의 악영향을 미치지 않으며 오히려 이면의 맞물림이 잘되도록 작동을
한다.

(2) 리징(ridging)

이면의 외관이 삼나무 무늬 또는 미세한 홈과 퇴적상이 마찰 방향과 평행으로 거의 등
간격으로 된 것이 특징이다. 이 현상은 극대 하중이 걸려 윤활이 불량한 경우 이면이 소
성, 유동하여 미끄럼 방향으로 평행한 요철(凹凸)이 발생할 수도 있으며, 특히 이면의 가
공 경화가 클 때에는 심한 파손의 원인이 된다.

(3) 리플링(rippling)

리징은 마모적인 활동 방향과 평행하게 되지만 리플링은 활동 방향과 직각으로 잔잔
한 파도 또는 린상의 형상이 되며 소성항복의 일종이다. 이 현상은 윤활 불량이나 극대
하중 또는 진동 등에 의해 이면에 스틱 슬립(stick slip)을 일으켜 리플링이 되기 쉽다.

(4) 긁힘(scratching)

이면 간에 마모분, 먼지, 그 밖의 고형물 입자가 침입하여 마모 방향에 크게 손상되는
현상을 말한다. 이 현상은 기어의 성능에 큰 손상은 없으며 진행성도 없고 표면적인 것
이다. 그러나 이 현상이 발생하는 기어나 윤활제가 마모분 등의 고형물에 오염되어 있음
을 표시하는 것으로서 기어를 세정하고 윤활제를 교환할 필요가 있다.

(5) 스코어링(scoring)

고속 고하중 기어에서 이면의 유막이 파단되어 국부적으로 금속 접촉이 일어나 마찰
에 의해 그 부분이 용융되어 뜯겨나가는 현상으로 마모가 활동 방향에 생긴다. 심한 경
우는 운전 불능을 초래하기도 하며, 일명 스커핑(scuffing)이라고도 부른다. 이 현상을
방지하는 데는 축의 취부, 이면의 다듬질 등에 주의해야 하지만 이면에 걸리는 하중과
활동 속도에 적합한 점도 및 극압성을 가진 윤활유를 선정하는 것도 매우 중요하다.

(6) 피팅(pitting)

이면에 높은 응력이 반복 작용된 결과 이면상에 국부적으로 피로된 부분이 박리되어 작은 구멍을 발생하는 현상으로 운전 불능의 위험이 생기는데, 이 현상은 윤활유의 성상 이면의 거칠음 등과는 거의 무관하다.

(7) 스폴링(spalling)

피팅과 같이 이면의 국부적인 피로 현상에서 나타나지만 피팅보다 약간 큰 불규칙한 형상의 박리를 발생하는 현상을 말한다. 그 원인으로서는 과잉 내부 응력의 발생 등에 의한 것이라고 생각되며 열처리하여 표면 경화된 기어 등에 발생하기 쉽다.

(8) 부식(corrosion)

윤활제 중에 함유된 수분, 산분, 알칼리 성분, 그 밖의 불순물에 의해 이면의 표면이 화학적으로 침해되는 현상을 말한다. 부식을 일으키게 되면 기계 가공 특유의 광택을 잃고 표면 거칠음이 발생되며 높은 온도에서 운전, 해수, 부식성 산 등의 접촉이 많은 경우에는 이 같은 현상이 발생한다. 또 윤활유 중의 극압 첨가제는 기어 재질과 반응해서 피막을 형성하지만 그것도 일종의 부식이며, 극압 첨가제의 질이나 양이 적합하지 않을 경우에는 문제가 되기도 한다.

3-3 기어용 윤활유

기어는 밀폐형과 개방형으로 구분되는데, 밀폐형은 유욕 급유법, 강제 순환식 급유법으로, 개방형은 손 급유법, 브러시 급유법으로 윤활한다.

(1) 개방 기어의 윤활

개방형 스퍼 기어는 손 급유 또는 브러시에 의한 급유가 적합하며, 기어면에 윤활제가 항상 유지되기 위하여 부착성이 좋고 내수성을 갖는 점도가 높은 윤활제가 사용된다.

(2) 스퍼 기어의 윤활

밀폐형 스퍼 기어의 윤활유는 하중과 속도에 따라 결정된다. 하중이 크면 기어와 기어 사이에 유막을 유지하기 위해서 점도가 높은 윤활유가 필요하다. 또 고속에서는 하중이 작아지기 때문에 점도가 낮은 윤활유가 적당하다. 이런 종류의 기어 윤활유로서는 특수한 경우를 제외하고는 산화 안정성이 높은 순광유를 사용한다.

(3) 밀폐형 스퍼 베벨 기어의 윤활

일반적으로 산화 안정성이 높은 순광유, 터빈의 고속 강제 순환 개방식에서는 터빈유, 중하중 충격 부하를 받는 경우에는 내하중 마모 방지성을 갖춘 불활성 극압 기어유를 사용한다.

(4) 하이포이드 기어의 윤활

하이포이드 기어는 미끄럼이 크고 중하중을 받는 가혹한 윤활 조건이므로 순광유나 불활성 극압 윤활유는 부적당하며, 스커핑(scuffing)을 일으킬 위험이 있으므로 활성형 극압 윤활유가 적당하다.

(5) 웜 기어의 윤활

웜 기어는 미끄럼 속도가 빠르고 운전 온도가 높아 산화 안정성이 우수한 순광유가 사용된다. 고하중 조건에서는 합성유를 사용하면 유온이 저하되어 안정한 윤활이 가능하다.

[표 14-12] 기어용 윤활유의 성능별 분류

종류	성분	특징
광유계 기어유 (레귤러형)	일반 광유계 윤활유	
콤파운드계 기어유 (웜형)	광유 윤활유에 동식물성 유지 또는 유성 향상제를 혼합	마찰 계수가 작고 주로 웜 기어에 사용한다.
개방 기어유	광유 윤활유에 아스팔트성 물질을 혼합, 불연성 용제에 희석한 것도 있음	이면에 대한 점착성, 내수성이 크며 개방 기어 와이어 로프에 사용한다.
극압성 기어유 (마일드 EP형)	광유계 윤활유에 연과 비부식성 유황, 염소, 인 등의 EP 첨가제를 첨가	극압성이 크며 압연기, 기타 고하중 기어에 사용한다.
자동차용 하이포이드 기어유(다목적형)	염소, 유황, 인 등의 EP 첨가제를 첨가	극압성이 매우 크며 자동차의 차동 기어, 하이포이드 기어에 사용한다.

3-4 기어유 관리

1 기어유의 제반 조건

기어의 윤활에 있어서 운전 온도, 운전 속도, 하중, 급유법 등에 따라 윤활유의 효과가 좌우되므로 윤활유 선정 시 이러한 조건을 충분히 고려해야 한다.

[표 14-13] 기어용 윤활유의 선정 조건

조건	원인	대책
운전 온도	온도 상승에 따른 점도 저하 및 열화의 촉진	주위 온도에 따라 적정한 점도 및 유량의 조정, 온도 상승의 원인 조사
운전 속도	회전 속도는 피치 라인 속도를 고려하지 않음으로써 생기며 소부 마모 초래	속도에 따라서 적정한 점도를 선정
하중	중하중, 충격 하중에 의한 기어의 소부 마모	조건이 가혹한 경우는 극압 첨가제가 첨가된 기어유를 선정
급유 방식	적정한 개소에 적정량의 윤활유가 급유되지 않으므로 발생하며 소부 마모	사용 조건에 대한 적절한 급유 방식의 선정
기계적 요구	이면 접촉의 불균일에 의해 소부 이상 마모	운전 초기에 하중을 적게 걸고 길들이기 운전을 충분히 할 것
분위기	먼지, 마모분, 수분 등 이물질 혼입에 의한 윤활 불량 소부	윤활 관리의 철저

2 기어유의 용도

(1) 합성 베어링 및 기어 오일

고하중, 온도 변화가 심한 광범위한 온도 개소에서 사용하는 밀폐식 산업용 감속 기어 시스템과 플레인 베어링, 롤링 베어링과 오일 순환식 시스템에 적용 가능하다.

(2) 산업용 극압(EP) 기어 오일

산업용 극압 기어 오일로서 대부분 밀폐식 기어 장치에 사용하며 순환 급유, 비산 급유, 분무식 급유 등의 모든 급유 방식에 적용된다.

(3) PAG계 합성 기어 오일의 용도

① 고하중, 초저온, 온도 변화가 심한 가혹한 조건에서 작동하는 밀폐식 산업용 감속기
② 고부하에서 작동하는 산업용 웜 기어
③ 반영구 사용(lubricated for life) 개념의 시스템
④ 고온에서 작동하는 베어링과 순환계 시스템

3 기어유의 관리 기준

기어유의 열화 및 교환 시기의 결정은 매우 중요하므로 정기적으로 사용유를 채취 분석하는 것이 기어유로 기인되는 트러블을 미연에 방지하고 사용 한계를 판정하는 데 효과적이다.

기어유의 교환 기준은 일반적으로 점도 증가 15%, 전산가 증가 1.0 등으로 되어 있다. 또한 물, 녹, 그리스 등의 혼입에 의한 오손이나 항유화성의 악화로 사용할 수 없게 되는 경우도 많으므로 충분한 관리가 요구된다.

4 기어유의 관리 한계

① 점도 : 정밀 기어(±10%), 비정밀 기어(±20%)
② 수분 : 10 %
③ 전산가(TAN) : 1.0 mg KOH/g
④ N-펜탄 불용해분 : 10 %

4. 유압 작동유

4-1 유압 작동유의 종류

유압 장치에 사용되는 유압 작동유는 흡입 필터를 통하여 펌프에 흡입되어 가압되어지며, 가압된 유압유는 라인 필터를 통하여 실린더로 보내진다. 유압 작동유의 종류는 크게 광유계 작용유와 난연성 작동유로 분류된다. 광유계 작동유는 일반 작동유·NC 작동유·내마모성 작동유 등으로 다시 구분되고, 난연성 작동유는 함수형(含水型) 작동유·합성(合成) 작동유로 나누어진다.

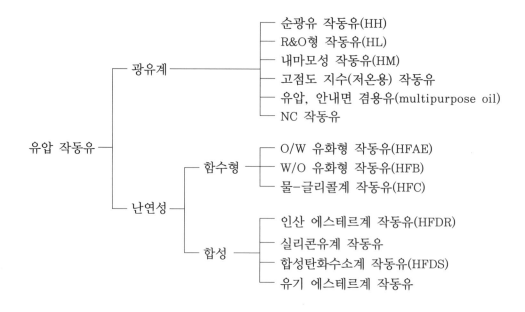

4-2 유압 작동유의 요구 성능

유압 작동유는 힘의 전달 작용, 윤활 작용, 냉각 작용, 세척 작용을 하는 유체이므로 동력의 손실이 적고, 전달 시간의 지연이 적어야 하므로 압축률이 적으며, 유동 저항이 적은 저점도의 것이 좋다. 그러나 점도가 너무 낮으면 접동부에서 누유가 발생되기 쉬우므로 적당한 점도의 선정이 매우 중요하다.

1 작동유의 기본적 적합성

유압 작동유의 기본적인 적합성은 점도, 점도 지수 및 유동점이다.

(1) 점도

유압 작동유의 물리적 성질 중 가장 중요한 것은 점도이다. 점도는 유체의 유동 저항, 즉 내부 마찰과 관계되므로 유압 작동유에 있어서는 점도가 가장 큰 영향을 미친다. 따라서 유압 장치가 보다 더 효율적인 성능을 충분히 발휘할 수 있도록 장치의 종류나 크기, 유온을 고려해서 적당한 점도의 유압유를 선정할 필요가 있다.

[표 14-4]에서 마모 방지성은 높은 점도가 좋으며, 캐비테이션(cavitation)은 낮은 점도에서 일어나기 어렵다. 또한, 용적 효율이라 함은 정격 토출량에 대한 실제 토출량의

비를 의미하며, 점도가 낮으면 펌프의 내부 누설에 의하여 토출량은 감소하며 용적 효율
도 저하된다.

[표 14-14] 유압 작동유의 점도의 영향

구분	높은 점도	낮은 점도
마모 방지	◎	×
캐비테이션 방지	×	◎
기계 효율	×	◎
용적 효율	◎	×

(2) 점도 지수

유압 작동유가 일정한 점도를 유지하면 이상적이겠지만 온도 및 압력 변화에 따라 점
도가 변하게 되므로 이들 조건을 고려한 점도의 결정이 매우 중요하다. 만일 점도 지수
가 작은 유압 작동유를 사용하면 저온 점도가 크게 증가하여 마찰 손실이 증대되어 작동
이 원활하지 않게 된다. 또한 고온 시에는 점도 저하가 매우 크게 되므로 누설로 인한 유
압의 유지가 어렵게 되어 습동부의 마모가 증가하는 현상을 초래한다. 따라서 작동유의
환경이 온도가 변하는 조건인 경우 점도 지수 향상제라는 첨가제가 필요하게 된다.

(3) 유동점

유압 장치에서 유동점은 저온에 노출되는 경우에 문제가 발생되므로 유압 작동유의
유동점은 사용 최저 온도보다 −6.7℃ 이하로 사용한다.

2 작동유의 품질

(1) 산화 안정성

유압 작동유가 가져야 할 중요한 성질이며 작동유의 수명을 결정하는 성상으로 오일
의 산화로 생성된 슬러지가 밸브나 오리피스관 등을 막히게 하거나 마찰 부위를 마모시
키는 원인이 된다. 산화를 촉진하는 요소는 작동유뿐만 아니라 온도, 교반, 압력 등이 있
다. 온도는 산화를 촉진하는 제1의 요소이며 작동유의 경우 60℃ 이하가 바람직하다.

또한 유압 장치에서 작동유가 교반 상태에 있게 되는 경우가 많고 교반 작용은 공기와
의 접촉 면적을 증가시키며, 따라서 발포가 많아져 열화 등의 원인이 된다. 이와 같이 유
압 장치는 작동유의 열화를 촉진시키기 쉬운 상태이므로 장기간 사용하기 위해서는 고도

로 정제된 광유에 산화 방지제를 첨가해 산화 안정성이 특히 우수한 작동유를 선정할 필요가 있다.

(2) 소포성

유압 장치는 반복하여 가압, 감압이 발생하므로 작동유에 공기가 혼입되면 감압의 경우 기포 현상이 발생한다. 작동유에 기포가 있으면 가압 시에 유온이 올라가기도 하여 열화가 쉽게 일어나는 것은 물론 작동 불량을 일으킨다. 그러므로 이 기포를 신속히 없애는 소포성이 작동유에 요구된다.

(3) 방청성

방청성은 산화 안정성과 밀접하므로 금속면이 수분이나 부식성의 산화 생성물에 의해 발청되거나 부식되지 않도록 부식 방지성 및 방청성이 요구된다.

(4) 마모 방지성

작동유는 활동 부분의 마모가 적게 되도록 누유를 방지하고 효율을 유지하는 것이 필요하다.

(5) 윤활성

작동유는 윤활제로서 기능을 만족시키기 위하여 적정 점도를 고려해야 한다. 또한 양호한 유성과 극압성을 갖추어 윤활면에서 적정 점도를 유지하여 윤활 성능을 발휘해야 한다.

4-3   유압 작동유의 열화와 교환

마찰로 인하여 마모된 미세한 불순물들이 작동유 속으로 유입되는 경우와 연속적인 작업으로 작동유의 온도가 급상승하게 되면 작동유는 열화되어 화학적인 성질까지 변화하게 된다. 또한 작동유의 온도 변화에 따라 공기 속의 수분을 흡수하게 되어 열화가 진행된다.

일반적으로 1년 이상 사용된 유압 작동유의 열화 상태는 산화 열화의 경향보다는 오히려 협잡물의 혼입이나 수분 혼입에 의한 경우가 더 흔하게 발생한다.

(1) 극압 첨가제

극압 첨가제는 EP 첨가제로 명명하며, 널리 사용되는 제품은 ZDTP(디알킬티오 인산 아연)으로서 내마모성, 산화 안정성도 제공한다. 그러나 ZDTP 첨가제의 열분해도가 140~190℃이며, 윤활유에 용해되었을 경우 190~230℃에서 열분해 반응을 일으켜 열화 생성물을 발생시킨다.

(2) 점도 지수 향상제

점도 지수 향상제는 고압용 작동유인 NC 작동유, 고점도 지수 작동유 및 내마모성 작동유의 제품의 첨가제로서 널리 사용된다. 유압 펌프나 밸브류의 습동부는 운전 중 첨가제 분자의 연속적인 전단으로 인하여 점도가 저하되므로 고분자 화합물인 점도 지수 향상제가 사용된다.

(3) 수분 및 이종유의 혼입

윤활유에 수분의 혼입은 공기 중의 습도가 응축하여 혼입하는 경우와 냉각기의 고장으로 인하여 혼입되는 경우가 있다. 공작 기계에서 수용성 절삭유가 혼입되면 유화 현상을 일으켜 윤활유의 열화를 촉진시키게 된다. 또한 이종유를 혼입한 경우 이종유의 성상과 혼입물에 따라 계속 사용할 것인지 교환할 것인지를 결정한다.

(4) 협잡물의 혼입

협잡물은 배관이나 탱크에 존재하고 있는 것과 운전 중 외부로부터 침입하는 경우로 구분된다. 협잡물의 크기에 따라 펌프나 작동 기기의 마모가 촉진되므로 관리가 요구된다.

4-4 유압 작동유의 용도

(1) 난연성 유압 작동유

① 제철 기계, 다이캐스팅머신, 용해로, 가열로, 자동 용접기 및 단조 기계 등의 화재 위험성이 있는 설비

② 유압 엘리베이터, 유압 프레스, 사출 성형기, 각종 진동 시험기, 공작 기계, 유압 로봇 등

(2) 내마모성 유압 작동유

각종 유압 자동 장치, 유압 제어 장치 및 베어링

(3) 고청정 내마모성 유압 작동유

공업용 로봇, 정밀 측정기기, 서보 컨트롤 NC 머신, 철강 회사의 롤러 컨트롤 등과 같이 고청정도를 요구하는 고정밀 유압 시스템 전용 오일

(4) Zinc-Free 내마모성 유압 작동유

산업용, 해상용 및 각종 유압 장비, 경중하중 기어 장치, 베어링 윤활 개소

(5) 고점도 지수 유압 작동유

광범위한 온도 조건에서 운전되는 유압 장치 및 제어 장치에 사용되도록 개발된 초고점도 지수 타입의 유압 작동유

(6) 광범위 온도용 고점도 지수 유압 작동유

극저온에서 저온까지 광범위한 온도 조건에서 운전되는 유압 작동 및 제어 장치에 사용되도록 개발된 초고점도 지수 타입의 유압 작동유

(7) 경제적 내마모성 작동유

각종 유압 장치, 베어링, 공작 기계의 기어 박스 등

(8) 항공기용 고청정 유압 작동유

항공기용 유압 장치, 고도의 정밀성과 높은 수준의 청정성이 요구되거나 −54℃ 정도의 저온에서 사용되는 각종 산업용 유압 장치, 가스 충진식 차단기, 냉동실에서 운전되는 팬 및 블로어의 베어링 윤활 등

5. 금속 가공 윤활유

금속 가공 윤활유의 종류에는 절삭유, 고성능 방전 가공유, 열처리유, 소성 가공유, 자동차 및 전자 부품 가공용 윤활 방청유, 식품 산업용 및 선박용 윤활유, 산업용 그리스 등이 있다.

5-1   절삭유

1   수용성 절삭유

(1) 광범위 수용성 절삭유

① 일반강 및 알루미늄, 동합금, 비철금속 재질 등 광범위한 절삭 조건에 적용

② 선반(lathe), 드릴링(drilling), 밀링(milling), 보링(boring), 냉간 절단(cold sawing) 등의 절삭용

③ 다축 가공이나 다양한 가공 소재 가공용

(2) 초경 공구 전용 연삭유

① 초경 바이트나 공구 연삭에 전용으로 사용된다.

② 비철금속용 연마 시 적용된다.

③ 우수한 세척력과 방청성을 요구하는 연삭 공정에 사용된다.

(3) 연삭 전용 수용성 연삭유

① 철금속, 합금강, 고경도 주물, 일반강 등 광범위한 연삭 조건에 적용된다.

② 중·저장력강의 센터리스 연삭, 원통 연삭 및 평면 연삭유로 사용된다.

③ 우수한 세척력과 방청성을 요하는 연삭 공정에 사용된다.

(4) AI, 반합성계 수용성 절삭유

① 절삭 시 뜯김 현상이 많은 황동, 청동, 알루미늄 등의 연재질의 고난삭 공정

② 일반 선반이나 드릴 작업뿐 아니라 중·고장력강의 난삭 공정인 탭 작업 및 엔드밀 작업에 사용

③ 고속 및 정밀한 조도를 요구하는 극압 윤활 조건

(5) 주물, 일반강용 수용성 절삭유

① 고경도 주물, 일반강, 다이캐스팅 알루미늄 등 광범위한 절삭 조건에 적용

② 중·저장력강의 선반, 드릴 작업에서 탭 및 엔드밀 작업에 사용

③ 우수한 세척력과 높은 윤활성이 요구되는 공정에 사용

(6) 중절삭용 수용성 절삭유

① 일반강에서 인성과 경도가 높은 난삭 재질까지 사용

② 선반 등 일반 절삭에서 기어 가공, 브로칭 등 정밀 연삭 작업에도 사용

③ 스테인리스강, 인코넬강, 내열처리강, 내식강 등 인성이 강한 재질에 적당

2 비수용성 절삭유

(1) 헤비듀티급 비수용성 절삭유(Shell Garia 601 M)

① 고장력강 및 중탄소강, 중고합금강의 중절삭 조건에 적용

② 브로칭, 전조, 태핑 및 호빙용

③ 깊은 구멍 보링용 및 선반, 밀링, 드릴 작업용

(2) BTA 심혈 드릴용 비수용성 절삭유

① 고장력강 및 중탄소강, 고합금강의 중절삭 조건에 적용

② 브로칭, 전조, 태핑, 호빙 및 고난삭 가공용

③ 헤비듀티급과 중절삭용의 중간 절삭 성능

🔍 **참고**

BTA : 주로 고압용 실린더 제작에 많이 사용하는 절삭용 공구로 보링바와 같은 형상의 공구이며 연결을 할 수 있는 장치가 되어 있다. 파이프와 같은 연결대에 여러 번 연결하여 깊은 구멍을 보링할 수 있으며, 절삭유는 고압으로 공구의 안지름, 즉 파이프와 같이 만들어진 공구 내부로부터 절삭 부위까지 공급되고, 고압으로 분사되는 절삭유에 의하여 칩은 강제적으로 배출된다(Shell Garia 404 M 10-BTA 심혈드릴용 고성능).

(3) 중절삭용 비수용성 절삭유(Shell Garia 405 M 22)

① 고장력강 및 중탄소강, 고합금강의 중절삭 조건에 적용

② 선반, 밀링, 드릴 작업, 브로칭, 전조, 태핑, 호빙 등의 절삭

(4) 밝은색 중절삭용 비수용성 절삭유(Shell Garia Oil CX)

① 고장력강, 고탄소강, 스테인리스강 등과 주물, 일반강 등 광범위한 절삭

② 선반, 밀링, 드릴 작업, 브로칭, 전조, 태핑, 호빙 등의 절삭

(5) 호닝 전용 비수용성 절삭유

① 비철금속, 중·고장력강, 내열 처리강 등의 다양한 재질에 적용

② 유리, 수정, 세라믹 등 소재에도 적용

③ 내면 호닝, 래핑 등 미세 연마 공정에 적용

(6) 기어 전용 비수용성 연삭유

① 자동차용 기어나 산업용 기어 가공 시 연삭 공정에 적용

② 고속도강 공구의 연삭 시에도 적용

③ 비철금속 및 철금속의 절삭 공정으로 사용

(7) 초경공구 전용 비수용성 절삭유

① 초경이나 고속도강 공구 제작 시 연삭 공정에 적용

② 고속 절삭이나 고속 연삭에 적용

③ 경한 비철금속이나 유리, 수정 절삭 등에 적용

(8) 비철합금강용 비수용성 절삭유

① 비철금속 및 공구 함금강에 이르기까지 다양한 재질에 적용

② 공작 기계의 유압유 또는 기어 오일로도 사용 가능

(9) 비철금속용 비수용성 절·연삭유

① 비철금속, 중장력강 등의 다양한 재질에 적용

② 부식 문제로 수용성 절삭유를 대체하기 원하는 곳

③ 범용 선반, 드릴링 머신, 연삭기 등에 적용

5-2 고성능 방전 가공유

① 고전압 방전 가공기에 사용되며 고도 정제된 파라핀계 저점도 오일로 초정밀 가공에 사용된다(다른 호닝, 래핑 공정에도 적용한다).

② 독성과 냄새가 없고, 산화 안정성이 우수하며 사용 기간이 길다.

5-3 열처리유(고성능 열처리 오일)

① Shell Voluta Oil C 205(산업안전보건법 제41조 규정)는 마텐자이트 생성점(Ms Point)이 비교적 높은 재질에 적용하며 휘발성이 낮고 산화 방지성, 슬러지 생성 억제성, 점도 상승 방지성이 우수한 일반 담금질 오일이다.

② Shell Voluta Oil C 300, 400은 고속 담금질 오일로 탄소강 재질에 적합하며 높은 담금질 경도를 얻을 수 있다.

5-4 소성 가공유

(1) 단조용 가공유

① 강인하고 높은, 다양한 두께의 철금속에 적용

② 파인 블랭킹(fine blanking), 드로잉(drawing), 헤비듀티급 프레싱(pressing) 공정에 적용

(2) 확관 오일

① 알루미늄 핀과 동파이프 소재를 가공하는 오일로 특수 제조된 휘발성 소성 가공유이다.

② 1.9 cSt 점도의 물과 같은 점성을 지닌 오일로 알루미늄 핀재를 고속 타발할 때 펀치(punch)와 다이(die)를 보호한다.

5-5 자동차 및 전자 부품 가공용 윤활 방청유

① 저장, 운송 시 부식을 방지하기 위해 냉간 압연 시트(sheet)강이나 피복(coated) 스트립에 드로잉(drawing) 공정을 적용할 수 있는 특수 다목적 방청유이다.

② 롤 트랜스퍼(roll transfer), 드립 피드(drip feed) 또는 정전기 스프레이 방식으로 적용하는 오일형 방청유이며 사용량은 $1.5\sim2.5\ g/m^2$으로 적은 양으로 사용된다.

5-6 식품 산업용 윤활유

(1) 식품 제조 장비용 기어 오일

① 식품 산업용 장비의 밀폐형 기어 박스

② 식품 포장 용기 생산 장비

(2) 식품 제조 장비용 유압유

① 유압 시스템, 평 베어링 및 내마모성 베어링

② 경하중용 기어 박스 및 일반 윤활 개소

③ 오일 순환 시스템

5-7　　선박용 윤활유

(1) 피스톤식 디젤 엔진 오일

　① 압축비가 높은 고속 및 중속의 트렁크 피스톤형 디젤 엔진 오일이다.

　② 주기관과 발전기 등의 보조 기관용으로 사용되는 다목적 윤활유이다.

　③ 작은 섬프를 가지는 어선의 소형 고속 엔진에 적합하다.

(2) 다목적 선박용 엔진의 시스템 오일

　쉘 멜리나 오일은 저속 디젤 엔진의 시스템 및 크랭크 케이스, 다양한 형식의 엔진과 선박 기계에 사용된다.

(3) 저속 크로스헤드형 엔진의 시스템 오일

　쉘 멜리나 S는 저속 디젤 엔진의 시스템 및 크랭크 케이스 이외에도 스턴튜브, 과급기, 베어링, 감소 기어, 공기 압축기, 각종 펌프류의 베어링에 사용된다.

(4) 선박용 트렁크 피스톤식 디젤 엔진 오일

　쉘 아지나 오일은 고유황 중질유를 연료로 사용하는 선박용 중속 트렁크 피스톤식 디젤 엔진에 적합한 크랭크 케이스 윤활유이다.

(5) 저속 엔진의 실린더 오일

　① 쉘 알렉시아 오일 50은 유황 함량 1.5% 이상의 잔유(residual fuel)를 연료로 사용하는 저속 크로스헤드형 디젤 엔진의 실린더 오일이다.

　② 고압, 고온, 저속 선박용 엔진에 적합하다.

(6) 저속 엔진의 특수 실린더 오일

　쉘 알렉시아 오일 LS는 유황 함량 2.0% 이하의 잔유(residual fuel)를 연료로 사용하는 저속 크로스헤드형 디젤 엔진을 위한 40BN, SAE 50의 실린더 오일이다.

5-8　　기타 오일

(1) 시스템 세척유

　장비(유압 작동 장치, 엔진, 기어 박스, 터빈 등)의 내부에 있는 각종 이물질을 제거,

세척하는 데 사용된다.

(2) 스팀 실린더 윤활유

① 고온, 고압 상태에서 운전되는 각종 증기 기관의 실린더 윤활에 사용된다.

② 저속, 중하중으로 운전되는 기어에 적합하다.

③ 고온, 중하중을 받는 각종 베어링, 운전 온도가 높아 높은 점도의 오일을 필요로 하는 경우에 사용된다.

④ 순광유로서 카본 생성 경향이 적고, 양호한 수분리성을 필요로 하는 경우에 사용된다.

(3) 순환 계통 기계유

① 온도 및 하중 조건이 극심하지 않은 곳에 사용된다.

② 웜 기어를 비롯하여 각종 기어를 사용한 밀폐식 기어 박스, 평 베어링 및 구름 베어링에 사용된다.

③ 순광유가 추천된 곳에 한한다.

(4) 베어링 및 순환 계통 기계유

① 롤넥 베어링, 평 베어링, 구름 베어링과 같은 산업용 고하중 베어링 및 순환계 시스템에 적합하다.

② 각종 기어를 사용한 밀폐식 스퍼 기어, 헬리컬 기어, 베벨 기어, 웜 기어 박스, 평 베어링 및 구름 베어링에 사용된다.

③ 순광유가 추천된 곳에 한한다.

(5) 열 매체유

① 320℃까지 운전되는 각종 밀폐식 순환 간접 가열 방식의 열 매체 장치에 사용된다.

② 염색 공장의 텐터기(tenter machine), 아스팔트 가열로 등 용도가 광범위하다.

5-9 산업용 그리스

(1) 고온/저속 베어링용 그리스

쉘 다리나 그리스 R2는 고온에서 저속으로 회전되는 구름 베어링 및 평 베어링용 그리스로서, 리튬 비누기 그리스의 사용 한계를 넘는 윤활 조건에서 사용되며, 합성유 또는 실리콘 그리스의 경제적인 대체품으로도 사용될 수 있다.

(2) 일반 산업용 다목적 그리스

쉘 멀티 서비스 그리스 EP는 일반적인 산업용 윤활 개소에 다목적으로 사용할 수 있는 리튬 비누기 그리스이다.

(3) 고온 긴 수명 문제 해결 그리스

쉘 스타미나 그리스 EP2는 주로 제철, 제지 및 시멘트 산업의 각종 특수한 윤활 조건에서 문제 해결 그리스로서 특히, 고온 고하중 및 물 접촉이 많은 베어링(열연, 연주 및 제지 설비 등), 롤밀, 전기 모터, 송풍기, 건설 중장비 등에 사용된다.

(4) 고온 긴 수명 특수 그리스

쉘 스타미나 그리스 RL은 윤활성이 탁월하며 사용 수명이 긴 폴리우레아계 그리스로서 물 접촉이 많고 사용 온도가 높은 제철소의 연주 설비, 제지 기계 등의 산업체에 많이 사용되며, 고온 장수명이 요구되는 전동기 베어링, 블로어 및 내수성이 요구되는 굴삭기의 요크 등에 사용된다.

(5) 저온용 극압 그리스

쉘 알바니아 그리스 0769는 저온 극압 그리스로서 저온 성능과 극압 성능이 우수하고, 그리스의 비산으로 인한 소음 감소 효과가 있다. 따라서 저온 특성을 요구하는 각종 장비 및 냉동 창고의 지게차 등에 사용된다.

(6) 산업용 다목적 극압 그리스

쉘 알바니아 그리스 EP(LF)는 극압용 그리스로서 큰 하중을 받는 베어링과 산업용 기계 설비 등의 윤활에 적합하며 특히 제철 설비, 제지 설비, 광산 장비 및 건설 중장비 등 내수성, 마모 방지 성능과 내하중성이 요구되는 윤활 개소에 사용된다.

(7) 산업용 다목적 그리스

쉘 알바니아 그리스 RL은 고급 범용 그리스로서 비교적 저하중을 받는 윤활 조건의 구름 베어링이나 평 베어링에 사용된다. 또한 전동기 베어링이나 워터 펌프 베어링의 윤활에 적합하다.

(8) 고품질 고온 산업용 그리스

쉘 알비다 그리스 EP는 고품질, 내열성이 우수한 긴 수명의 그리스로서 광산, 제철,

제지, 시멘트, 고무 및 기타 산업체의 내열, 내하중성이 요구되는 볼, 롤러, 평 베어링 개소에 적합하다. 또한 제철 산업의 연주 공정, 진동 스크린 및 롤러 컨베이어 개소에도 사용된다.

(9) 몰리브덴 함유 산업용 그리스

쉘 알비다 그리스 HDX는 내열 성능이 우수한 중하중용 그리스로서 충격 하중과 고온 개소에 노출된 베어링의 윤활제로 적합한 그리스이다. 대표적인 적용 개소는 광산 분쇄, 스크린 장비의 베어링이다.

(10) 반유동성 합성계 기어 그리스

반유동성 합성계 기어 윤활제로서 긴 수명, 기어 윤활의 요구 성능을 만족시키고 산업용 소형 기어 박스와 웜 기어에 적합한 그리스이다.

6. 그 밖의 설비 윤활유

6-1 냉동기유

(1) 고급 냉동기용 윤활유

① 모든 종류의 냉동 장치(가정, 산업, 공업용)와 에어컨디셔너의 압축기용 윤활유
② 저온 유동성을 요구하는 윤활 개소에도 사용

(2) 냉동기용 윤활유

나프텐계 냉동기용 윤활유 및 저온 유동성이 필요한 윤활 개소

(3) 합성유계 냉동기용 윤활유

① 개방식, 반개방식, 밀폐형 압축기(회전식 및 왕복식)에 적용이 가능하며 R134a 냉매를 제외한 R12(CFC), R22(HCFC), 이소부탄(HC), R717(암모니아) 냉매 사용이 가능하다.
② 암모니아 냉매와 R22 냉매에 대해서 고온과 저온 영역에서 사용되는 알킬벤젠계 합성 윤활유

(4) 폴리올 에스테르계 냉동기용 윤활유

① 오존층 파괴를 최소화할 수 있는 신냉매인 HFC 계열의 냉매(R134a, R23, R404a, R407, R507)를 사용하는 차량용 냉동기, 가정용·산업용 냉동 시스템, 식품 냉장· 냉동기 시스템 및 이동식·고정식 에어컨에 적합한 합성 냉동기 오일
② 열 및 화학 안정성과 저온에서 유동성 및 내마모성이 좋다.

6-2 고성능 터빈 오일

고성능 터빈 오일의 용도 및 특징은 다음과 같다.
① 발전용, 산업용, 선박용, 철도 차량용 증기 터빈이나 가스 터빈, 수력 터빈 등 각종 터빈용 윤활유
② 각종 압축기(특히 터빈 압축기), 기계의 베어링, 감속 기어 및 유체 커플링 등의 윤활
③ 유압 장치 및 산화 안정성이 우수한 오일이 요구되는 개소

6-3 습동면 오일

공작 기계에 사용되는 습동면 오일의 용도 및 특징은 다음과 같다.

(1) 고성능 공작 기계 습동면 윤활유

① 공작 기계 테이블, 이송대 습동면(slide-way)용 윤활유
② 공작 기계 내 주물이나 합성 수지 재질 등 모든 재질에 적용
③ 공작 기계의 유압 작동유, 기어 박스 등의 윤활유에 사용
④ 슬라이드에 적용

(2) 공작 기계 습동면 윤활유

① T32는 경하중의 습동면 윤활에 이용, 공작 기계 유압 작동유로 동시 사용 가능
② T68은 중·고하중의 습동면 윤활 및 공작 기계 작동유로 동시 사용 가능
③ T220은 고하중의 습동면 및 수직형 습동면에 사용하며 높은 점도를 요구하는 대형 장치에 적합

7. 현장 윤활

7-1 급유 스티커와 육안 검사

(1) 준비

① 각종 윤활 관리 카드를 준비한다.

② 급유 스티커를 준비한다.

(2) 윤활유의 육안 검사

[표 14-15] 윤활유의 육안 검사 항목

육안 검사 항목			판정	처치
색채	투명도	이물질		
신유와 차이 없음	투명	미량, 큰 입자 먼지	정유	여과기로 정유
신유와 차이 없음	투명	먼지가 많음	정유	정유 및 방지 대책 수립
신유와 차이 없음	약간 흐림	미량	계속 사용 가능	–
신유와 차이 없음	약간 흐림	미량, 큰 입자 먼지	정유	여과기로 정유
신유와 차이 없음	약간 흐림	먼지가 많음	정유	정유 및 방진 대책 수립
짙은 색	투명	매우 미량	계속 사용 가능	색채가 짙은 경우 이상 보고
백 탁	투명도 없음	–	유화	갱유
상부 2/3 이상 신유와 차이 없음 하부 1/3 이하 백탁	상부 2/3 이상 투명 하부 1/3 이하 흐림	매우 미량	계속 사용 가능	수분 드레인
상부 2/3 이상 신유와 차이 없음 하부 1/3 이하 백탁	상부 2/3 이상 투명 하부 1/3 이하 흐림	미량, 큰 입자 먼지	정유	정유 및 드레인

(3) 윤활 관리의 제1차 계획 수립

① 실태 조사에 의하여 결함을 조사한다.

② 모델 기계의 윤활 관리 계획을 세운다.

- 모델 기계의 종류와 대수
- 윤활 방식, 윤활제, 급유 방법 등을 조사한다.
- 윤활 카드를 작성한다.
- 윤활 급유 개소를 명확히 하기 위하여 스티커를 부착한다.
- 윤활 관리 방법(업무 분담, 윤활제, 작업 주기, 점검법)을 결정한다.

③ 모델 공장의 윤활 관리를 실시한다.

(4) 윤활 관리의 키포인트(key point)

윤활 관리의 키포인트는 온도, 수분, 오염이며, 이것을 정리하면 다음과 같다.

① 고온을 가능한 피한다.

② 오일의 혼합 사용을 피한다.

③ 신설비 도입을 할 때 충분한 플러싱을 행한 후 사용한다.

④ 갱유 시 플러싱을 철저히 한다.

⑤ 이물질 혼입 시 신속히 제거한다.

7-2 윤활유의 취급 및 보관

1 개요

윤활제를 올바르게 보관하고 저장하는 것은 제품의 품질 유지 및 윤활 비용 절약 측면에서 매우 중요하다.

윤활제를 공급하는 각 업체에서는 제조, 혼합, 충진 등의 전 생산 공정에 거쳐 매우 엄격하게 제품 품질을 관리하고 있다. 이렇게 관리되어 출하되는 윤활 제품들은 사용할 때에 불순물에 오염되지 않고, 제품 용기에 명시된 각종 규격을 충분히 만족할 수 있도록 하기 위해서는 윤활제를 사용하는 측면에서도 보관 및 취급할 때에 세심한 주의를 기울여야 한다.

2 윤활유의 취급

윤활유의 오염과 부적합한 오일의 사용은 기계의 고장 원인이 되기 때문에 오염과 유종의 잘못된 선택을 방지할 수 있도록 현장에서의 운반 방법 및 취급 방법을 확립하여 보전상 손실이 없도록 해야 한다. 예를 들면, 윤활유가 차량으로 반입되어 차상에서 내릴 때는 사다리를 차에 연결시켜 내리면 내리기도 쉽고, 드럼에도 손상을 주지 않는다.

내려진 드럼은 운반 기기를 이용하여 보관 장소로 운반해야 파손되지 않고 안전도 보장된다. 저장된 드럼에서 오일을 빼낼 때는 핸드펌프를 이용하여 용기에 담는 방법이 많이 사용되는데, 드럼 운반기를 사용, 드럼마개에 슬라이드식 밸브를 정착하여 사용하면, 빼낸 후에 급 밀폐가 가능하고, 오일의 흘림도 예방하며, 급유 장소에 접근하여 작업을 할 수 있는 편리함이 있다.

그리스를 그리스 건으로 채우는 경우도 통상 그리스 주걱을 사용하지만, 근래 공압식 그리스 펌프로 윤활개소에 직접 급유하는 방법이 널리 사용되고 있다. 또 유종의 오용을 방지하기 위하여 유종에 대하여 저장 중의 드럼 상태, 운반용 용기, 기계급유개소 등 전체에 일정한 색상 또는 기호를 붙여서 한눈으로 구별이 가능한 방법을 이용, 효과적으로 관리해야 한다.

3 윤활유와 그리스의 보관

윤활유와 그리스 제품은 보관에 적절한 온도가 일정하게 유지될 수 있는 옥내에 보관하는 것이 가장 이상적이다. 옥내외에 윤활유와 그리스 제품의 보관 장소는 다음과 같은 조건을 갖추는 것이 중요하다.

- 운송 차량이 쉽게 접근할 수 있어야 한다.
- 제품을 상·하차하기에 충분한 공간을 갖추어야 한다.
- 유류저장소에 직접 접근할 수 있는 부대시설이 잘 구비되어 있어야 한다.
- 윤활유나 그리스를 개봉하거나, 덜어서 사용하기 위해서는 먼지가 없는 깨끗한 장소이어야 한다.
- 재고 관리가 용이하고, 제품용기 상태를 쉽게 파악할 수 있어야 한다.
- 빈 용기나 회수용 용기를 보관하기에 충분한 공간이 있어야 한다.

(1) 윤활유의 보관

윤활유는 작업자를 위해 윤활유의 반입과 불출 및 취급이 편리하고, 시간과 노력이 적게 들고, 작업 및 안전 관리상 유효한 보관 장소에 보관해야 한다.

　보관에는 유종의 종류별로 통합 관리하는 것이 좋다. 또 윤활유는 먼지와 수분의 침투는 금물이기 때문에 보관할 때 먼지와 수분이 접촉할 우려가 없는 창고 또는 작업상 안전한 건물 내에 보관해야 한다.

　드럼을 보관할 경우는 가로로 눕혀 마개가 9시-3시 방향으로 하고, 드럼의 입구로 수분이 혼입되지 않도록 한다.

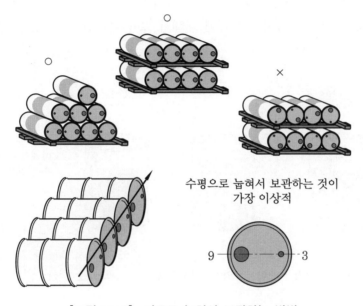

수평으로 눕혀서 보관하는 것이
가장 이상적

[그림 14-2]　가로로 눕혀서 보관하는 방법

잘못된 방법　　　　　　　　올바른 방법

[그림 14-3]　세워서 보관하는 방법

드럼을 세워서 옥외에 보관할 때에는 온도 변화에 따라 수분이 혼입되는 경우가 있으므로 반드시 드럼 밑에 고임목을 고이고, 입구와 마개가 수평이 되도록 하여, 마개가 있는 부위에 물이 고이지 않도록 경사지게 해야 하며, 특히 옥외에 보관할 때에는 커버를 덮는 것이 좋다.

한편, 윤활유의 취급과 보관에 대해서는 환경 보전, 인체에 대한 안전성, 화재에 대한 안정성 등을 고려하여 만전을 기하는 것이 중요하며, 또 일상 취급자에 대해서도 석유류 화재의 원리와 소방법, 긴급시의 조치에 대해서 교육 훈련을 하는 것이 필요하다.

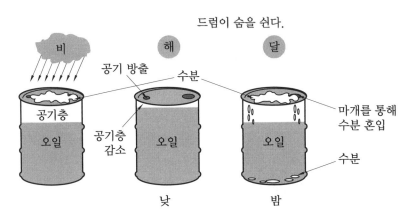

[그림 14-4] 옥외에 잘못된 보관 시 나타나는 현상

(2) 그리스의 보관

그리스의 용기는 상판이 위를 향하게 하여 바로 세워 보관해야 한다. 그리스는 윤활유와는 달리 무겁고 상판의 뚜껑이 매우 크고 마개가 없다.

따라서 취급 부주의로 인한 밀봉 부위(뚜껑 부위)의 손상이 일어나기 쉬우며, 손상된 부위로 수분이 혼입되거나 공기 접촉에 의해 그리스가 산화될 가능성이 매우 높게 된다.

그리스를 보관할 때에는 특별한 주의가 요구된다. 그리스 용기 뚜껑은 반드시 먼지가 없는 청결한 장소에서 개봉해야 한다. 제품을 덜어내기 전에 사용되는 기구를 깨끗이 닦아내어 사용해야 한다. 제품을 덜어낼 때, 나무주걱은 사용을 하지 않는 것이 좋다.

제품을 덜어낼 때 미세한 나무 부스러기 등이 제품에 포함되어, 사용 중 성능에 심각한 문제를 일으킬 수도 있기 때문이다. 일부를 사용한 그리스 용기를 보관할 때에는, 보관 중 이유 현상에 의해 그리스 구조체 밖으로 빠져나온 오일이 누설될 가능성이 있다. 이를 방지하기 위해서는 그리스를 덜어낸 후 반드시 표면을 평편하게 한 후 뚜껑을 닫아야 한다.

그리스는 정도의 차이는 있으나 이유 현상이 있으며, 심하지 않은 경우 사용 전 혼합하여 주면, 이유된 오일이 다시 그리스 구조체 안으로 들어가게 되어 제품 성상에는 영향을 미치지 않는다.

4 안전 및 보건에 관한 일반 사항

① 윤활유와의 불필요한 접촉을 피하기 위해 기계장치에는 보호기구를 설치하고, 작업복, 보호용 앞치마와 장갑 등을 제공해야 한다.
② 미세한 오일 스프레이 또는 미스트를 제거할 수 있는 설비를 갖춰야 한다.
③ 무독성 피부 세척제, 보호 크림 및 영양크림 등을 포함한 알맞은 피부 세척 기구를 설치해야 한다.
④ 응급조치 사항 및 구급의약품을 준비한다.
⑤ 작업복 보관을 위한 별도의 사물함을 준비해야 한다.
⑥ 기계에 떨어져 있는 금속 부스러기를 제거하기 위한 장비가 있어야 한다.
⑦ 윤활유 비산 방지대를 적절하게 조절해야 한다.
⑧ 독성(toxic), 유해물질(harmful) 또는 인화성(inflammable) 물질을 포함하는 제품이 있다면 용기에 이를 알리는 유해물질 표식을 하여 보관, 운송 및 이용할 때 작업자들이 이를 알 수 있도록 해야 한다.
⑨ 작업자들은 규칙적으로 몸을 닦고 작업복도 규칙적으로 교환, 세탁(dry-clean)하며, 피부를 닦을 때 더러운 수건은 사용하지 말고, 정도가 약하더라도 상처가 나면 응급조치를 취하고 피부병이 발생하면 지체 없이 이를 알리고 항상 안전, 위생에 관한 규칙을 준수해야 한다.

연습 문제

1. 다음 설명의 ①~③에 알맞은 수치를 [보기]에서 고르시오.

> 왕복동 압축기의 분해 점검은 일반적으로 매 (①)년마다 실시하며, 압축기유에 사용되
> 는 윤활유의 교환 시 정기적으로 사용유를 분석하여 그 결과를 토대로 교환한다. 압축기
> 유에 전용 윤활유를 사용하는 경우에는 운전 개시 초기는 (②)시간 만에 행하고 그 이
> 후는 (③)시간마다 실시한다.

――――――――――――[보기]――――――――――――

• 2	• 1000
• 500	• 10000

2. 다음의 베어링 윤활 시 윤활유와 그리스와의 비교표 중 ( )를 [보기]에서 골라 완성하
시오.

구분	윤활유의 윤활	그리스의 윤활
회전수	고·중속용	중·저속용
회전 저항	비교적 적다	비교적 크다
냉각 효과	(①)	(②)
누유	(③)	(④)
밀봉 장치	(⑤)	(⑥)
순환 급유	(⑦)	(⑧)
급유 간격	비교적 짧다	비교적 길다
윤활제의 교환	(⑨)	(⑩)
세부의 윤활	(⑪)	(⑫)
혼입물 제거	(⑬)	(⑭)

――――――――――――[보기]――――――――――――

• 대	• 소
• 복잡	• 간단
• 용이	• 번잡
• 곤란	

3. 기어 이면 손상의 명칭과 설명을 관계있는 것끼리 연결하시오.

① 긁힘(scratching)　●　　●　㉠ 이면 간에 마모분, 먼지, 그 밖의 고형물 입자가
　　　　　　　　　　　　　　　침입하여 마모 방향에 크게 손상되는 현상

② 스코어링(scoring)　●　　●　㉡ 고속 고하중 기어에서 이면의 유막이 파단되어
　　　　　　　　　　　　　　　국부적으로 금속 접촉이 일어나 마찰에 의해 그
　　　　　　　　　　　　　　　부분이 용융되어 뜯겨나가는 현상

③ 피팅(pitting)　●　　●　㉢ 이면에 높은 응력이 반복 작용된 결과 이면상에
　　　　　　　　　　　　　　　국부적으로 피로된 부분이 박리되어 작은 구멍
　　　　　　　　　　　　　　　을 발생하는 현상

4. 다음 중 불연성 유압 작동유는 어느 것인가?

① R&O형 작동유　　　　　② 인산 에스테르계 작동유
③ 내마모성 작동유　　　　④ 순광유 작동유

5. 왕복식 압축기(10kgf/cm^2 이하)의 내부 윤활유의 종류와 점도는?

6. 공기 압축기의 내부 윤활유의 요구 성능과 외부 윤활유의 요구 성능을 비교 설명하시오.

7. 베어링 윤활의 목적을 나열하시오.

8. 유압 작동유에서 가장 중요한 물리적인 성질은 무엇인가?

9. 프레온 가스를 사용하는 곳의 윤활유로 무엇을 사용하는가?

10. 고성능 방전 가공유로 무엇을 사용하는가?

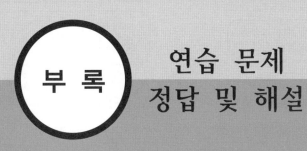

부 록

연습 문제
정답 및 해설

○ 연습 문제 정답 및 해설

제1장 설비 진단 및 설비 보전 방법의 개요

1. 간이 진단과 정밀 진단을 간단하게 비교하면 다음과 같다.

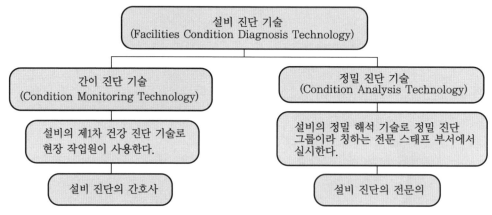

2. ④

3. ③

4. 베어링 등 금속과 금속이 습동하는 부분의 마모에 대한 진행 상황을 윤활유 중에 포함된 마모 금속의 양, 형태, 재질(성분) 등으로 판단하는 분석법으로 페로그래피(ferrography)법과 SOPA법이 잘 알려져 있다.

5. ①-ⓒ, ②-ⓑ, ③-ⓔ, ④-ⓐ

6. 정량적

7. ④

8. 오일 분석법 중 채취한 오일 샘플링을 용제로 희석하고, 자석에 의하여 검출된 마모 입자의 크기, 형상 및 재질을 분석하여 이상 원인을 규명하는 설비 진단 기법

제2장 진동 이론

1. ①－ⓑ, ②－ⓐ, ③－ⓔ, ④－ⓒ, ⑤－ⓕ, ⑥－ⓓ

2. ① $\dfrac{\pi}{2} V_{ave}$, ② $2\sqrt{2}\, V_{rms}$, ③ $\dfrac{1}{2\sqrt{2}} V_{P-P}$, ④ $\dfrac{2}{\pi} V_P$

3. ③

4. ④

5. ①

6. ③

7. 진동계에서 에너지가 손실되지 않는 진동은 비감쇠 진동(undamped vibration)이라 하며, 에너지가 손실되는 진동은 감쇠 진동(damped vibration)으로 부족 감쇠, 과도 감쇠, 임계 감쇠가 있다.

8. 변위, 속도, 가속도

9. $\omega_n = \sqrt{\dfrac{k}{m}}$

10. 변위 전달률 = $\dfrac{\text{진동자의 변위폭}}{\text{설치대의 변위 진폭}}$

제 3 장 진동 측정

1. ① $10 \, \text{pC/m/s}^2$, ② $100 \, \text{pC}$, ③ $1 \, \text{m/s}^2$

2. ①, ②

3. ① – ⓒ, ② – ㉠, ③ – ⓛ

4. ①

5. ①

6. 가동 철편식의 원리

7. 발진기에서 생긴 수 MHz의 정현파 코일에서 교류자계가 발생되어 측정물의 표면에 와전류가 발생된다. 이 와전류는 자계를 약하게 반발하는 자계를 발생시켜 코일의 임피던스가 변화하게 된다. 와전류의 세기는 코일과 측정물의 거리에 따라 변하므로 코일의 임피던스 변화에서 거리를 구할 수 있다.

8. ① 저주파수 대역(1 kHz 이하)의 진동 측정에 적합하다.
② 다른 센서에 비해 크기가 크므로 자체 질량의 영향을 받는다.
③ 감도가 안정적이다.
④ 외부의 전원이 없어도 영구 자석에서 전기 신호가 발생한다.
⑤ 변압기 등 자장이 강한 장소에서는 사용할 수 없다.
⑥ 출력 임피던스가 낮다.

9. ① 가속도 센서는 원하는 측정 방향과 주 감도축이 일치하도록 부착되어야 한다.

② 가속도 센서는 교차 방향의 진동은 주축 방향의 감도에 비해 1% 정도이므로 무시될 수 있다.

③ 가속도 측정의 목적 중 축과 베어링의 운전 측정점에 가속도계를 고정하는 것은 실제 진동 측정으로부터 정확한 결과를 얻기 위한 결정적인 요소 중의 하나이다.

④ 상태를 점검할 때 가속도 센서는 베어링으로부터의 진동에 대해 직접적인 통로에 설치되어야 한다. 적당치 못한 고정은 공진 주파수의 감소를 초래하여 가속도 센서의 유용주파수 한계를 심하게 제한한다.

⑤ 이상적인 센서 고정 방법은 평탄하고 광이 나는 표면에 나사못을 사용하는 것이다.

⑥ 가속도센서를 고정시키기 전에 고정면 사이에 얇은 그리스를 첨가한다면 고정 강성이 증대될 수 있다.

10. 수평(H) 방향, 수직(V) 방향, 축(A) 방향으로 베어링이 스러스트를 받고 있는 경우 축(A) 방향, 상하에 경사진 형상을 가진 베어링 상자의 진동은 수직(V) 방향보다도 수평(H) 방향에서 측정하는 것이 좋다.

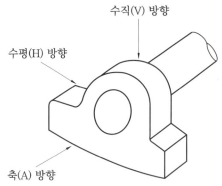

제4장 진동 신호 처리

1. ① - ㄹ, ② - ㄷ, ③ - ㄴ, ④ - ㄱ

2. 검출부, 변환부

3. 시간 영역, 주파수 영역, 진폭 영역

4. ① - ㄱ, ㄴ, ㄷ, ㄹ

② - ㄷ, ㄹ

③ - ㅁ, ㅂ, ㅅ

④ - ㅇ

5. 안티 엘리어싱 필터(anti-aliasing filter) 또는 저역 통과 필터(low pass filter)

6. ①

7. $\Delta t \leq \dfrac{1}{2f_{\max}}$

제 5 장 진동 제어

1. ①, ②

2. ⑤

3. ④

4. ③

5. 진동 전달률 $=\dfrac{\text{방진기 설치 상태에서의 진동 레벨}}{\text{방진기 없는 상태에서의 진동 레벨}}$

6. ① 진동 차단기의 사용

② 질량이 큰 경우 거더(girder)의 이용

③ 2단계 차단기의 사용

④ 기초(base)의 진동을 제어하는 방법

7. ① 강성이 충분히 작아서 차단 능력이 있어야 한다.

② 강성은 작되 걸어준 하중을 충분히 받칠 수 있어야 한다.

③ 온도, 습도, 화학적 변화 등에 의해 견딜 수 있어야 한다.

8. ③

9. ①

10. ③

11. ② $\Delta t \leq \dfrac{1}{2f_{\max}} = \dfrac{1}{2 \times 1000} = 0.5\,\mathrm{ms}$

제 6 장 회전 기계의 진단

1. ① - ⓒ, ② - ⓛ, ③ - ㉠

2. ①, ③, ④

3. ④

4. ①

5. 질량 불평형(unbalance), 풀림(looseness), 오일 휩(oil whip), 축 정렬 불량(misalign-ment), 축 굽힘(deflection)

6. 주파수 분석이란 시간 축의 복합된 파형을 주파수 축으로 변환시켜 각각의 이상 주파수별로 분해하여 놓고 이 중에서 가장 특징적인 주파수를 찾아내어 이 주파수에 해당하는 이상의 원인을 찾아내는 방법이다.

7. 위상 분석이란 각 베어링에 발생하는 위상의 형태(pattern)를 보는 방법이다. 여기서 위상이란 축의 회전 표시(mark)와 진동의 특징적인 주파수 성분과의 위상각을 말한다.
① 동기 : 위상이 변하지 않음(강제 진동)
② 비동기 : 위상이 변함(자려 진동, 기타 진동)

8. ① 회전 주파수 $1f$ 성분의 탁월 주파수가 나타난다.
② 언밸런스는 회전 벡터이므로 질량 불평형 양과 회전수가 증가할수록 진동 레벨이 높게 나타난다.
③ 높은 진동의 고조파 신호로 나타나지만 만약 $1f$의 고조파 신호보다 높으면 언밸런스가 아니다.
④ 언밸런스에 의한 진동은 수평·수직 방향에 최대의 진폭이 발생한다. 그러나 길게 돌출된 로터의 경우에는 축 방향에 큰 진폭이 발생하는 경우도 있다.

9. 주요 발생 원인은 ① 휨 축이거나 베어링의 설치가 잘못되었을 경우, ② 축 중심이 기계의 중심선에서 어긋났을 경우이다.

10. 공진(resonance) 현상이란 고유 진동수와 강제 진동수가 일치할 경우 진폭이 크게 발생하는 현상이다. 기계나 부품에 충격을 가하면 공진 상태가 존재하는데, 공진 상태를 제거하는 방법에는 다음 3가지 방법이 있다.
① 결함 주파수를 기계의 고유 진동수와 다르게 한다(회전수 변경).
② 기계의 강성과 질량을 바꾸고 고유 진동수를 변화시킨다(보강 등).
③ 우발력을 없앤다.

11. (1) 기어의 회전 진동 주파수

$$f_1 = \frac{N_1}{60} = \frac{1200}{60} = 20\,\text{Hz}$$

$$f_2 = \frac{Z_1}{Z_2} \times f_1 = \frac{15}{49} \times 20 = 6.12\,\text{Hz}$$

(2) 기어의 맞물림 진동 주파수
$$f_m = Z_1 \times f_1 = 15 \times 20 = 300\,\text{Hz}$$

제7장 소음 이론

1. ① – ⓒ, ② – ⓖ, ③ – ⓔ, ④ – ⓓ

2. ① 음의 회절(diffraction of sound wave)

② 음의 굴절(refraction of sound wave)

③ 호이겐스(Huyghens) 원리

④ 도플러(Doppler) 효과

⑤ 마스킹(masking)효과

3. 음의 높이(pitch), 음의 세기(loudness), 음색(timber)

4. 2개의 진동체의 고유 진동수가 같을 때 한쪽을 울리면 다른 쪽도 울리는 현상

5. ① ×, ② ○, ③ ○, ④ ×

6. ① $\dfrac{\text{반사음의 세기}}{\text{입사음의 세기}}$ ② $\dfrac{\text{투과음의 세기}}{\text{입사음의 세기}}$

③ $\dfrac{(\text{입사음} - \text{반사음})}{\text{입사음의 세기}}$ ④ $10\log\left(\dfrac{1}{\text{투과율}}\right)$

7. 일반적으로 인간의 청각에 대응하는 음압 레벨의 측정은 A 특성을 사용한다. C 특성은 전 주파수 대역에 평탄 특성(flat)으로서 자동차의 경적 소음 측정에 사용된다. 현재 잘 사용하지 않는 B 특성은 A 특성과 C 특성의 중간 특성을 의미하며, ISO 규격에는 항공기 소음 측정을 위한 D 특성이 있다. 소음계에서 A 보정은 40 phon 곡선(SPL < 55 dB), B 보정은 70 phon(55 dB < SPL < 85 dB), C 보정은 100 phon(85 dB < SPL)을 기준으로 하고 있다. 또한 D 보정은 1~10 kHz 범위에서 보정 특성을 가진다.

8. ① 흡음 ② 차음 ③ 소음기 ④ 진동 차단 ⑤ 진동 댐핑

9. 69 dB

10. $L_P = L_{P1} + L_{P2} = 10\log\left[\dfrac{I}{I_0}\right] = 10\log\left[10^{\frac{L_{P1}}{10}} + 10^{\frac{L_{P2}}{10}}\right]$

11. 잔향음장

12. 2×10^{-5} N/m^2

13. 음의 세기

제 8 장   소음 측정

1. ① – ⓒ, ② – ⓑ, ③ – ㉠

2. ④

3. ①

4. FAST

5. ① 1.5   ② 0.5

6. 소리를 들을 때 시간 영역에서 인지되는 소리는 높은 음이나 낮은 음이 서로 중첩되어 있으므로 복합된 하나의 음으로 인식된다. 그러므로 이와 같이 합성된 소음에 대하여 각각의 특성을 알기 위해서는 주파수 분석을 하게 된다.

제 9 장   소음 제어

1. 소음도 증가량 $= 17\log_{10}\left(\dfrac{20}{10}\right) = 5.1\,\text{dB}$ 즉, 마력 증가비가 2일 때 소음도 증가량은 5.1 dB이다.

2. $TL_\theta = 20\log_{10}(mf) - 48 = 20\log_{10}(50 \times 200) - 48 = 32\,\text{dB}$

3. ① 흡음, ② 차음, ③ 소음기(silencer)

4. ① 9, ② 6, ③ 6, ④ 60

5. 30%

6. ① 틈새는 차음에 큰 영향을 미치므로 틈새 관리와 대책이 중요하다.

② 차음 재료는 질량 법칙에 의해 벽체의 질량이 큰 재료를 선택한다.

③ 큰 차음 효과를 위해서는 다공질 재료를 삽입한 이중벽 구조로 시공하고, 일치 (coincidence) 효과와 공명 주파수에 유의한다.

④ 벽체에 진동이 발생할 경우 차음 효과가 저하하므로 방진 처리 및 제진 처리가 요구된다.

⑤ 효율적인 차음 효과를 위하여 음원의 발생부에 흡음재 처리를 한다.

⑥ 콘크리트 블록을 차음벽으로 사용할 경우 한쪽 표면에 모르타르를 도포하면 5dB의 투과 손실이 증가하고, 양쪽 면에 모르타르를 도포하면 10dB의 투과 손실의 증가 효과가 있다.

7. 팽창형, 간섭형, 공명형 등

제 10 장　윤활 관리의 개요

1. ① – ⓒ, ② – ⓓ, ③ – ⓐ

2. 감마 작용, 냉각 작용, 응력 분산 작용, 밀봉 작용, 청정 작용, 녹 방지 및 부식 방지, 방청 작용, 방진 작용, 동력 전달 작용

3. 적유, 적법, 적량, 적기

4. ① 마찰 손실 방지　　　　② 마모 방지
③ 녹아 붙음 및 소부 현상 방지　④ 밀봉 작용
⑤ 냉각 효과　　　　　　⑥ 방청 및 방진 작용

5. (1) 윤활 관리자의 사전 지식
① 급유 장치와 급유기의 취급법
② 마찰부의 온도 판단
③ 운전음에 의한 내부 윤활 상태의 판단
④ 급유량의 적부 판단
(2) 윤활 기술자의 직무
① 사용 윤활유의 선정 및 관리
② 급유 장치의 보수 및 예비품 준비
③ 윤활 관계의 개선 시험
④ 신설비의 윤활제와 급유 장치 검토
⑤ 윤활 관계 작업원의 교육 훈련

6. 청정도가 10배 좋아지면 설비 수명은 50배 늘어난다.

7. 윤활막 두께 감소, 오일의 전단 및 첨가제 고갈, 금속 표면의 부식(녹 발생), 캐비테이션에 의한 펌프의 손상, 금속 표면의 피로 가중, 부품의 마모 촉진, 오일 산화 촉진, 점도 변화, 박테리아 생성, 오일 수명의 저하, 바니시/슬러지 생성

8. 현장에서 관리하는 수분은 가능하면 500ppm 이하로 유지해야 한다.

제 11 장　윤활유의 종류와 특성

1. ①

2. 방청 열처리유, 방청 태핑유

3. ① – ⓜ, ② – ⓡ, ③ – ⓗ, ④ – ⓒ, ⑤ – ⓐ, ⑥ – ⓓ

4. ① 중화가, ② 전산가, ③ 알칼리가

5. (1) 점도 : $10^{-3}\,\text{Pa}\cdot\text{S}=1\,\text{mPa}\cdot\text{s}=10^{-2}\,\text{P}=1\,\text{cP}$

(2) 동점도 : $10^{-6}\,\text{m}^2/\text{s}=1\,\text{mm}^2/\text{s}=10^{-2}\,\text{St}=1\,\text{cSt}$

6. (1) 점도가 너무 높을 경우

- 내부 마찰의 증대와 온도 상승(공동 현상 발생)
- 장치의 관 내 저항에 의한 압력 증대(기계 효율 저하)
- 동력 손실의 증대(장치 전체의 효율 저하)
- 작동유의 비활성(응답성 저하)

(2) 점도가 너무 낮을 경우

- 내부 누설 및 외부 누설(용적 효율 저하)
- 펌프 효율 저하에 따르는 온도 상승(누설에 따른 원인)
- 마찰 부분의 마모 증대(기계 수명 저하)
- 정밀한 조절과 제어 곤란

7. 점도 지수는 온도의 변화에 따른 윤활유의 점도 변화를 나타내는 수치로 점도 지수가 클수록 온도가 변할 때 점도 변화의 폭이 작다는 것이다.

8. 주도는 윤활유의 점도에 해당하는 것으로서 그리스의 굳은 정도를 나타내며, 이것은 규정된 원추를 그리스 표면에 떨어뜨려 일정 시간(5초)에 들어간 깊이를 측정하여 그 깊이(mm)에 10을 곱한 수치로서 나타낸다.

① 혼화 주도 : 그리스를 25℃ 상태의 혼화기에 넣어 60회 왕복 혼화한 직후의 주도

② 불혼화 주도 : 그리스를 혼화하지 않는 상태로 측정한 주도

③ 고형 주도 : 굳은 그리스의 주도로서 절단기에 의해 절단된 표면에 대하여 측정된 주도이며, 보통 주도가 85 이하인 그리스에 적용된다.

9. ① 극압제(extreme pressure additives) : EP유라고 하며 큰 하중을 받는 베어링의 경우 유막이 파괴되기 쉬우므로 이를 방지하기 위하여 사용된다.

② 소포제(antifoam agents) : 윤활유가 밸브 등을 통과할 때 발생되는 거품을 빨리 소포시키기 위한 첨가제이다.

③ 유화제(emulsifier) : 물과 안정된 유화액을 이루도록 사용되는 첨가제이다.

10. 점도 지수 $=\dfrac{L-U}{L-H}\times 100$

제 12 장 윤활제의 급유법

1. 손 급유법, 적하 급유법, 가시 부상 유적 급유법

2. ① - ㉠, ② - ㉡, ③ - ㉢

3. 그리스 패킹

4. 패킹을 가볍게 저널에 접촉시켜 급유하는 방법으로 모사 급유법의 일종이며 모세관 현상에 의하여 기름을 마찰면에 보내게 되는데, 이때 털실이 직접 마찰면에 접촉하게 된다. 주로 철도 차량에 사용되며, 저널의 속도가 너무 빠르면 한쪽에 밀리게 되어 급유가 불충분하게 되고 또 장시간 사용하면 불완전 윤활이 되는 결점도 있다.

5. 센트럴라이즈드 그리스 공급 시스템(centralized grease supply system)으로서 강압 그리스 펌프를 주체로 하여 이로부터 관지름이 2인치 정도의 주관을 시공하고 거기에 지관을 배열하여 다수의 베어링에 동시 일정량의 그리스를 확실히 급유하는 방법이다.

6. 패드 급유법, 유륜식 급유법, 체인 급유법, 원심 급유법, 유욕 급유법, 비말 급유법 등

7. 그리스 건은 베어링에 그리스를 충전하는 휴대용 그리스 펌프로 1회 공급 시 수 일 또는 수 주간의 그리스 공급 주기를 가진 경우에 사용한다.

제 13 장 윤활 기술

1. ④

2. 급유량 불량, 이물질 혼입, 누유, 유종의 혼용 사용, 부적절한 윤활제의 취급, 부적절한 유종의 선정

3. ① - ㉡, ② - ㉢, ③ - ㉣, ④ - ㉠

4. 플러싱

5. ① 기유에 용해도가 좋아야 한다.
② 첨가제는 수용성 물질에 녹지 않아야 한다.
③ 색상이 깨끗해야 한다.
④ 증발이 적어야 한다.
⑤ 저장 중에 안정성이 좋아야 한다.
⑥ 다른 첨가제와 잘 조화되어야 한다.
⑦ 유연성이 있어 다목적으로 쓰여야 한다.
⑧ 냄새 및 활동이 제어되어야 한다(적용 온도에서 그 성능을 발휘해야 한다).

제 14 장 현장의 윤활 관리

1. ① 2, ② 500, ③ 1000

2. ① 대, ② 소, ③ 대, ④ 소, ⑤ 복잡, ⑥ 간단, ⑦ 용이, ⑧ 곤란, ⑨ 용이, ⑩ 번잡, ⑪ 용이, ⑫ 곤란, ⑬ 용이, ⑭ 곤란

3. ① - ㉠, ② - ㉡, ③ - ㉢

4. ②

5. 터빈유 ISO VG 68

6. (1) 내부 윤활유의 요구 성능

    ① 적정 점도   ② 열, 산화 안정성 양호

    ③ 연질의 생성 탄소   ④ 부식 방지성 양호

    ⑤ 금속 표면에 대한 부착성 양호

  (2) 외부 윤활유의 요구 성능

    ① 적정 점도   ② 높은 점도 지수

    ③ 산화 안정성 우수   ④ 양호한 수분성

    ⑤ 방청성, 소포성   ⑥ 유동성이 낮을 것

7. ① 소음 방지   ② 마찰 및 마모의 감소

    ③ 피로 수명의 연장   ④ 마찰열의 방출, 냉각

    ⑤ 베어링 내부에 이물질의 침입 방지

8. 점도

9. 냉동기유

10. 정제된 파라핀계 저점도 오일

○ 찾아보기

ㄱ

가속도 …………………………………………… 36
가시 부상 유적 급유법 …………………… 282
가시 적하 급유법 ………………………… 280
가진 ……………………………………………… 33
가청 주파수 ……………………………… 165
각진동수 ………………………………………… 45
간섭 ………………………………………… 169
간섭형 …………………………………… 237
간이 판정법 ……………………………… 301
감각 소음 레벨 ………………………… 207
감도 …………………………………………… 53
감마 작용 ………………………………… 249
감쇄 상수 ……………………………………… 44
감쇠 진동 ……………………………………… 33
강제 순환 급유법 ……………………… 286
강제 진동 ……………………………………… 33
강제 진동수 …………………………… 103
거더 ……………………………………… 104
검출부 ………………………………………… 73
검파기 …………………………………… 193
경계 윤활 ……………………………… 247
경년 변화 ……………………………………… 80
경질 윤활유 …………………………… 263
계수법 …………………………………… 307
계획 보전 ……………………………………… 16
고속 푸리에 변환(FFT) ……………………… 73
고유 음향 임피던스 …………………… 172
고유 진동수 …………………………………… 42
고체 윤활 ……………………………… 248
고체음 …………………………………… 182
고형 주도 ……………………………… 274
공명 주파수 …………………………… 243
공명 효과 ……………………………… 165

공명기형 흡음재 ………………………… 228
공진 현상 ……………………………… 138
교정 장치 ……………………………… 192
교정기 …………………………………… 199
교통 소음 지수 ………………………… 206
구면(형)파 ……………………………… 168
구형 윈도 ……………………………………… 87
굴절 ……………………………………… 168
규칙 진동 ……………………………………… 33
그리스 건 ……………………………… 290
그리스 주유기 ………………………… 290
그리스 처리 코튼 브레이든 패킹 ……… 288
그리스 처리 플랙스 브레이든 패킹 …… 288
그리스 충진 베어링 …………………… 289
그리스 컵 ……………………………… 289
그리스 패킹 …………………………… 288
극압 윤활 ……………………………… 248
극압제 …………………………………… 275
긁힘 ……………………………………… 333
금속 가공 윤활유 ……………………… 342
기록계 …………………………………… 198
기어 펌프 ……………………………… 286
기유 ……………………………………… 261
기유제 …………………………………… 329
기준 트리거 ……………………………… 90
기체음(기류음) ………………………… 182
기초대의 변위 ………………………… 103
기포 방지제 …………………………… 300
기포성 측정법 ………………………… 308
기화성 방청제 ………………………… 267

ㄴ

나사 고정 ………………………………… 63
나사 급유법 …………………………… 285

나이퀴스트 샘플링 이론 ···························· 77
나프텐계 원유 ··· 260
난류음 ··· 182
내하중 성능 ·· 315
냉각 작용 ·· 249
네오프렌 ··· 106

ㄷ

단순 진동자 ·· 40
대수 감쇠 ·· 44
대역 통과 필터 ··· 93
댐핑 ·· 43
댐핑 계수 ·· 44
데시벨 ··· 165
도플러 효과 ··· 171
동력 전달 작용 ·· 249
동전형 속도 센서 ······································ 57
동점도 ··· 270
동판 부식 ··· 273
드레인 탱크 ··· 296
등가 소음 레벨 ·· 206
등청감 곡선 ··· 178
디올레핀계 ·· 260
디지털 신호 ·· 72
디지털 필터링 ·· 83

ㄹ

랜덤 입사형 마이크로폰 ····························· 194
램스보텀법 ·· 272
로 패스 필터 ·· 140
롤러 급유법 ··· 284
리니어 라이저 ·· 56
리징 ··· 333
리플링 ··· 333

ㅁ

마모 입자 분석 ··· 27
마스킹 ··· 166
마스킹 효과 ··· 171
마이크로폰 ·· 193
마찰 ··· 246
매질 ··· 168
맥놀이 ··· 169
맥동 ··· 139
맥동음 ··· 182
맴돌이 전류 ·· 56
머신 체커 ··· 155
면적비 ··· 240
미스얼라인먼트 ·· 125
밀랍(왁스) 고정 ·· 64
밀봉 작용 ··· 249
밀폐 ··· 164

ㅂ

바늘 급유법 ··· 280
반사 ··· 165
반사 법칙 ··· 170
반사율 ··· 170
발산파 ··· 168
방음 ··· 163
방진 대책 ·· 99
방진 스프링 ··· 101
방진 작용 ··· 249
방진 효율 ··· 101
방청 그리스 ··· 267
방청 바셀린 ··· 267
방청 윤활유 ··· 267
방청 작용 ··· 249
방청 페트롤러이텀 ····································· 267
방청유 ··· 266

방청제 ……………………………………… 275
방향족계 ……………………………………… 260
밴드 패스 필터 …………………………… 140
밸런싱 ………………………………………… 220
버킷 급유법 ………………………………… 284
변위 …………………………………………… 36
변위 센서 …………………………………… 56
변위 전달률 ………………………………… 47
변환부 ………………………………………… 73
보강 간섭 …………………………………… 169
부식 …………………………………………… 334
부식 방지제 ………………………………… 300
분무 급유법 ………………………………… 287
분해 세정 …………………………………… 297
분해능 ………………………………………… 79
불완전 윤활 ………………………………… 247
불혼화 주도 ………………………………… 273
블록 다이어그램 …………………………… 190
비감쇠 진동 ………………………………… 33
비말 급유법 ………………………………… 284
비선형 진동 ………………………………… 33
비중 …………………………………………… 269

사용유 분석 ………………………………… 26
사이펀 급유법 ……………………………… 280
사후 보전 …………………………………… 15
산세정 ………………………………………… 297
산화 …………………………………………… 298
산화 방지제 ………………………………… 275
산화 안정도 ………………………………… 273
상관 함수 …………………………………… 91
상대 데시벨 ………………………………… 175
상대 판정 기준 …………………………… 123
상태 기반 보전 …………………………… 19
상호 간섭 …………………………………… 139

상호 상관 함수 …………………………… 93
상호 판정 기준 …………………………… 123
샘플링 간격 ………………………………… 78
샘플링 개수 ………………………………… 78
석유 …………………………………………… 259
선행 보전 …………………………………… 20
선형 진동 …………………………………… 33
설비 진단 기술 …………………………… 9
세차 운동 …………………………………… 128
센트럴라이즈드 그리스 공급 시스템 …… 289
소리 …………………………………………… 162
소멸 간섭 …………………………………… 169
소음 …………………………………………… 162
소음 공해 레벨 …………………………… 207
소음 레벨 …………………………………… 177
소음 레벨 변환기 ………………………… 192
소음 측정 …………………………………… 191
소음 통계 레벨 …………………………… 206
소음계 ………………………………………… 191
소음기 ………………………………………… 237
소음도 ………………………………………… 177
소포제 ………………………………………… 275
속도 …………………………………………… 36
속도 센서 …………………………………… 57
손 급유법 …………………………………… 279
수동 그리스 펌프 ………………………… 290
수분 측정법 ………………………………… 308
수분리성(항유화성) ……………………… 332
스커핑 ………………………………………… 333
스코어링 …………………………………… 333
스펀지 고무 ………………………………… 109
스폴링 ………………………………………… 334
스폿 시험 …………………………………… 307
습동면 오일 ………………………………… 351
시간 동기 평균화 ………………………… 90
시간 영역 …………………………………… 72
시간 윈도 …………………………………… 84
시간 파형 …………………………………… 72

시간 파형 평가 ·············· 139
신뢰성 기반 보전 ············· 20
신호 처리 시스템 ············· 73
신호 처리부 ················· 73
실효값 ···················· 35

안티 엘리어싱 필터 ··········· 82
알칼리가 ·················· 272
암소음 ·················· 165
압력형 마이크로폰 ··········· 193
압전형 속도 센서 ············· 57
양진폭 ·················· 35
엘리어싱 ·················· 80
역사적 보전 ················ 16
연속 신호 ················· 72
예방 보전 ················· 16
예지 보전 ················· 19
오실레이터 ················ 56
오염 지수법 ··············· 308
오일 분석법 ················ 24
오일 휠 ·················· 138
온라인 상태 감시 시스템 ········ 30
올레핀계 ················· 260
와전류식 ················· 56
왁스 유동점 ··············· 271
완전 윤활 ················ 247
외란 ···················· 33
용제 희석형 방청유 ··········· 266
원심 급유법 ··············· 285
원유 ···················· 259
위상 ···················· 39
위상 분석 ················· 127
유공판 흡음재 ·············· 229
유동점 ·················· 271
유동점 강하제 ·············· 275

유륜식 급유법 ·············· 283
유분리 현상 ··············· 313
유성 향상제 ··············· 274
유욕 급유법 ··············· 285
유체 윤활 ················· 247
유한 요소법 ················ 28
유화 ···················· 299
유화제 ·················· 275
윤활 ···················· 246
윤활유 냉각기 ·············· 296
윤활유 보호제 ·············· 300
윤활유 펌프 ··············· 296
음색 ···················· 181
음선 ···················· 167
음속 비 ·················· 169
음압 ···················· 173
음압 레벨 ················· 174
음압도 ·················· 175
음원 ···················· 166
음의 3요소 ················ 181
음의 높이 ················· 181
음의 세기 ················· 181
음의 세기 레벨 ············· 176
음의 크기 ················· 177
음의 크기 레벨 ············· 177
음장 ···················· 166
음장 입사 질량 법칙 ·········· 231
음파 ···················· 168
음향 ···················· 162
음향 파워 레벨 ············· 176
음향 출력 ················· 173
응력 분산 작용 ············· 249
응력법 ·················· 27
이산 신호 ················· 72
이유도 ·················· 274
이중벽 효과 ··············· 165
인화점 ·················· 271
일시 신호 ················· 89

일치 효과 ……………………………… 232
입자 속도 ……………………………… 172

ㅈ ●

자기 상관 함수 ………………………… 92
자기왜식 ………………………………… 28
자려 진동 ……………………………… 127
자유 음장형 마이크로폰 ……………… 193
자유 진동 ……………………………… 33
잔류 탄소분 …………………………… 272
잔향 …………………………………… 166
저역 통과 필터 ………………………… 82
저장 안정성 …………………………… 313
적분형 소음계 ………………………… 192
적하 급유법 …………………………… 280
적하점 ………………………………… 274
전기절연유 …………………………… 265
전달 함수 ……………………………… 94
전산가 ………………………………… 272
전압 감도 ……………………………… 53
전압 증폭기 …………………………… 54
전위차 측정법 ………………………… 272
전자광학식 …………………………… 56
전치 증폭기 …………………………… 54
전파 속도 ……………………………… 172
전하 감도 ……………………………… 53
전하 증폭기 …………………………… 54
절대 데시벨 …………………………… 175
절대 판정 기준 ……………………… 122
절연 고정 ……………………………… 65
점도 …………………………………… 269
점도 유동점 …………………………… 271
점도 지수 ……………………………… 270
점도 지수 향상제 ……………………… 274
정밀 보전 ……………………………… 15
정상 랜덤 신호 ………………………… 89

정상 마모 ……………………………… 333
정상 불연속 신호 ……………………… 88
정재파 ………………………………… 168
정적 처짐량 …………………………… 103
정전용량식 …………………………… 56
종파 …………………………………… 168
주기 보전 ……………………………… 16
주도 …………………………………… 273
주야 평균 소음 레벨 ………………… 207
주파수 반환 현상 ……………………… 80
주파수 변환 …………………………… 73
주파수 분석 …………………………… 126
주파수 분할 방식 ……………………… 198
주파수 영역 …………………………… 72
주파수 영역 평균화 …………………… 90
중간질 윤활유 ………………………… 263
중량법 ………………………………… 307
중력 순환 급유법 ……………………… 285
중앙 집중식 그리스 윤활 장치 ……… 289
중질 윤활유 …………………………… 263
중첩의 원리 …………………………… 169
중축합물 ……………………………… 298
중화가 ………………………………… 272
증발량 ………………………………… 315
증조제 ………………………………… 329
지문 제거형 방청유 …………………… 266
지시식 ………………………………… 192
지시약 측정법 ………………………… 272
지향성 ………………………………… 166
직접 판정법 …………………………… 300
진동 전달률 …………………………… 101
진동 절연 ……………………………… 164
진동 주기 ……………………………… 38
진동 주파수 …………………………… 38
진동 차단기 …………………………… 104
진동법 ………………………………… 24
진동수 ………………………………… 38
진폭 …………………………………… 36

진폭 영역 ···················· 72
진행파 ······················ 168
질량 불평형 ················· 125

ㅊ

차음 ························ 164
차폐실 ······················ 166
착색제 ······················ 275
천이 대역 ···················· 83
청감 보정 회로 ·············· 178
청정 분산제 ················· 275
청정 작용 ··················· 249
청취식 ······················ 192
체인 급유법 ················· 284
최소 자승법 ·················· 78
축 정렬 ····················· 221
축의 정렬 불량 ·············· 125
충진 앰프 ··················· 150
측정 주기 ··················· 120

ㅋ

칼라 급유법 ················· 284
코르크 ······················ 109
코히런스 함수 ··············· 94
콘라드손법 ·················· 272
퀄리티 팩터 ················· 89
클리브랜드 개방식 ·········· 271

ㅌ

타임 레코드 ·················· 84
타임 버퍼 ···················· 80
탄화 ························ 299

탐촉자 ······················ 66
태그 밀폐식 ················· 271
투과 ························ 165
투과 손실 ··················· 164
투과율 ······················ 170
트라이볼러지 ················ 246

ㅍ

파동 ························ 167
파동의 합치 ················· 234
파라핀계 원유 ··············· 260
파면 ························ 167
파워 스펙트럼 ··············· 93
파워 스펙트럼 밀도 함수 ····· 94
파워 스펙트럼 분석 ·········· 94
파이버 글라스 ··············· 109
파장 ························ 171
패드 급유법 ················· 282
팽창식 체임버 ··············· 240
팽창형 ······················ 237
페로그래피법 ················ 25
페로그램 ···················· 305
펜스키 마텐스 밀폐식 ········ 271
편각 축 정렬 불량 ··········· 133
편심 ························ 136
편심 축 정렬 불량 ··········· 132
편진폭 ······················ 35
평균 응답 해석 ·············· 157
평균값 ······················ 35
평면파 ······················ 168
포락선 처리 ················· 140
표면 보호제 ················· 300
풀림 ························ 135
플랫톱 윈도 ·················· 87
플러싱 ······················ 296
피동 기어 ··················· 152

피스톤폰 ···························· 195
피켓 펜스 효과 ···················· 87
피팅 ······························· 333

ㅎ

하이 패스 필터 ···················· 140
함수형 작동유 ···················· 337
합성 작동유 ······················ 337
항유화성 ·························· 301
해닝 윈도 ·························· 85
핸드 버킷 펌프 ···················· 290
헐거움 ···························· 135
헬름홀츠 공명기 ·················· 228
협잡물 ···························· 302
형상 계수 ·························· 88
호이겐스 원리 ···················· 170
혼합기 원유 ······················ 260
혼화 안정도 ······················ 274
혼화 주도 ·························· 273
확대 ······························· 78
확률 밀도 함수 ···················· 91

황산 회분 ·························· 273
회절 ······························· 168
회화 명료도 지수 ·················· 205
회화 방해 레벨 ···················· 205
후막 윤활 ·························· 247
흡수 ······························· 165
흡음 ······························· 164
흡음형 ···························· 237
희석 ······························· 299

영문

A 보정 음압 레벨 ·················· 205
CPM ······························· 38
dB 대수법 ························· 179
FFT 분석기 ························ 79
NC 곡선 ··························· 206
NNI ······························· 207
NR 곡선 ··························· 206
PNC 곡선 ·························· 206
SAE ······························· 263
SOAP법 ··························· 25

○ 참고 문헌 및 인터넷 사이트

- 기계용어편찬회. 기계용어사전. 일진사, 2009.
- 손병기. 센서용어사전. 일진사, 2011.
- 명성기전 엠에스엠디. 엘리베이터 주차설비, 1999년 6월호.
- 차흥식 외 3인. 기계요소설계. 일진사, 2011.
- 설비진단. 한국산업인력공단, 2013.
- Mobius Institute & (주)인페이스 진동 교재
- www.infaith.kr
- www.gohanmi.com
- www.mts.or.kr
- www.bksv.com
- www.hit10.co.kr
- www.its21.co.kr
- (CC)MaelGuennou-TitzeffatWikipedia.org
- 다쏘 시스템 코리아(www.3ds.com)
- www.rmstech.co.kr
- www.unovics.co.kr
- www.tkrubber.net
- www.posri.re.kr
- http://astint.co.kr
- 한국소음진동공학회(www.ksnve.or.kr)
- www.ecomac.co.kr
- www.community-w.com
- www.zenfix.co.kr
- http://www.skzic.com
- www.kr.nsk.com
- Korea Lube Tech(www.kolube.com)
- www.s-oil-total.com
- www.navimro.com
- http://wll.kr

저자 │ **이성호** 선린대학교 교수
정주택 (주)인페이스 대표
차흥식 한국폴리텍대학교 교수

NCS 과정

진동 · 소음 · 윤활
설비진단이해

2018년 2월 20일 인쇄
2018년 2월 25일 발행

저자 : 이성호 · 정주택 · 차흥식
펴낸이 : 이정일

펴낸곳 : 도서출판 **일진사**
www.iljinsa.com

(우)04317 서울시 용산구 효창원로 64길 6
대표전화 : 704-1616, 팩스 : 715-3536
등록번호 : 제1979-000009호(1979.4.2)

값 18,000원

ISBN : 978-89-429-1552-1